수학 수수께끼

저 자 E. P. 노스롭
역 자 황운구

3.1415926535897932384626433832795028841971693993751058209749445923078164062862089986280348253421170679821480865132823066470938446095505822317253594

저자 황운구

- 현 대전괴정고등학교 교사
- 현 공주대학교 겸임 교수

Riddles in Mathematics: A Book of Paradoxes
by Eugene P. Northrop
Copyright © by Dover Publications, Inc.
Korean Translation Copyright © 2019 by Geobooks Publishing Co.

All rights reserved.
This Korean edition published by arrangement with Dover Publication, inc.
through Shinhan Publishers Media Co. Ltd. , Seoul.

이 책의 한국어판 저작권은 Dover Publications, inc.로 부터 (주)신한출판미디어에 의해 승인받았습니다. 저작권법에 의해 한국내에서 보호를 받는 저작물이므로 무단전재와 복제를 할 수 없습니다.

수학 수수께끼

개정판발행   2024년 5월 31일
저 자   E. P. 노스롭
역 자   황운구
펴낸곳   지오북스
등 록   2016년 3월 7일 제395-2016-000014호
전 화   02)381-0706 / 팩스   02)371-0706
이메일   emotion-books@naver.com
홈페이지   www.geobooks.co.kr
ISBN   9791191346909
정 가   19,000 원

이 책은 저작권법으로 보호받는 저작물입니다.
이 책의 내용을 전부 또는 일부를 무단으로 전재하거나 복제할 수 없습니다.
파본이나 잘못된 책은 바꿔드립니다.

머리말

수학에 대한 대중의 관심은 의심할 여지없이 증가하고 있다. 아마도 이것은 수학이 응용 과학이 될 수 없는 도구라는 사실 때문일 것이다. 다른 한편으로, 수학의 추상적인 측면은 일상 활동에서 인간 방정식의 복잡성에 지쳐서 여가를 수학 방정식의 단순성으로 바꾸는 사람들을 크게 끌어 들이기 시작했다. 이 책이 쓰여진 것은 이 사람들을 위한 것이다. 사실, 미래의 독자들에게는 오직 두 가지, 즉 수학에 대한 기초 훈련과 수학적인 문제에 대한 관심이 필요하다. 이 두 가지 전제 조건은 이 책의 1 장부터 9 장을 이해하기에 충분하다. 마지막 장인 10 장은 더 많은 수학 지식을 갖춘 독자를 위해 특별히 설계되었다.

수학에서 다루는 모든 문제들 중에서, 수수께끼는 가장 매력적이고 교훈적인 것이다. 수학 수수께끼의 매력은 한 두 마디로 말하기 어렵지만, 일반적으로 '정밀한' 과학이라고 생각하는 것에서 '모순'이 완전한 놀라움으로 다가온다는 사실이다. 그리고 수학 수수께끼는 언제나 교훈적인 것으로, 골치 아픈 추론의 선을 푸는 것은 수학의 근본 원리에 대한 면밀한 조사를 필요로 한다. 이러한 주장에 비추어 볼 때, 아마추어와 전문가 모두 수학자들이 당황하는 일부 수수께끼만을 전담하는 책을 꺼낼 가치가 있다.

이 책의 자료는 다양한 책과 논문을 참고하였다.

그 중 일부는 벨(Ball)의 수학 레크리에이션과 에세이 (Mathematical Recreations and Essays), 스테인하우스의 수학적 스냅샷 (Steinhaus' Mathematical Snapshots), 카스너와 뉴먼의 수학과 상상력 (Kasner and Newman's Mathematics and the Imagination)과 같이 다른 인기 있는 수학 박람회에서 자연스럽게 소개되었다. 단지 세 곳만 언급하였다. 이것이 잘못이라면, 그것은 저자의 잘못이 아니라, 자료에 대한 것이다. 대부분의 경우 원본 출처에 대해서 참고문헌을 실으려고 노력하였다. 그러나, 특히 다른 형태의 동일한 문제가 여러 곳에서 발견되는 경우에 항상 주석을 달지 않았을 수도 있다.

나는 이 책의 발전에 기여한 모든 사람들에게 감사를 표하고자 한다. 그는 호치키스 학교(Hotchkiss School)의 헨리 C. 에드거(Henry C. Edgar)씨에게 특히 원고 전체에 대한 그의 연구와 비판에 대해 감사를 드린다. 그의 도움이 없다면, 수학자에게 충분히 명백한 많은 점들이 일반 독자들에게는 불분명하게 남아 있었을 것이다. 수학자의 관점에서 원고를 읽고 비판한 전에 교사였고 나의 동료였던 예일 대학교 교수 이나르힐 (Einar Hille)에게 특별히 감사의 말을 전한다.

E. P. 노스롭 (E. P. NORTHROP.)

역자 서문

국내에는 수학 수수께끼에 관련된 책은 여러 권 나와있으나 수학을 중심으로 한 수수께끼를 정리한 책은 전무한 상태이다. 출판된 수학 수수께끼 책들도 그 안에는 수식이 거의 전무하고 단지 논리적으로만 설명하려고 하여 읽는 독자들이 매우 어려움을 느낀다.

역자는 '수학 패러독스'라는 책을 저술하였는데 일부 이 책의 내용도 일부 참고하였고 수학사에서 유명한 패러독스만 다루었다. 그러나 이 책처럼 수학 전반에 걸쳐 다룰 수가 없었다. 자료를 찾고 수집하기가 그리 쉽지 않을 뿐만 아니라 이렇게 좋은 책이 이미 존재하여서 새로이 저술할 생각을 접었고, 그 대신 이 책을 아예 번역을 하기로 마음을 먹었다. 번역을 시작 한지 1년의 시간이 지나 번역을 완결하여 출간하게 되었다.

새로운 수학을 만들고 이에 대해 수학적 전개를 할 때 수학의 개념에 대해 고뇌하고 이를 해결하기 위해 얼마나 많은 부단한 노력이 있었는지 모른다. 이러한 부산물로 나온 것이 패러독스이다. 이러한 것을 중고등학교에서 사용해도 좋은 자료들이 너무 많이 있다. 수업 내용으로도 손색이 없을 정도이니 이 책을 참고하여 활동 중심의 수학 수업을 하였으면 하는 마음이다.

올해는 참 일도 많고 어려움도 많았으나 조금씩 번역을 하였다. 시간을 이길 이는 없는 것 같다. 어려움도 시간이 해결해 주었다. 눈이 더 침침해진 것을 제외하면 말이다. 독자들은 재미있게 이 책을 읽어 주었으면 한다. 아내에게 많이 도와주지 못함을 미안해하고 있다. 항상 옆에서 지켜봐 주어서 감사하고 하나님께 감사를 드린다. 또한 사랑하는 아내와 두 딸들도 옆에서 응원을 아끼지 않고 해주어서 감사의 말과 사랑한다는 말을 전한다.

대전과학기술대학교 그라찌에 커피숍에서

2024 년 4 월

황 운 구

목차

머리말 -- i
역자 서문 --- ii
목차 --- iii

1 장 패러독스란 무엇인가? --- 1
    두 명의 아버지와 두 명의 아들로 구성된 3 명 --------------------- 1
    책 벌레 --- 1
    거짓말을 하고 있는가 참말을 하고 있는가? ------------------------ 1
    육지인가 호수인가? -- 2
    수학적 관점 --- 2

2 장 어렵긴 하지만 재미있는 간단한 문제들 ------------------------- 5
    북극의 지리적으로 특이한 성질 ---------------------------------- 5
    초보 곰 사냥꾼 문제 --- 6
    시계 선택하기 문제 -- 7
    보석 가게에서 손님의 황당한 주장 ------------------------------- 7
    일당 150 달러 --- 8
    7 명 여행객의 호텔 투숙 --------------------------------------- 9
    호텔 비용 패러독스 -- 9
    두 나라의 이상한 환율 거래 ------------------------------------ 10
    부유한 늙은 아랍인의 유서 ------------------------------------- 10
    봉급을 1 년 마다 인상할 것인가? 아니면 6 개월 마다 인상할 것인가? ------ 11
    15 와 45 의 평균은 항상 30 이 아니다. ------------------------- 12
    바구니 속에 없는 절반의 계란 ---------------------------------- 17

우유와 물 --18

큰 인디언과 작은 인디언 -----------------------------19

형제자매 ---19

가족 모임 --20

피가 섞이지 않은 형제들의 유령 같은 아버지 ------------20

합법적인가 불법적인가? ---------------------------------21

동시에 삼촌과 조카인 상황 ------------------------------21

3 장 작은 수 2 의 거대함과 경이로움 ------------------------- 23

어떤 큰 수들

10 억은 얼마나 큰 수일까? -----------------------------23

큰 수의 간단한 표현 -------------------------------------25

네 개의 2 로 얼마나 큰 수를 만들 수 있을까? --------------25

가계도--26

연쇄 편지 --27

종이 더미 높이 --27

하노이 탑과 지구 종말 예언 ------------------------------28

너무나 많은 밀 ---30

알려진 가장 큰 소수 -------------------------------------31

정수론과 관련된 몇 가지

페르마 소수 --31

원 분할하기 --33

완전수---35

숫자 표기법

이진법--36

간단한 곱셈법 ---40

항상 이기는 게임 --41

마음을 읽는 9 가지 방법

4 장 보이는 것이 틀렸을지도 모른다. ---------------------------- 53
   착시 현상 -- 53
피보나치 수열
   넓이를 늘리기 위해서 사각형을 잘랐다. ---------------------- 55
   식물 잎의 배열 --- 57
   황금비 --- 58
   해바라기 머리 -- 61
   동적 대칭 -- 62
원과 관련된 몇 개 패러독스
   원 굴리기 -- 63
   석판과 롤러 -- 64
   폭이 같은 곡선 --- 65
   크기가 다른 두 원의 원둘레 길이가 같을 수 있는가? -------------------- 68
   놀라운 사이클로이드 성질 --------------------------------- 70
위상적 호기심
   쾨니히스베르그 문제 -------------------------------------- 73
   내부에 있는가? 외부에 있는가? ---------------------------- 76
   클라인 병 -- 79
   뫼비우스 띠 -- 80
   매듭이 지어지는가? 매듭이 지어지지 않는가? ----------------- 82
   4 색 문제 -- 85

5 장 0 으로 나누지 말아라! ---------------------------- 89
   공리의 남용 -- 89
   잘못된 소거 -- 92
   증가 또는 감소? -- 83

−1 > 1? -- 94

0 으로 나누기 -- 95

0 으로 나누기 변형 -- 99

비율(분수)의 고유한 성질 -- 100

방정식의 모순 --- 103

양수와 음수 부호 --- 105

어떤 수는 그 자신보다 1 만큼 크다. ------------------------------- 107

부등식 -- 108

어떤 수는 그 자신보다 크다. --------------------------------------- 109

$\frac{1}{8}$은 $\frac{1}{4}$보다 크다. --- 109

허수 --- 110

1 = −1인 두 가지 사례 -- 112

6 장 보이는 것을 믿지 말아라! ------------------------------- 115

모든 삼각형은 이등변삼각형이다. ---------------------------------- 115

직선 위에 있지 않은 점으로부터 직선까지 수선이 2 개 ------------ 121

직각은 직각보다 크다. --- 123

45°는 60°와 같다. -- 125

사각형 두 대변의 길이가 같으면, 이 두 변은 평행하다. ---------- 127

원의 모든 내부 점은 원주 위에 있다. ------------------------------ 130

다시 0으로 나누기 --- 133

주어진 선분과 주어진 선분의 일부와 같다. ----------------------- 135

두 개의 선분 길이의 합은 0 이다. ---------------------------------- 137

유사성에 의한 추론 -- 139

구면 삼각형의 세 내각의 합은 180°이다. -------------------------- 141

평면 위의 한 점에 수직인 직선의 수가 많다. ---------------------- 142

7장 한계를 벗어나는 --------------------------------------- 145

대수 속 무한

무한 집합 -- 145

움직이는 것은 불가능하다. ---------------------------------- 148

아킬레스와 거북이 --- 150

무한 급수의 수렴과 발산 ------------------------------------ 151

진동하는 급수 -- 152

단순 수렴과 절대 수렴 ------------------------------------- 155

어떠한 원하는 수로의 급수의 합 --------------------------- 157

기하학 속 무한

한 점과 선은 같다. -- 161

평행 공리 증명 -- 162

걷잡을 수 없는 곡선 -- 165

세 가지의 현혹된 극한 곡선 ------------------------------- 166

유한한 넓이와 무한한 길이 --------------------------------- 171

영역을 채우는 곡선(an area-filling curve) ---------------- 173

모든 점은 교점이다. -- 175

정말로 세 개의 이웃한 영역 ------------------------------- 177

무한의 연산

무한 집합의 비교 -- 179

세기와 일대일 대응 --- 180

자연수 기수 A_1 --- 181

전체는 그 자신의 부분과 같다. ---------------------------- 183

유리수의 원소 개수도 역시 A_1이다. -------------------- 184

실수 집합의 기수 C --------------------------------------- 187

1 인치는 20,000 리그와 같거나 그 이상이다. ------------ 191

평면 위의 점 전체 공간 안의 점과 단위 선분 위의 점의 개수는 같다. ---- 193

연산의 기이한 시스템 -------------------------------------- 195

8장 확률이란 무엇인가? ---------- 197

    도박꾼 문제에서 확률의 탄생 ---------- 197
    동전의 앞면, 뒷면 또는 가장자리? ---------- 198
    확률의 측정 ---------- 199
    실증적인 예 ---------- 200
    달랑베르(D'Alembert) 오류 ---------- 201
    비슷한 문제들 ---------- 202
    구슬 게임 ---------- 204
    베르트랑 상자 역설 ---------- 205
    무작위로 잡은 점 ---------- 207
    알 수 없는 소수(prime number)? ---------- 209
    더 많은 무작위 점들 ---------- 210
    한 사건에 대해 여러 확률로 일어날 수 있는 사건들 ---------- 212
    부피와 밀도 ---------- 212
    원 안에 있는 현 ---------- 213
    공간에서 임의의 평면, 구면 위의 임의의 점 ---------- 215
    화성에서의 살아남는 패러독스 ---------- 217
    기상 케스터 ---------- 219
    상트 페테르부르크(St. Petersburg) 패러독스 ---------- 219
    룰렛에서 이기는 두 가지 힌트 ---------- 223
    검은색 또는 흰색? ---------- 224

9장 악순환 ---------- 229

    수학과 논리에 관한 러셀 ---------- 229
    에피메니데스와 거짓말쟁이 ---------- 230
    모든 규칙에는 예외가 있다. ---------- 231

골치 아픈 법률 문제 --- 231
이발사를 정의하여라. -- 232
최소 정수 문제 -- 232
자기술어적 그리고 비자기술어적 ---------------------------- 233
악순환인 자연수 -- 234
논리적 유형 이론 -- 235
가장 큰 무한 수 또는 가장 크지 않은 무한 수 ------------- 236
자기 자신의 원소가 아닌 모든 집합의 집합 ---------------- 237
리처드 패러독스 -- 238
수학 기초의 최근 동향 -- 239

10장 초보자가 아니다. ------------------------------------- 241
기하학과 삼각법 -- 241
해석 기하학 -- 251

미분법
적분법

허수 -- 262

참고 문헌 --- 266

"… 떨기나무에 불이 붙었으나 그 떨기나무가 사라지지 아니하느지라."
- 출애굽기 3장 2절 -

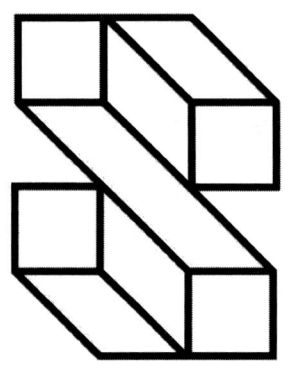

1

패러독스란 무엇인가?

두 명의 아버지와 두 명의 아들로 구성된 3 명.

두 명의 아버지와 두 명의 아들들은 대전시를 떠나 세종시로 이사를 갔다. 이로 인해 대전시 인구를 3 명 줄어들었다. 거짓인가?

그렇지 않다. 할아버지, 아들, 손자로 구성되었다면 사실이다.

책 벌레

책 벌레는 특정 책 세트의 제 I 권 표지 위에서 시작하여 제 III 권 표지 위를 향하여 나아갔다. 각각의 책의 두께가 1 cm 라면 책 세 권인 3 cm 를 진행해야 한다. 참인가?

거짓이다. 아래의 그림을 보면 책 벌레는 제 II 권의 1 cm 거리를 통해서 만 제 I 권에서 제 III 권의 책으로 향해 나아갈 수 있다.

그림 1.1

거짓말을 하고 있는가 참말을 하고 있는가?

한 남자가 "거짓말(거짓)을 하고 있다." 라고 말을 하였다. 그의 말이 사실(참)이라면 그는 거짓말을 하고 있으며 말은 거짓이다. 그의 말이 거짓이라면 그는 거짓말을 하고 있고 그이 말은 사실이다.

육지인가 호수인가?

사전은 섬을 "물에 완전히 둘러싸인 땅" 이라고 정의하고 호수는 "땅으로 완전히 둘러싸인 물이 고여 있는 곳" 이라고 정의한다. 그러나 북반구가 모두 육지이고 남반구가 모두 물이라고 가정하자. 그러면 북반구를 섬이라고 부를 수 있는가? 아니면 남반구를 호수라고 부를 수 있는가?

 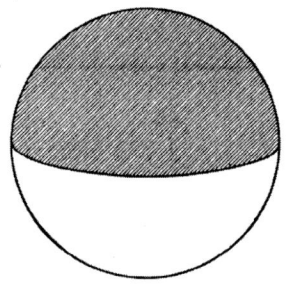

그림 1.2 북반구는 모두 육지이고 남반구는 모두 물이다.

수학적 관점

이 책에 소개되어 있는 패러독스는 알쏭달쏭 한 것들(Brain-Twisters)이다. 이 패러독스는 학교에서 수학을 포기한 학생들뿐만 아니라 수학을 잘하는 학생들부터 거짓말쟁이 패러독스와 같은 문제로 괴로워하는 전문 수학자들까지 모든 사람들이 즐길 수 있다.

이 예들에서 사용된 의미로 '패러독스(역설)'이라는 단어를 사용한다. 말하자면, 패러독스는 거짓인 것처럼 보이지만 실제로는 참이다. 또는 참인 것처럼 보이지만 사실은 거짓이다. 또한 단순히 자기모순을 갖는다. 때로는 어떤 뜻에서 벗어난 것처럼 보일 수 있다. 그러나 당신에게는 명백한 것처럼 보이지만 다른 사람에게는 매우 혼란스러울 수도 있다.

"나는 이 책이 수학적 패러독스와 관련이 있다고 생각한다. 당신의 생각은 어떠한가?"와 같이 당신이 이와 같은 관점에서 말하는 사람들 중에 있다면, 잠시 동안 만이라도 이번 장을 읽어보아라. 그러나 이 질문에 대한 답에 관심이 없다면 다음 장으로 건너뛰어도 괜찮다. 첫 번째 예제의 어려움을 면밀히 살펴보면, 수학을 공부하는 학생뿐만 아니라 전문적으로 수학을 다루는 수학자도 직면할 수 있는 매우 어려운 문제의 간단한 예제임을 알 수 있다.

아버지와 아들에 관한 문제에서, 문제의 조건에 맞는 사례를 다양하게 스스로 찾는다. 그러한 사례가 존재할 수 없는 것처럼 처음에는 보인다. 상식적, 직관적으로도 맞지 않는다. 그러나 갑자기, 조건을 만족하는 간단한 예가 떠오른다. 이러한 것은 수학 연구에서 매우 다분히 일어난다. 수학자는 어떤 이론이나 다른 이론의 개발을 하다 보면 돌연 일어날 성싶지 않은 매우 까다로운 조건을 갖는 집합에 직면하게 된다. 그 조건에 맞는 예를 바로 찾거나 며칠이나 몇 주 또는 더 오래 걸려 발견할 수도 있다. 그러나 이 어려움에 대한 해결책은 종종 매우 간단하게 풀리기도 한다. 그리고 '이전에는 그러한 생각하지 왜 하지 못했을까?' 와 같은 질문을 하기도 한다.

책벌레 이동 문제는 성급한 판단으로 이성적으로 혼동하기 좋은 예이다. 잘못된 결론은 문제의 모든 측면을 주의 깊이 생각하지 않아서 나타난다. 이런 종류의 예들은 - 틀림없이 훨씬 더 미묘한 예 - 수학 문헌에 많이 있다. 의심을 품고 있는 어떤 수학자가 마침내 골칫거리를 발견하기 전에 그들 중 몇 명은 오랜 기간 동안 이러한 문제에 매달렸다.

자기모순을 말한 거짓말쟁이의 경우는 상당히 중요하게 다루어지는 논리적 역설의 중 하나이다. 논쟁에서 상대방을 교란시키기 위해 주로 사용했던 초기 그리스 철학자에 의해 만들어진 논리 패러독스는 최근에 수학의 본질과 기초에 관한 아이디어에 혁신적인 변화를 가져왔다. 다음 장에서부터 이런 종류의 문제들에 대해 더 많은 예들을 살펴볼 것이다.

정의로부터 추론하는 것과 관련된 섬과 호수 문제는 실제로 수학 이론 발전에 기여한 전형적인 예이다. 수학자는 먼저 점, 선, 면과 같이 물리적으로 나타낼 수 없는 '원소'들을 나타낸 객체에 대해 정의한다. 그런 다음 특정한 법칙, 즉 '공리'를 규정한다. 즉, 정의된 대상의 성질을 제어하기 위한 것을 '공리(axioms)' 또는 '공준(postulates)'이라고 한다. 수학자는 공리와 공준 위에 일련의 논리적인 논증을 통해 수학적 명제의 전체 구조를 세우며, 각각의 이론은 이전에 확립된 명제(정리)들에 의해서 확립된다. 그런데 수학자는 정의나 공리의 참과 거짓에는 관심이 없고, 단지 그것들이 일관성이 있다는 것, 즉 연역적인 논리에 의해 명제에 실질적인 모순이 없음을 요구한다. 예를 들어, 거짓말쟁이의 문제처럼 말이다.

버트런드 러셀(Bertrand Russell)은 신비주의와 논리에서 우리가 말하고자 하는 것을 다음과 같이 말하였다. "순수 수학은 그러한 명제가 무엇이든 간에 사실이라면 그와 같은 또 다른 명제가 어떠한 것도 사실이라는 주장에 전적으로 의존한다. 첫 번째 명제가 정말 참인지 아닌지는 논하지 않는 것이 필수적이며, 그것이 참이라고 여겨지는 것은 말할 것도 없다. 따라서 수학은 우리가 말하고 있는 것이 무엇인지 간에 그리고 우리가 말하고 있는 것이 참인지 거짓인지를 결코 알지 못하는 대상으로 정의될 수 있다." 그런데 이것이 어떻게 역설적일까?

2

어렵긴 하지만 재미있고 간단한 문제들
(일반인 대상 패러독스)

이 장의 많은 일화와 문제들은 꽤 많이 알려져 있다. 이러한 것들은 아마도 어떤 형태로든 다른 어떤 시점에서 인쇄물로 등장했을 것이며, 그중 일부는 너무나 흔해서 수학적 퍼즐과 게임에 관한 거의 모든 책에서 찾아볼 수 있다. 또한 원래의 출처를 찾으려고 노력할 수도 있으나 헛된 일일 것이다.

북극의 지리적으로 특이한 성질

지리학에서 몇 가지 교훈으로 삼는 것부터 시작하자. 첫 번째 문제는 틀림없이 괴짜에 대한 것이다. 그는 모든 네 개의 옆면에 창문이 있는 정육면체 집을 설계하였다. 각 창문은 모두 남쪽을 볼 수 있다. 세 개의 면을 동시에 볼 수 있는 어떠한 돌출된 창은 없고 그와 비슷한 어떠한 것도 없다. 지구상에서 이러한 집을 지을 수 있을까? 그러한 곳이 있다면 지구상에서 이러한 조건을 만족하는 집을 지을 수 있는 곳은 어느 곳인가?

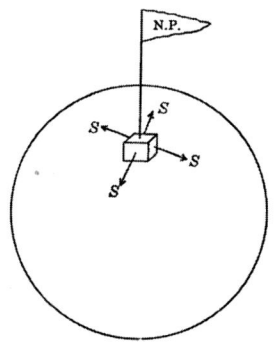

그림 2.1 북극점에 있는 정육면체 집의 네 옆면의 모든 창은 남쪽을 바라보고 있다.

실제로 지구상에 단 한 곳만이 이러한 조건을 만족하는 집을 지을 수 있다. 잘 생각해 보아라. 북극점에 정육면체의 집을 지으면 네 옆면의 모든 창은 모두 남쪽을 바라보고 있다.

초보 곰 사냥꾼 문제

앞의 문제가 없었다면, 다음 문제는 대부분 사람들은 매우 역설적인 것으로 느낀다.

사냥 경험이 적은 어떤 사냥꾼이 첫 번째 곰 사냥을 하게 되었다. 갑자기 그는 자신이 있는 곳으로부터 동쪽으로 100 야드 거리에 있는 거대한 곰을 목격하였다. 공포에 질린 사냥꾼은 곰으로부터 바로 도망가지 못하였고, 이러한 혼란 속에서도 북쪽으로 가야만 한다고 생각하였다. 사냥꾼은 북쪽으로 100 야드를 이동하여 멈추고 몸을 숨기었다. 이후 사냥꾼은 마음의 안정을 찾은 뒤 남쪽을 향해 뒤돌아서서 원래의 위치에서 벗어나지 않은 곰을 총으로 쏴서 죽였다.

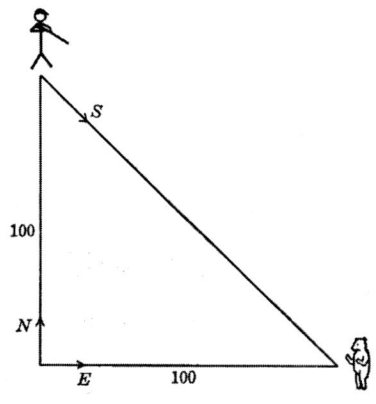

그림 2.2. 사냥꾼과 곰의 세부적인 그림

모든 거리를 생각하여 보아라. 남쪽에 곰이 있겠는가? 이러한 현상이 어떻게 일어날 수 있는지 설명해 보아라.

사냥꾼은 100 야드를 북쪽으로 움직여서 북극점에 위치해야 한다. 그래야 만 곰을 바라보고 있는 쪽이 남쪽이 된다.

이와 비슷한 문제를 만들 수도 있다. 어떤 사람이 집에서 출발하여 남쪽으로 5 마일, 서쪽으로 5 마일, 북쪽으로 5 마일을 걸어 가서 집으로 되 돌아갈 수 있겠는가?

집이 북극점에 있어야만 가능하다.

이상한 나라 앨리스(Alice in Wonderland)의 저자인 루이스 캐럴(Lewis Carroll)로 더 잘 알려진 찰스 럿위지 도지슨(Charles Lutwidge Dodgson)은 수학자들과 논리학자들에 의해 같은 일원로서 인정받았다. 이 책의 뒷부분에 나오는 몇 가지 패러독스들뿐만 아니라 다음에 소개될 패러독스도 그가 만든 것이다.

시계 선택하기 문제

동의를 하든 동의를 하지 않든 간에, 두 개의 시계 중 더 좋은 시계라는 것은 더 매우 정확한 시간을 볼 수 있는 시계이지 않을까? 우리 앞에 두 개의 시계가 있고 두 개의 시계 중 하나를 선택해야 한다. 하나의 시계는 하루에 1 분씩 늦어지는 시계이고, 나머지 하나의 시계는 전혀 작동을 하지 않는 시계이다. 여러분은 어떤 시계를 선택할 것인가?

그림 2.3 하루에 1 분씩 늦어지는 시계(좌)와 작동을 하지 않는 시계(우)

상식적으로는 하루에 1 분씩 늦어지는 시계를 선택하고자 하지만, 우리의 합의에 충실 하려면 전혀 작동하지 않는 시계를 선택해야 한다. 왜 그럴까?

글쎄, 일단 시계를 정확하게 시간을 맞춘다. 1 분씩 늦어지는 시계는 다시 정확한 시간으로 돌아오기까지 12 시간 또는 720 분이 걸린다. 즉, 하루에 1 분씩 늦어지는 시계는, 720 분이 지나야 원래의 시간으로 정확히 맞추어진다. 따라서 720 일이 걸린다. 즉, 약 2 년에 한 번만 정확하다.

그러나 전혀 작동하지 않는 시계는 하루에 두 번씩 정확하다!

보석 가게에서 손님의 황당한 주장

분명히 불가능한 결과는 관련된 문제의 상세한 기술로 인해 너무 주의를 기울이지 않거나 관련성이 없는 것에 너무 많은 주의를 기울여 자주 발생한다. 이런 종류의 문제를 보자. 여기서 이러한 것들의 해결책에 대한 논의를 할 것이다.

머리가 산발인 젊은 아가씨는 보석 가게에 들어가서 5 달러짜리 반지를 골라서 값을 치르고 나왔다. 그녀는 다음날 보석 가게에 다시 들러 보석상에게 다른 반지로 교환하여도 될지를 물었다. 그녀는 10 달러짜리 보석을 골랐고 보석상에게 고맙다는 감사 인사를 하고 가게를 나가려고 하였다. 보석상은 다급하게 그녀를 불러 세우고 당연하게 5 달러를 추가로 요구하였다. 그 젊은 아가씨는 전날 5 달러를 지불했고, 방금 5 달러짜리 반지를 당신에게 돌려주었고, 따라서 보석상에게 아무것도 돈을 더 주지 않아도 되지 않냐며 화를 내었고 보석상은 황당하였다. 그 때문에 그녀는 손가락으로 계산하면서 보석 가게에서 나왔다.

이러한 진상 손님이 있다면 어떻게 대처를 해야 하는가? 뭐 답이 없다.

그림 2.4 값이 같은가? 다른가?

일당 150 달러

직장을 구하려고 하는 젊은 한 청년의 이야기이다. 그 청년은 매니저에게 "자신은 1 년에 1,500 달러의 가치가 있다고 생각합니다."라고 말하였다. 매니저는 다르게 생각하였다. 매니저는 "여기를 보게. 일 년 365 일이고, 하루에 8 시간씩 잠을 자면 총 122 일 동안 잠을 자니 243 일 남는 다네."라고 말을 하였다. 계속해서 매니저가 말을 이어 갔다. "하루에 8 시간 휴식을 하니 122 일을 쉬는 것이라서 121 일 남는 다네. 그리고 52 일은 일요일이니 일을 하지 않으니, 이것도 빼면, 69 일이 남네. 그리고 52 일의 토요일은 반나절은 쉬니 총 26 일은 쉬게 된다네. 그럼 43 일이 남네. 우리 회사는 하루에 1 시간의 점심시간이니 약 15 일의 빼야 하네. 그리고 2 주간(28 일)의 휴가가 있다네. 그럼, 이제 14 일이 남았네. 그리고 7 월 4 일, 노동절, 추수 감사절, 크리스마스의 기념일을 빼면 10 일이 남네. 청년 자신이 10 일 동안에 1,500 달러의 가치가 있다고 생각하는가?"라고 하였다.

7 명 여행객의 호텔 투숙

일곱 명 남자 7 명의 여행객이 규모가 작은 호텔에 도착했다. 그들은 매니저에게 숙박을 할 수 있는지 물었고, 그들 모두 개별 방을 원한다고 하였다. 매니저는 방을 확인한 결과 방이 6 개의 남아 있었지만, 원하는 대로 손님을 배치할 수 있다고 생각했다. 그는 첫 번째 손님을 첫 번째 방으로 안내하였고 다른 손님은 잠시 기다려 달라고 부탁했다. 그리고 그는 세 번째 손님을 두 번째 방, 네 번째 손님을 세 번째 방, 다섯 번째 손님을 넷째 방, 그리고 여섯 번째 손님을 다섯 번째 방으로 안내했다. 그리고 나서 그는 첫 번째 방으로 돌아와 일곱 번째 손님을 데리고 여섯 번째 방으로 안내했다. 그래서 모두가 만족스러운 숙박을 하였는가? 아니면 숙박을 못 한 사람은 누구인가?

거의 말장난에 가깝다. 두 번째 손님을 찾아보아라.

호텔 비용 패러독스

위의 문제가 너무 단순하다면 여행자와 숙박과 비슷한 또 다른 문제가 있다. 세 명의 남자가 호텔에서 체크 인을 하면서 작은 방이 3 개 있는 객실을 요구하였다. 그들은 요금이 30 달러에 이용할 수 있는 스위트 룸에 대해 이야기를 들었고 스위트 룸을 살펴보기 위해 올라갔다. 그들은 만족스러워했고, 세 명 모두 스위트 룸을 사용하기로 동의하였다. 세 명의 남자는 각각 벨보이에게 10 달러짜리 지폐를 주었다. 그는 사무실로 가서 돈을 매니저에게 전달하였을 때, 매니저가 실수하였다는 것을 알았다. 스위트 룸 요금은 30 달러가 아니라 25 달러였다. 그래서 벨보이는 1 달러 5 장(5 달러)을 가져갔다. 룸으로 가는 동안에 5 달러를 3 명의 남성에게 나누어 주기가 어려웠다. 벨보이는 세 명의 남자는 객실의 실제 비용을 알지 못하고 단지 돈을 환불받게 되어 기뻐할 것으로 생각했다. 그래서 벨보이는 1 달러짜리 지폐 5 장 중 2 달러를 주머니에 넣고 3 명 모두에게 각각 1 달러씩 돌려주었다. 그러면 세 명의 남자들은 각각 9 달러씩 지불한 셈이다. 9 달러씩 3 명이 지불했으므로 총비용은 27 달러이다. 그리고 벨보이 주머니에 2 달러가 있으니, 27 달러 + 2 달러 = 29 달러이다. 원래 세 명의 남자가 지불한 비용은 30 달러였다. 그럼 1 달러는 어디에 있는가?

두 나라의 이상한 환율 거래

환 거래와 관련하여 매우 이상한 수수께끼 같은 일화가 있다.

북 정부와 남 정부라고 불리는 두 개의 이웃 국가의 정부는 북 정부 달러의 돈의 가치를 남 정부의 1 달러의 돈의 가치로 결정하자고 합의하였고, 그 반대의 경우도 합의하였다. 그러나 언젠가 북 정부는 남 달러의 1 달러 가치를 북 달러로 90 센트라고 공표를 하였다. 그 다음날, 남 정부도 그 뒤를 이어 북 1 달러 가치가 남 달러로 90 센트라고 공표하였다.

이제 젊은 청년이 두 나라의 국경을 넘나드는 마을에 살고 있었다. 그는 북쪽에 있는 상점에 가서 10센트짜리 면도기를 사고 북 달러 1 달러로 지불했다. 그리고 북 90센트(남 달러로 1 달러)로 거스름돈을 받았다. 그는 국경을 넘어, 남쪽의 가게에 갔고, 남 달러로 10 센트의 저렴한 칼을 샀고, 그것을 남 달러 1 달러(북 달러로 90 센트)로 값을 치렀다. 거기서 그는 환율에 따라 거스름돈 90 센트(북 달러로 1 달러)를 받았다. 그 청년이 집으로 돌아왔을 때, 그는 원래 북 달러인 1 달러와 그가 구입한 물건을 가지고 있었다. 그러면 북쪽 남쪽 소매상 각각은 각자의 돈으로 10 센트가 있다. 면도기와 칼의 돈은 누가 지급하였는가?

부유한 늙은 아랍인의 유서

이 패러독스는 오래된 패러독스 중 하나이다. 부유한 늙은 아랍인은 그의 세 아들에게 17 마리 말을 남기고 죽었다. 유서도 함께 남기었는데 유서 내용은 장남에게는 전체 말의 $\frac{1}{2}$, 차남에게는 $\frac{1}{3}$, 그리고 막내에게는 $\frac{1}{9}$을 나누어 주되 말을 죽여서 나누어 갖지 말라고 되어 있었다. 상속자들인 세

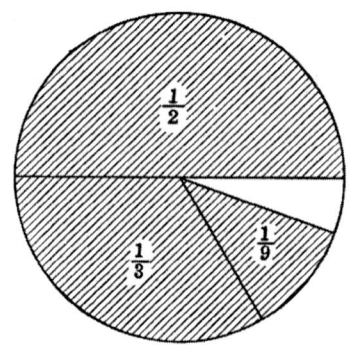

그림 2.5 1/2+1/3+1/9=17/18<1

아들은 절망에 빠졌다. 왜냐하면 그들은 말을 도축하여 나누어 갖지 않는 이상 분명히 17 마리의 말을 나누지 갖지 못하기 때문이었다.

그들은 마지막으로 문제 해결에 도움을 받을 수 있는 늙은 현자에게 조언을 구했다. 늙은 현자는 다음날 자신의 말을 한 마리를 끌고와서 17 마리의 말이 있는 마구간에 함께 넣었다. 세 형제들에게 말을 나누어 주었다. 이 현자는 장남에게는 18 마리의 $\frac{1}{2}$인 9 마리를, 차남에게는 18 마리의 $\frac{1}{3}$인 6 마리 그리고 막내에게는 18 마리의 $\frac{1}{9}$인 2 마리를 나누어 주었다. 그리고 이들 모두의 말의 합은 9 + 6 + 2 = 17마리로 세 명의 아들들에게 남겨진 17 마리의 말을 모두 나누어 주고 현자는 자신의 말을 타고 떠났다. 무엇이 어떻게 되었는가? 그것은 아버지의 유서에 따라 말들을 세 아들들에게 나누었다. 아버지는 아마추어 산술가이거나 아들들에게 무엇인가 조언을 해주고 싶었을 수도 있다. 어쨌든, $\frac{1}{2}, \frac{1}{3}, \frac{1}{9}$ 분수는 단위 분수[1]로 이들을 더하면 $\frac{17}{18}$로 1 보다 작다.

봉급을 1 년마다 인상할 것인가? 아니면 6 개월마다 인상할 것인가?

어느 대기업은 어느 날 특정 도시에 새로운 지점을 개설하고 세 명의 점원을 이곳에 발령을 내려고 하였고 점원 모집 광고를 하였다. 그리고 인사 관리자는 많은 지원자 중에서 유망한 3 명의 청년을 선발하여 다음과 같이 질문을 하였다. "당신의 봉급은 연봉 1,000 달러로 시작하고, 6 개월마다 지급됩니다. 당신의 업무가 만족스럽다면, 우리는 당신과 함께 계속해서 일을 하고, 당신의 봉급을 올려줄 것입니다. 1 년마다 150 달러 인상과 6 개월마다 50 달러를 인상 중 어느 쪽을 선택하시겠습니까?" 세 명의 청년 중 처음 두 청년은 첫 번째 대안을 바로 선택하였지만, 세 번째 청년은 잠시 생각한 끝에 두 번째를 택하였다. 세 번째 청년이 바로 다른 두 청년을 책임지는 팀장 일을 담당했다. 왜일까? 인사 관리자는 회사의 돈을 절약하려는 그의 겸손함과 자신의 결정에 대한 확실한 의지 때문일까? 전혀 아니다. 그는 자신의 지위에 맞는, 실제로 그의 동료들보다 많은 봉급을 받았다.

---

[1] 단위분수: 분자가 1 인 분수를 말한다.

(단위 달러)	1년 마다 150 달러 인상	6개월 마다 50 달러 인상
1년 후	500 + 500 = 1,000	500 + 550 = 1,050
2년 후	575 + 575 = 1,150	600 + 650 = 1,250
3년 후	650 + 650 = 1,300	700 + 750 = 1,450
4년 후	725 + 725 = 1,450	800 + 850 = 1,650

그들은 6개월마다 50달러 인상이 1년에 100달러 인상과 동일하다는 것을 알았다. 그러나 그는 문제의 모든 조건을 따졌다. 그는 두 가지 가능성을 제시하고 다음과 같은 방식으로 연간 급여를 살펴보았다.

그는 나머지 두 청년 봉급보다 6개월마다 50달러씩 인상하는 것이 햇수가 더 해질 때마다 $50, $100, $150, $200, ⋯ 만큼 봉급을 더 받으리라는 것이 명백해졌다. 고용주는 세 번째 청년을 선택한 것은 그의 인상 깊은 겸손이 아니라 그의 빈틈없는 논리적 판단력을 보았기 때문이다.

15와 45의 평균은 항상 30이 아니다.

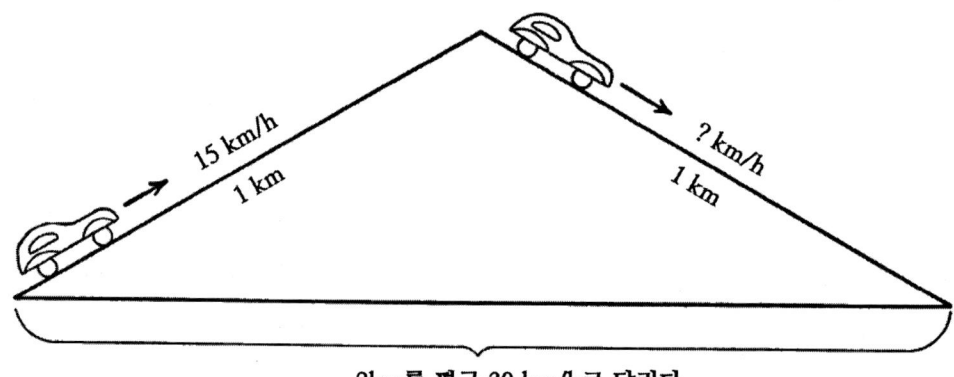

그림 2. 6

대부분의 학생은 평균 속도와 관련된 문제로 쉽게 혼동한다. 한 남자가 그의 차를 속도 15*km/h*의 속도로 산 정상까지 1*km*를 몰았다. 그는 2*km* 거리를 평균속도 30*km/h*로 달리기 위해 1*km* 내리막길을 얼마의 속도로 운전해야 하는가?

첫 번째 설명을 보자. 자동차의 두 번째 속도를 45*km/h*로 주행하면 전체 속도는 평균속도 30*km/h*이다. 즉, 15와 45의 평균은 $\frac{15+45}{2} = 30$이다.

두 번째 다른 방식으로 이 문제를 설명해 보자. 고전 물리학에서 사용하는 공식 "거리=속도×시간" 관계를 사용하여 평균속도 $30km/h$ 속도로 $2km$를 운전하는 데 필요한 시간은 $\frac{2}{30}$시간 또는 4분이다. 또한 $15km/h$ 속도로 $1km$를 주행하는 데 필요한 시간은 $\frac{1}{15}$시간 또는 4분이다. 다른말로 하면, 말도 안 되게 운전자는 0 초 만에 $1km$를 주파해야 한다.

둘 중에서 당신이 올바르다고 생각하는 것을 선택하여 보아라?

후자의 것이 올바른 설명이고 평균속력에 대해서 상당한 주의가 필요하다는 것을 보여준다. 평균속력은 총거리를 총시간으로 나눔으로써 구할 수 있다.

첫번째 방법으로 분석을 하여 보자. 자동차가 $15km/h$ 속도로 $1km$ 다시 $45km/h$ 속도로 $1km$를 주행하면, 총 시간은 $\frac{1}{15}$시간과 $\frac{1}{45}$시간이므로 전체 $\frac{4}{45}$시간이다. 그러므로 평균 속도는 $\frac{2}{\frac{4}{45}} = 22.5km/h$이다.

이 토론은 어딘가 가는데 너무 많은 시간을 들이는 운전자에게 실용적인 조언을 제공한다. 예를 들어, $40km/h$와 $60km/h$로 같은 거리인 $s\,km$를 가는 주행을 거리 $2s$을 $50km/h$의 평균속도로 계산하면 안 된다. 한편, 자동차로 1 시간 동안 $40km$로 주행하고 이어서 다시 1 시간을 $60km$로 주행하면 이 자동차의 속도가 평균인 $50km$가 될 수 있다.

자동차가 각각 1 시간 동안 각각 평균 속도 $40km/h$와 $60km/h$를 유지한다면, 자동차는 2 시간에 $100km$를 주행한 것이어서 $\frac{100}{2} = 50km/h$가 될 수 있다.

위의 패러독스 문제에 대하여 우리는 아래의 두 개의 패러독스에서 오류를 찾을 수 있어야 한다.

패러독스 1.

비행기는 서울에서 전주로 비행했다가 다시 서울로 돌아간다. 두 도시 간의 거리를 $200km$이고, 비행기 속도는 $100km/h$이다. 비행기의 공항에서 대기 시간은 무시하고 두 도시를 왕복하는 데 필요한 시간은 4 시간이고, 서울에서 전주로 일정한 속도로 강력한 바람이 불고 있다고 가정하자. 즉, 북쪽에서 남쪽으로 바람이 불고 있다. 그러면 서울에서 전주로 비행하는 중에는 비행기 뒤에서 바람이 불어와 속도가 높아지고 전주에서 서울로 가는 중에는 바람을 맞으면서 비행하므로 그만치 비행기 속도가 늦어진다. 그러나 비행기의 평균 속도와 왕복 시간은 바람의 속도와 관계가 없다. 그러므로 이것은 바람의 속도가 비행기보다 빠르더라도 비행기가 4시간만에 왕복할 수 있다는 것을 의미한다. 이러면 비행기는 전주에서 서울까지 비행에서 뒤로 비행할 것이다.

해설

"비행기가 북쪽에서 남쪽으로 비행할 때, 북쪽에서 불어오는 순풍은 비행기를 가속시키고, 남쪽에서 불어오는 역풍은 비행기의 속도를 감속시킨다."라고 가정하는 것은 올바르지 않다. 여기서 우리는 다시 같은 거리에서 유지되는 두 개의 속도의 평균을 구하여 평균 속도를 계산하려고 시도할 것이다.

문제를 분석하려면 바람의 속도가 $50 km/h$ 라 하고 계산하여 보자. 그러면 서울에서 부산으로 비행하는 비행기의 속도는 $100 + 50 = 150 km/h$ 이다. 부산에서 서울으로 비행하는 비행기의 속도는 $100 - 50 = 50 km/h$ 이다. 그러므로 비행기의 비행 시간은 각각 $\frac{200}{150} = \frac{4}{3}$ 시간 과 $\frac{200}{50} = 4$ 시간이다. 비행기가 비행한 총시간은 $\frac{4}{3} + 4 = \frac{16}{3}$ 시간이다. 비행기 평균속도는 다음과 같다.

$$\frac{총거리}{총시간} = \frac{400}{\frac{4}{3}+4} = \frac{400}{\frac{16}{3}} = 75 \, km/h$$

패러독스 2.

두 명의 사과 장수는 각각 30개의 사과를 모두 팔았다. A 사과 장수는 500원에 2개의 사과를 팔았고, B 사과 장수는 500원에 3개의 사과를 팔았다. 결국 가장 중요한 그들 영수증에는 각각 7,500원과 5,000원으로 전체 12,500원이었다. 다음날 두 사과 장수는 동업을 하기로 하였고, 60개의 사과를 함께 1000원 5개(500원 2개와 500원에 3개 더한 것)로 판매하였다. 하루의 판매를 마치고 그들의 공동 영수증에는 12,000으로 적혀 있는 사실에 실망했다. 그들은 잃어버린

500원을 찾기 위해 모든 것을 조사하였고, 500원을 갖기 위해서 서로 비난을 하였다. 500원은

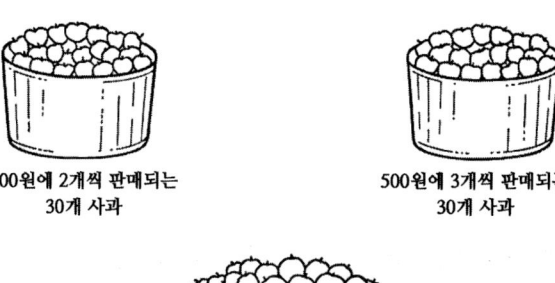

그림 2.7

어디에 있는가?

해설

두 명의 사과장수는 같은 수의 사과에 대하여 100원 당 평균 $\frac{2}{5}$ 사과와 $\frac{3}{5}$ 사과를 평균하여 평균 가격을 계산하는 오류를 범했다.

전 날과 동일한 영수증에서처럼 가격을 받으려면 총 사과 수를 총 금액으로 로 나눈 값으로 해야 한다. 즉, 100원 당 $\frac{60}{12500} = \frac{12}{2500}$ 사과 비율로 해야 한다.

실제로 그들은 사과를 100원 당 $\frac{1}{200} = \frac{12}{2400}$ 사과의 비율로 팔았다. 이 부분에서 누락된 500원이 나온다.

너무 뻔해 보이는 해는 결코 올바른 해가 아닌 문제는 만이 있다. 다시 말해, 확인해 보지 않고 참이라고 말하는 무언가가 거짓이다. 상당히 잘 알려져 있는 4개의 문제를 보도록 하자.

패러독스 3

괘종 시계는 5초에 6번을 종을 친다. 괘종 시계가 12번을 종을 치려면 얼마의 시간이 걸리겠는가? 10초는 답이 아니다.

해설

괘종 시계가 실제 종을 치는 것은 시간의 길이를 감지할 수 있을 정도로 시간이 걸리지는 않는다. 하여튼 괘종 시계가 5초에 6번 종을 치면 5개의 구간(1초 간격이 5개)이 필요하다. 12번의 종을 치려면 11개의 구간(1초 간격이 11개)이 필요하다. 따라서 11초가 답이다.

패러독스 4

병과 코르크 모두 합친 가격은 1,100원이다. 병은 코르크 보다 1,000원 더 비싸다. 병은 가격은 얼마인가? 1,000원은 답이 아니다.

해설

병의 비용이 1,000원이고 코르크의 가격이 100원이라면 병은 코르크보다 900원이 더 비싸다. 따라서 다시 생각을 해 보면 쉽게 정답을 찾을 수 있다. 답은 1,050원이다.

패러독스 5

개구리는 우물 바닥에서 시작해서 300cm 높이의 우물 벽을 기어서 올라가고 있다. 매시간마다 그는 30cm를 기어올라서 뒤로 20cm 만큼 미끄러진다. 경사진 면을 빠져나오려면 얼마의 시간이 걸리겠는가? 30시간은 답이 아니다.

해설

적어도 개구리가 너무 바보라서 우물 밖으로 나왔는지 알아차리지 못하지 않는 이상 30시간은 아니다. 27시간 후에는 정상까지 30cm를 남겨 놨다. 이후 1시간 동안 30cm를 올라가서 우물 밖으로 나아가는데 걸린 시간은 28시간이 답이다.

패러독스 6

급행열차는 서울에서 부산으로 출발을 하였고, 동시에 완행 열차는 부산에서 서울로 출발을 하였다. 이 해설 열차는 $50 km/h$의 속도로, 완행 열차는 $30 km/h$의 속도로 달린다. 두 열차가 만날 때 서울 기준으로 어느 쪽이 더 먼 거리에 있는가? 급행열차는 답이 아니다.

해설

열차의 길이가 무시되면 서울을 기점으로 두 열차가 만날 때 완행 열차와 급행 열차의 거리는 같다는 것을 생각해야 한다.

위와 비슷한 문제를 다룬 4개의 패러독스를 다루어 보자.

바구니 속에 없는 절반의 계란

한 농부의 아내는 계란을 팔기 위해 계란을 바구니에 담아 마을로 갔다. 그녀의 첫 손님에게 그녀는 바구니의 계란 절반과 한 개의 계란 절반을 팔았다. 두 번째 손님에게는 바구니에 남은 계란의 절반과 한 개의 계란 절반을 팔았다. 그리고 세 번째의 손님에게, 바구니에 남은 계란 절반과 한 개의 계란 절반을 팔았다. 바구니에는 계란 세 개가 남았다. 처음에 바구니에 담긴 계란은 몇 개였을까?

이 문제를 역설적으로 만드는 유일한 것은 다음의 추가된 조건일 것이다. 그녀는 계란을 깨트리지 않았다. 그러나 그녀의 바구니에 있는 계란이 홀수 개이면 위의 조건들을 충족하게 된다. 답은 31개이다.

해설

첫 번째 손님이 구매한 계란 수는 $\frac{31}{2} + \frac{1}{2} = 15 + \frac{1}{2} + \frac{1}{2} = 16$개이다. 따라서 바구니에 남은 계란 수는 15개이다.

두 번째 손님이 구매한 계란 수는 $\frac{15}{2} + \frac{1}{2} = 7 + \frac{1}{2} + \frac{1}{2} = 8$개이다. 따라서 바구니에 남은 계란 수는 7개이다.

세 번째 손님이 구매한 계란 수는 $\frac{7}{2} + \frac{1}{2} = 3 + \frac{1}{2} + \frac{1}{2} = 4$개이다. 따라서 바구니에 남은 계란 수는 3개이다.

우유와 물

유리컵 A에 일정량의 우유가 있고 다른 유리컵 B에 같은 양의 물이 들어 있다고 가정하자. 그런데, 우유는 옛날 전통적인 방식으로 만든 수분이 없는 좋은 우유라고 가정하자. 첫 번째로, 유리컵 A에서 티스푼 하나 정도의 우유를 꺼내 물이 들어 있는 유리컵 B에 넣고 저어준다. 그런 다음 두 번째로 유리컵 B에서 티스푼 정도의 혼합물을 유리컵 A에 다시 넣는다. 그러면 물속에 있는 우유보다 우유 속에 있는 물이 더 많을까? 아니면 우유 속의 물보다 물속의 우유가 더 많을까?

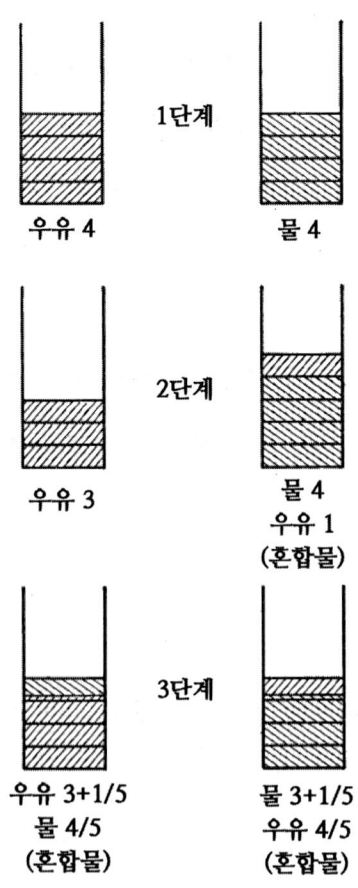

그림 2.8 우유와 물 문제의 세부 사항

제시된 이 문제를 접한 사람들은 일반적으로 두 그룹으로 나누어진다. 전자를 지지하는 그룹과 후자를 지지하는 그룹이다. 그런데 이들 모두 다 틀렸다. 왜 그럴까?

간단한 상황으로 만들기 위해서 우유와 물이 모두 4 티스푼만큼의 양이 각각의 유리컵에 들어 있다고 가정하자. 1 단계로 물이 들어 있는 유리컵에 1 티스푼의 우유를 넣는다. 2 단계에서 4 티스푼 물이 들어있었던 유리컵에 1 티스푼의 우유를 넣고 잘 저어 주었다. 유리컵에 $\frac{1}{5}$ 티스푼 우유와 $\frac{4}{5}$ 티스푼의 물의 5 티스푼의 혼합물이 되었다. 혼합물 1 티스푼을 다시 우유가 3 티스푼이 남아 있는 있는 유리컵에 1 티스푼을 옮겨서 잘 저어준다. 그러면 1 티스푼에는 우유 $\frac{1}{5}$ 티스푼과 물 $\frac{4}{5}$ 티스푼이 옮겨져서 결과적으로 $3 + \frac{1}{5}$ 티스푼 우유와 $\frac{4}{5}$ 티스푼 물의 혼합물이 된다. 1 티스푼의 혼합물을 옮기고 남은 유리컵에는 $3 + \frac{1}{5}$ 티스푼 물과 $\frac{4}{5}$ 티스푼 우유가 남아 있게 된다. 부수적으로 혼합물을 잘 저어 주었는지는 관계가 없다. 그 이유를 설명할 수 있겠는가?

우리는 가족 관계와 관련된 몇 가지 퍼즐로 이 장을 마치도록 하겠다. 이러한 퍼즐은 엄밀히 말하면 수학적이지 않지만, 해결에 필요한 추론의 유형은 종종 수학자가 사용하는 추론의 유형과 매우 유사하다.

큰 인디언과 작은 인디언

이러한 상황의 예를 들어 보자. 큰 인디언과 작은 인디언이 울타리에 앉아 있다. '작은 인디언은 큰 인디언의 아들이지만 큰 인디언은 작은 인디언의 아버지가 아니다.' 둘 사이는 어떤 관계일까? 답은 '어머니와 아들' 이지만 대부분의 사람들은 처음 문제를 접할 때 바로 답을 말하지 못한다.

바로 답을 하지 못한 이유는 아마도 인디언들이 노동의 분업에 대해서 어렸을 때 배웠던 사실과 여자는 울타리에 앉아 있을 시간이 없다고 자연스럽게 가정하는 것에 기인한다. 한편으로 용감한 사람은 세상 어딘가 있기 마련이다.

이러한 퍼즐의 해결에는 고정된 생각을 무시하고 새로운 아이디어를 찾는 능력이 필요하다. 이러한 능력은 수학자들에게 매우 높게 평가된다.

형제자매

"아무도 형제 자매는 아니다. 그 남자의 아버지는 나의 아버지의 아들이다."

이것은 꽤 잘 알려진 어렵지 않은 수수께끼이다. 그가 말한 대로, 화자가 자녀인 경우, '아버지의 아들'이 화자 자신이다. '그 남자의 아버지'가 '아버지의 아들'인 경우 '그 남자의 아버지'가 화자이다. 따라서 '그 남자'는 화자의 아들이다. 이 모든 것이 기하학의 설명처럼 들릴 뿐만 아니라 실제로는 기하학과 비슷하다.

가족 모임

다음으로 다음 할아버지 한 명, 할머니 한 명, 두 명의 아버지, 두 명의 어머니, 네 명의 자녀, 세 명의 손자, 한 명의 형제, 두 명의 자매, 두 명의 아들, 두 명의 딸, 한 명의 장인, 한 명의 장모, 한 명의 며느리로 복잡하게 구성된 가족 모임을 하고 있다. 몇 명인지 세어보아라.

24명? 아니다. 단지 7명이다. 두 명의 소녀와 소년, 아버지와 어머니, 할아버지와 할머니가 있다. 여기에 대한 자세한 설명은 말 그대로 가족의 관계된 단어가 너무 많다. 가장 정확하게 세려면 앉아서 7명의 사람의 목록을 작성하고 23번 관계를 확인하는 것이다.

피가 석이지 않은 형제들의 유령 같은 아버지

분명히 한때 미망인의 여동생과 결혼한 남자에 대해 들어 보았을 것이다. 당신은 "지금은 불가능합니다. 결국 남자의 미망인은 그 남자가 존재하지 않을 때까지 미망인은 존재하지 않습니다."라고 대답을 해야 할 것이다.

글쎄, 위의 상황은 이러한 방식으로 일어날 수 있다. 그 남자를 '요한' 이라고 하자, 그는 '앤'이라는 여자와 결혼했다. 몇 년 후 앤은 죽었다. 그러나 '앤'은 자매인 '베티'가 있었고 요한은 그녀를 두 번째 아내로 맞이하였다. 그런 다음 요한은 죽고 베티는 미망인이 되었다. 요한이 미망인의 여동생 앤과 결혼한 적이 없었는가?

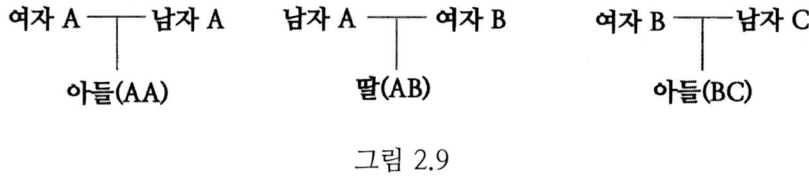

그림 2.9

미안하지만, 한 가지의 문법을 고려해야 한다. 이러한 실수를 하지 않기 위해서 노력을 해야 할 것이다. 상대적으로 빈번한 이혼과 재혼의 시대에, 완전히 무관한 두 남자가 같은 자매와 결혼하는 것은 불가능하다. 아래 [그림 2.9]가 도움이 될 것이다.

[그림 2.9]과 같이 남자 A와 여자 A 사이에 아들 AA가 태어났다. 남자 A는 부인 여자 A와 이혼했고 남자 A는 여자 B와 결혼을 하여 둘 사이에 딸 AB가 태어났다. 여자 B가 그와 이혼하고 남자 C와 결혼하는데 몇 년이 걸리지 않은 것으로 보아 남자 A는 여자 B와 함께 살기에 힘들었던 것 같다. 여자 B와 남자 C 사이에서 아들 BC가 태어났다. 그리고 이제 정리를 하여 보자. 두 아들 AA와 BC는 피가 섞이지 않아 혈연 관계가 아니다. 따라서 그들은 완전히 관련이 없다. 그러나 그들 모두 딸 AB의 형제이다. AA와 AB는 같은 아버지 A, AB와 BC는 같은 어머니 B이다.

합법적인가 불법적인가?

우리는 모두 입법자들과 그들이 만든 법에 오류에 대해 들었다. 예를 들어, 남서부의 주의 어느 한 철도의 교통 통제를 담당하고 사람에 의해 만들어진 철도 운영 지침이 있다. 그것은 다음과 같다. "동일한 철도를 따라 반대 방향으로 운행하는 두 열차가 서로 만나면 다른 열차가 뒤로 물러날 때까지 운행되지 않아야 한다." 그러나 비정상적인 상황으로 이어질 수 있는 모든 법률 중 영국에서 최악 중 최악의 법 중 하나이다.

이들이 결혼할 당시 1907년에서 1921년 사이에는 소년은 아버지의 합법적인 아들이지만 동시에 그의 어머니의 불법적인 아들이 될 수 있었다. 14년 동안 남자가 죽은 아내의 누이와 결혼하는 것은 합법적이지만, 여자가 죽은 남편의 형제와 결혼하는 것은 합법적이지 않았다. 그리고 여기에 무슨 일이 일어났는지 볼 수 있다.

동시에 삼촌과 조카인 상황

[그림 2.10]에서 형제 요한과 제임스는 각각 자매 샐리와 수잔과 결혼을 하였다. 몇 년 후 제임스와 샐리가 죽었고, 요한과 수잔은 재혼을 하였다. 요한은 그녀의 누나인 수잔과 합법적으로

결혼했지만, 수잔은 그녀의 사위인 요한과 합법적으로 결혼하지 않았다. 결과적으로 이들의 조합에서 태어난 찰스는 아버지의 합법적인 아들이자 어머니의 불법적인 아들이다.

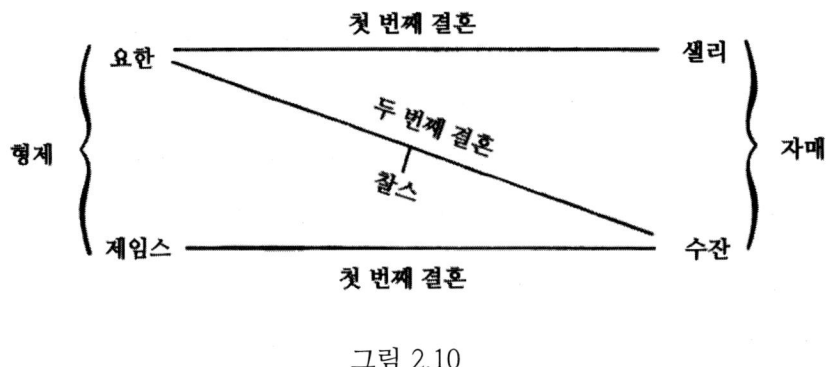

그림 2.10

마지막 문제로, 두 사람이 서로 동시에 조카와 삼촌이 될 수 있겠는가? 이러한 상황이 가능하겠는가? 아마도 불가능하고 생각한다. 그러나 아래의 상황을 보자.

[그림 2.11]에서 보면, 아들 톰이 있는 앨런 부부와 아들 딕이 있는 블랙 부부가 있다. 남편 앨런과 남편 블랙은 둘 다 모두 죽었다. 톰과 딕은 어른이 된 후에 서로의 어머니와 결혼했다. 딕과 앨런 부인 사이에 아들 해리를, 톰과 부인 블랙 사이에는 아들 조지가 태어났다.

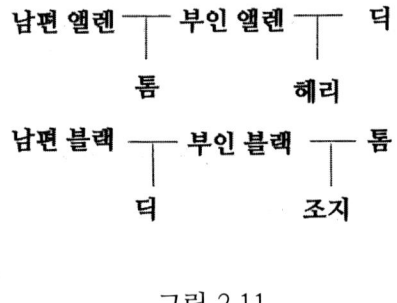

그림 2.11

이제 해리와 조지 사이의 관계를 생각하여 보아라. 해리는 조지의 아버지 톰의 형제이므로 해리는 조지의 삼촌이어야 한다. 반면 조지는 해리의 아버지 딕의 형제이므로 해리는 조지의 조카이어야 한다. 정확히 같은 방식으로 조지는 해리의 삼촌과 조카이다.

마지막 몇 개의 예는 거의 막장 드라마가 되어야만 발생할 수 있는 상황이다. 여하튼 이정도로 마치도록 하고 다음 장부터 조금 더 수학적인 것에 대해서 다루어 보도록 하자

3

작은 수 2 의 거대함과 경이로움
(대수 속 패러독스)

산술 계산은 거의 믿을 수 없는 결과들로 가득 차 있다. 이번 장에서는 산술 계산의 주제로 발견된 몇 가지 놀라움에 대해서 논의를 할 것이며, 대부분의 경우 숫자 2 의 놀라운 특성 중 일부에 주목해서 볼 것이다. 여기서 수학자가 놀라워하는 것을 찾을 수 있는 것은 많지 않다. 그러나 논의될 결과는 비수학자들에게는 역설적인 것이고 적어도 그들에게 참과 거짓을 말하여 달라고 했을 때 판단하기가 어려울 것이다.

어떤 큰 수들

10 억은 얼마나 큰 수일까?

오늘날 10 억 달러에 달하는 정부 차관과 세출의 경우 대부분의 사람들은 큰 숫자에 대해 망각하여서 더 이상 실제 규모를 인식을 못한다. 어쨌든 10 억은 얼마나 큰 수일까? 이제, 작은 정육면체 블록의 각 변의 크기를 $\frac{1}{4}$ 인치라고 하자. 10 억 개의 블록을 너비가 21 피트, 폭이 21 피트, 높이가 21 피트인 정육면체의 약 $\frac{1}{4}$ 을 채울 수 있다.[1]

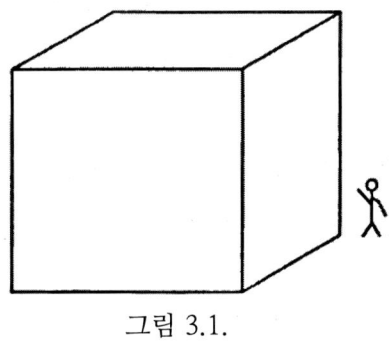

그림 3.1.

---

[1] 1 피트=12 인치

작은 정육면체 블록을 단층으로 펼치면 53 개 야구장의 내야 쪽 다이아몬드를 덮을 수 있다. 그리고 직선으로 나열하면 거의 4000 마일에 이르는데 거의 뉴욕과 베를린 사이의 거리이다.

또는 시간과 관련하여 10 억을 생각해 보자. 10 억 초 전에는 현재 31 세의 모든 사람들이 아직 태어나지도 않았다. 1903 년 동안 그리스도 탄생 이후 10 억 분이 경과했다. 그리고 10 억 일 전에 사람이 막 지구에 등장했다.

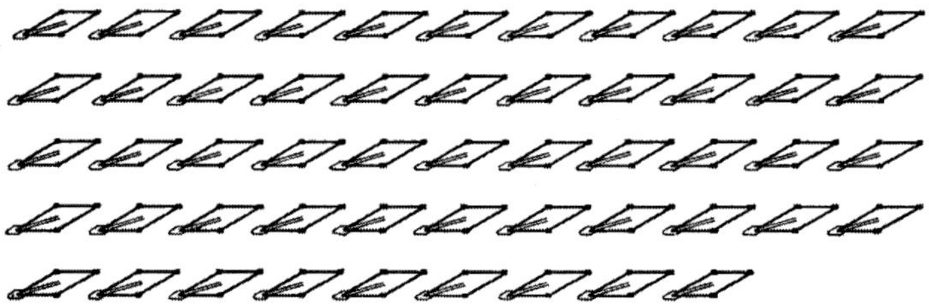

그림 3.2. 야구장 내야 다이아몬드 53 개

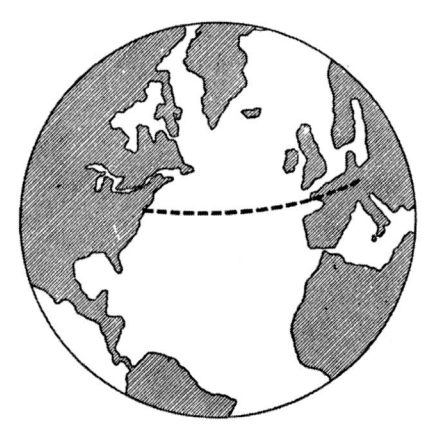

그림 3.3. 뉴욕과 베를린

마지막으로, 현재의 공공 부채에 대한 생각이 여전히 당신의 마음에 남아 있다면, 1,000 억 달러를 갚기 위해서 하루 24 시간, 일주일, 년 52 주 내내 1 초 당 1 달러씩 갚아 나간다고 하자.

$100{,}000{,}000{,}000 \div (52 \times 7 \times 24 \times 60 \times 60 \text{ 초}) \approx 3{,}180(\text{년})$

1 천억 달러를 갚기 위해서는 약 3,180 년이 걸린다!

큰 수의 간단한 표현

물리학자, 화학자, 천문학자 및 큰 수를 다루는 다른 사람들은 큰 수를 나타낼 때 매우 편리한 표기법을 사용한다. 10억은 10이 9번의 곱이라는 것을 먼저 주목하여라. 즉, 말하자면,

$$1,000,000,000 = 10 \times 10 \times 10 \times 10 \times 10 \times 10 \times 10 \times 10 \times 10$$

이다.

10^2은 10을 2번, 10^3은 10을 3번, 10^4은 10을 4번 곱하였다는 표현이다. 이렇게 표현을 하여 보면 10억은 10을 9번 곱한 것이므로 10^9으로 나타낼 수 있다. 40억은 4×10^9으로 나타낼 수 있고, 4는 소수점으로부터 오른쪽으로 9번째 자리로 이동한 것이다. 또한 34,870,000,000은 3.487×10^{10}으로 표현할 수 있고, 3.487은 소수점으로부터 오른쪽으로 10번째 자리로 이동한 것이다. 너무 정확하지 않아도 되고 숫자의 크기에 대한 어떤 아이디어를 원한다면 3.487이 4보다 3에 가까워 34,870,000,000은 약 3×10^{10}이라고 말할 수도 있다.

훨씬 더 개략적으로 근사시키면 3×10^{10}의 '가장 가까운 10의 거듭제곱'은 10^{10}이라고 말할 수 있다. 다시 말해서, 3×10^{10}은 1×10^{10} (또는 10^{10})에 가깝다. 그러므로 10×10^{10}은 10^{11}이다.

4^{3^2}은 얼마인가? 이 수는 $4^{(3^2)} = 4^9$와 같이 해석을 하여야 한다. $\left(4^3\right)^2 = 64^2$처럼 해석을 하면 안 된다.

네 개의 2로 얼마나 큰 수를 만들 수 있을까?

다음과 같은 문제를 토론하여 거듭제곱 표기법에 대해서 친숙해질 수 있다.

3개의 2로 나타낼 수 있는 가장 큰 숫자는 무엇일까? 즉시 생각할 수 있는 가능성은 222, 22^2, 2^{22} 및 2^{2^2}이다. 가장 작은 수는 $2^{2^2} = 2^4 = 16$이다. 그 다음 수는 222, 그 다음 수는 $22^2 = 484$이다. 가장 큰 수는 $2^{22} = 4,194,304$로 약 4×10^6이다.

4개의 2로 나타낼 수 있는 가장 큰 숫자는 무엇일까? 큰 숫자로 정렬될 가능성이 있는 것은 2222, 222^2, $2^{2^{2^2}}$, 22^{22}, 2^{222}, 2^{22^2}, $2^{2^{22}}$ 이다. 이 처음 다섯개의 숫자들의 가장 가까운 10의 거듭제곱의 수는 10^3, 10^4, 10^5, 10^{29}, 10^{67}, 10^{145} 이다. 그러나 맨 마지막 숫자는 $2^{4,194,304}$로 $10^{1,260,000}$ 이다. 이 숫자와 비교하면 10억은 명함도 못내민다. 이 수는 10억을 140,000 번을 곱한 수이다. 간단하게 네 개의 2로 그 정도의 숫자를 만들 수 있을 것이라 생각을 한적이 있는가?

가계도

그림 3.4. 가계도

[그림 3.4]은 현재 살고 있는 각 사람이 부모 2명, 조부모 4명, 증조부모 8명 등의 조상이 있다는 것을 설명하기 위한 그림이다. 다시 말해, 1세대에는 2명의 조상이 있다. 그리고 2세대에는 $4 = 2 \times 2 = 2^2$ 명의 조상을 가졌다. 3세대에는 $8 = 2 \times 2 \times 2 \times 2 = 2^3$ 명의 조상이 있다. 4세대에는 $16 = 2 \times 2 \times 2 \times 2 = 2^4$ 명의 조상이 있다. 이후로 일반적으로, n세에는 $2 \times 2 \times \cdots \times 2 = 2^n$ (2가 n번 곱해져 있다.)명의 조상이 있다. 이제 우리는 한 세대를 30년이라 가정하자. 그러면 600년 전은 20세대가 되어서 $2^{20} = 1,040,400$명의 조상이 있다!

누군가가 "6백년 전에 이 지구 상에 오늘날과 같은 사람이 100만 배 이상 있었다."라는 것을 주장을 증명하기 위해 이 논리를 사용한 적이 있는데, 인구 조사 전문가가 그의 실수를 알아내는 데는 [그림 3.4]가 필요 없다. 그것을 찾을 수 있겠는가?

연쇄 편지

연쇄 편지는 몇 년마다 다른 형태로 나타내는 오래된 유해한 것이다. 간단한 사례를 생각하여 보자. 한 사람이 두 명의 친구에게 특정 편지를 보내고 각 친구는 편지를 복사하여 두 친구에게 보낸다. 이후로 동일하게 각각의 친구들도 편지를 복사하여 두 명의 친구들에게 보낸다. 그런 다음 각 단계 별 편지의 개수를 살펴보면, 1 단계는 2 개(= 2^1 개), 2 단계는 4 개(2^2 개), 3 단계는 8 개(2^3 개)이다. 글을 읽든 못 읽든 간에 세계의 20 억 명의 여성, 남성, 어린이 모두에게 편지가 배달되려면 몇 단계를 거쳐야 하는가? 그것은 30 단계를 넘지 않는다는 것을 보여주는 것은 어렵지 않다! 30 단계에 이르면 2^{30} = 1,073,741,824통의 편지가 배달된다.

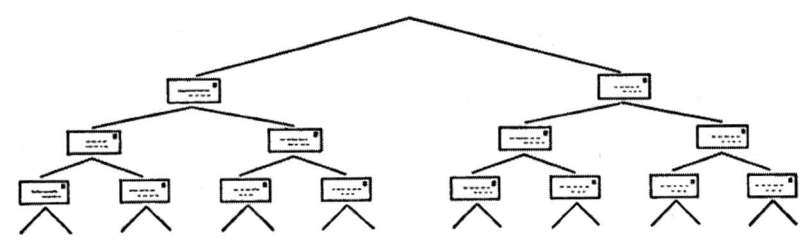

그림 3.5. 연쇄 편지

2^{30}의 숫자를 검소하게 저축을 하는 예로 들어 보자. 첫째날에는 1 센트, 둘째날에는 2 센트(= 2^1센트), 세째날에는 4 센트(= 2^2센트), 네째날에는 8 센트(= 2^3센트)을 저축하고, 매일 전날에 저축한 돈의 2 배를 저축을 하며, 한 달 31 일 동안 저축을 하자. 여기서 각각 날은 2 의 거듭 제곱의 수의 지수는 하루 수보다 1 이 적다는 것을 알기 때문에, 그 달 31 일에 2^{30}센트로 약 10 억 센트 이상 저축을 하여야 한다. 즉, 천만 달러 이상이다. 저축한 총 금액은 약 2^{30}센트의 2 배이다.

종이 더미 높이

이제 다음 문제는 잘 준비를 해야 한다. 이 문제를 당신의 친구들을 시험하기에 좋다.

우리에게 매우 얇은 화선지[2] 즉, 1 천 분의 1 인치 두께 또는 종이 1,000 장이 1 인치가 되는 종이가 있다고 가정해 보자. 종이를 반으로 찢고 한 조각을 다른 조각 위에 올려 두어 조각을 겹쳐

---

[2] 얇은 고급 종이

놓는다. 다시 그것을 반으로 찢고 네 조각을 겹쳐 놓고, 이것을 다시 반으로 찢고 8 조각을 겹쳐 놓는다. 우리가 총 50 회 찢어 겹쳐 놓으면 최종 용지 높이는 얼마나 높아질까? 일반적인 반응은 재미있다. 어떤 사람들은 한 발 내딛는 거리라고 말하며, 또 어떤 사람들은 몇 피트나 높이 올라간다고 말한다. 더 대담한 사람들 중 몇 명은 경계심을 버리고, 1 마일에 그들의 명성을 거는 위험을 무릅쓴다. 그들 모두는 1,700 만 마일을 훨씬 넘는 높이가 되는 정답을 믿으려 하지 않는다!

만약 당신이 이것을 믿지 못하는 사람 중 한 명이라면, 당신은 아래와 같은 아주 간단한 계산으로 문제를 풀 수 있다. 위에서 이야기한대로 첫 번째 종이를 잘라 겹쳐 놓으면 2 장(= 2^1장)이 된다. 두 번째 종이를 잘라 겹쳐 놓으면 4 장(= 2^2장), 세 번째 종이를 잘라 겹쳐 놓으면 8 장(= 2^3장) 등등이 된다. 이후 50 번째 종이를 잘라 겹쳐 놓으면 2^{50}장이 된다. 2^{50}은 약 1,126,000,000,000,000 이다. 그리고 1,000 장의 종이 두께가 1 인치이므로 50 번째 종이를 잘라 겹쳐 놓은 종이 높이는 1,126,000,000,000 인치가 된다. 이 숫자를 피트 단위로 바꾸려면 12 로 나누어 주어야 한다. 그리고 마일을 얻기 위해서는 5,280 으로 나누면 된다. 말하였듯이 최종 결과는 17,000,000 마일 이상이다.

하노이 탑과 지구 종말 예언

오늘날에 거의 모든 장난감 상점에서 고대 퍼즐 장난감들을 많이 볼 수 있다. 그 중에는 평범해 보이는 '하노이의 탑'도 있다. [그림 3.6]와 같이 3 개의 수직으로 고정된 나무 막대가 평평한 나무판에 꽂혀 있다. 나무 막대기 중 하나에는 나무 막대기 위에서부터 가장 작은 원반으로

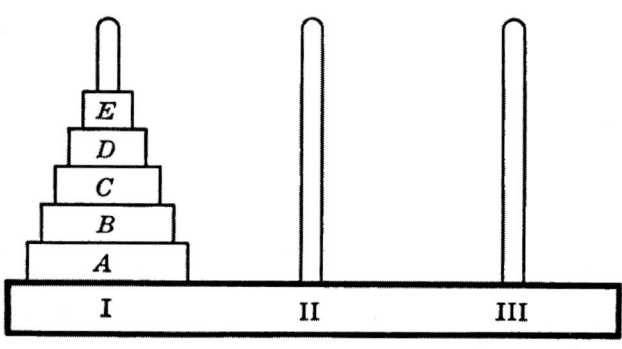

그림 3.6. 하노이 탑

시작해서 바닥으로 갈 수록 원반의 크기가 일정하게 커지고 바닥에는 가장 큰 원반으로 구성되어 있다. 문제는 모든 원반을 첫 번째 막대기에서 다른 막대기로 최소한의 이동으로 옮기는 것이다. 즉, 세 번째 막대기로 옮기면 세 번째 막대기에 최종 배열이 첫 번째 막대기에 꽂혀 있던 원반의 배열과 같게 최소한의 이동으로 옮겨야 하고, 한 번에 하나의 원반만 이동해야 하며 작은 원반 위에 큰 원반을 옮겨 놓을 수는 없다.

예를 들어, [그림 3.6]과 같이 막대기 I, 막대기 II, 막대기 III 가 있고 원반 A, B, C, D, …가 막대기 I 에 꽂혀 있다고 가정하자. 원반 2 개의 원반 A 와 B 만이 I 에 있으면 B 를 II, A 를 III 으로, 다시 B 를 III 으로 이동시켜라. 그러면 2 개의 원반은 최소 3 번(= $2^2 - 1$)의 이동이 필요하다. 3 개의 원반 A, B 및 C 가 있는 경우는 C 를 III, B 를 II, C 를 II, A 를 III, C 를 I, B 를 III 그리고 마지막으로 C 를 III 의 순서로 이동시켜라. 그러면 3 개의 원반으로 최소 7 번(= $2^3 - 1$)의 이동이 필요하다.

일반적으로 n 개의 원반이 있으면 최소 $2^n - 1$ 번의 이동이 필요하다는 것을 알 수 있다. 물론 이 게임은 종이에 나무판과 막대기 3 개를 그리고 골판지로 원반을 대신하여 게임을 할 수 있다. 5 개의 원반은 최소 $2^5 - 1 = 31$ 번의 이동이 필요한 5 개의 원반을 사용하고 더 능숙해지면 원반을 더 추가하여서 시도를 하여 보아라. 그런데 여기에 유용한 힌트가 있다. 원반의 개수가 짝수면 첫 번째 원반을 막대기 II 에, 홀수면 막대기 III 에 이동시켜라.

이 게임의 기원을 다음과 같다.

"세계의 중심을 나타내는 돔 아래에 있는 위대한 사원 베나레스(Berenas)에, 각각 높이가 한 큐빗[3]이고 지름이 꿀벌의 몸통처럼 얇은 고정된 3 개의 다이아몬드 바늘에 황동판이 놓여 있다. 이 바늘들 중 하나에, 신이 세상을 창조할 때, 순금으로 된 64 장의 원반을 황동판 위에 가장 큰 원반을 놓고 위로 올라갈수록 점점 작은 원반을 맨 위까지 끼워 놓았다.

이것이 브라마(Bramah) 탑이다. 밤낮으로 제사장들은 브라마의 고정 불변의 법칙에 따라 다이아몬드 바늘에 끼워서 원반 한 개를 다른 바늘로 끊임없이 옮긴다. 브라마의 임무를 맡은 제사장은 한 번 옮길 때 두 개 이상의 원반을 옮기지 못하며, 이 원반을 바늘에 끼워야 하고 이동한 원반 아래에는 그 보다 작은 원반이 없도록 해야 한다. 이렇게 해서 64 개의 원반이 한 바늘에서

---

[3] 고대에 사용되던 길이 단위의 하나. 손가락 끝에서 팔꿈치까지의 길이로 약 $45cm$

하느님이 창조할 때 놓여 있던 다른 바늘로 모두 옮겨졌을 때, 탑, 신전, 브라만 모두 똑같이 먼지로 부서지고 천둥소리와 함께 세상은 사라질 것이다."

이 경우에 원반이 최소 이동한 수는 $2^{64} - 1$번이다. 만약 사제들이 24시간 스케줄을 짜서 초당 1개의 속도로 원반을 이동하고 절대 실수를 하지 않는다고 가정한다면, 세상이 먼지로 사라지는데는 약 5.82×10^{11}년, 즉 거의 60억 년이 걸릴 것이다. 이 세상의 종말 예언 중 기록상 가장 낙관적인 예언이다!

너무나 많은 밀

숫자 $2^{64} - 1$은 체스의 기원과도 연결되어 있다. 전설에 따르면 페르시아의 고대 샤(Shah)는 이 체스 게임에 매우 감명을 받아 발명가에게 그대가 원하는 어떤 것도 들어주겠다고 하였다. 아마도 그는 영리한 산술가였을 것이다, 발명가는 밀 낱알을 체스판 첫 칸에는 한 알, 두 번째 칸에는 두 알, 세 번째 칸에는 네 알, 네 번째 칸에는 여덟 알, 등등 체스판의 모든 칸에 이러한 방식으로 밀을 채워서 달라고 하였다.

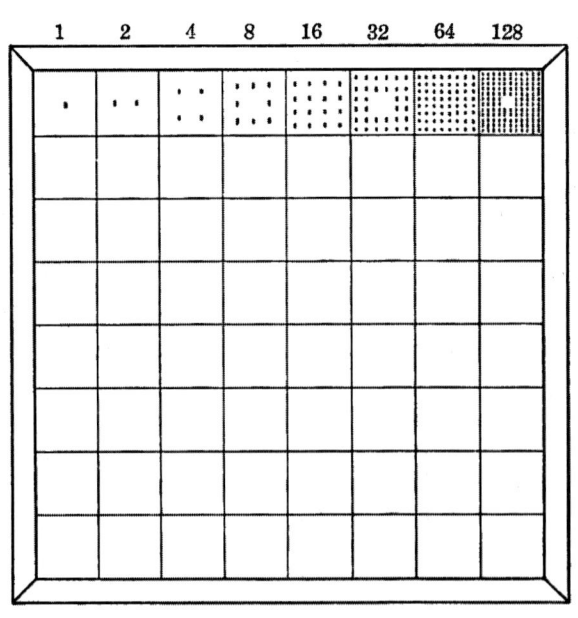

그림 3.7. 체스판과 밀 낱알

그가 요구한 밀의 낱알 개수는 $1 + 2 + 2^2 + 2^3 + \cdots + 2^{63} = 2^{64} - 1$ 개이다. 샤는 그의 조언자들이 그에게 문제의 심각성을 이야기하기 전까지 요구한 보상이 형편없다고 생각을 하였다. 조언자들이 알아낸 낱알의 개수는 $2^{64} - 1$ 개로 즉, 약 1.84×10^{19} 개이다. 만약 1 파인트(pint)[4] 에 9000 개의 밀알이 있다고 가정한다면, $2^{64} - 1$ 이 수치는 약 3×10^{13} 부셸(bushel)[5] 로 오늘날까지도 세계 연간 밀 수확량의 수천 배에 달하는 숫자이다!

알려진 가장 큰 소수

첫 번째 체스 판 옆에 두 번째 체스판을 놓고, 연속된 각 칸에 대해 밀 낱알의 수를 두 배로 하는 규칙을 적용하면, 두 판의 마지막 칸에는 2^{127} 개의 밀 낱알 더미가 있다. 이 더미에서 낱알 하나를 제거하면 $2^{127} - 1$ 개가 남는다.

$$2^{127} - 1 = 170{,}141{,}183{,}460{,}469{,}231{,}731{,}687{,}303{,}715{,}884{,}105{,}727.$$

이 숫자는 지금 현재 [6] 까지 알려진 가장 큰 소수(prime number)이다.

정수론과 관련된 몇 가지

페르마 소수

마지막 문제는 우리가 생각해왔던 것과는 다소 다른 숫자 2 의 독특한 특성을 보여준다. 아마추어 수학자와 전문 수학자의 소수 연구로 새로운 많은 결실이 있었다. 소수의 정의를 상기하여 보자. 소수란 자신과 1 이외의 숫자로 나눌 수 없는 수이다. 예를 들어, 처음 열 두 개의 소수는 1, 2, 3, 5, 7, 11, 13, 17, 19, 23, 29, 31 이다.[7] 숫자 4 는 소수가 아니다. 왜냐하면 4 는 2 로 나눌 수 있기 때문이다. 6 도 소수가 아니다. 왜냐하면 2 와 3 둘 다 나눌 수 있기 때문이다.

---

[4] 파인트(액량·건량 단위. 8 파인트가 1 갤런)
[5] 곡물량의 단위로 약 36 리터
[6] 이 글이 작성된 1944 년을 말한다.
[7] 역자주: 저자는 1 도 소수로 정의하였다.

기하학을 체계화한 유클리드는 기원전 300년경에 소수의 개수가 무한하다는 것을 증명했다. 수세기 동안 오직 소수만을 만들어낼 수 있는 공식을 만들려는 시도가 있었다. 예를 들어, 공식 $n^2 + n + 41$과 처음 마주친 사람은 이 공식이 소수를 만들 수 있는 무언가 가 생각했을 것이다. 왜냐하면 이 공식은 n이 1에서 39까지의 수일 때 $n^2 + n + 41$은 모두 소수이다. 따라서 n이 1이면 공식은 43을, $n = 2$이면 47, $n = 3$이면 53을, $n = 4$이면 61로 모두 소수이다. 그러나 $n = 40$이면 1681로 $(41)^2$이서 41로 나누어진다. 이 예는 수학에서 몇 가지 특정 사례로 일반적인 결론을 추론하려는 것은 잘못되었다는 것을 보여준다. 1640년 프랑스의 수학자 페르마는 오직 소수만을 생성하는 공식을 발견했다고 믿었다. 그의 공식은 $2^{2^n} + 1$이다. 단 n은 정수다. 이렇게 생성된 수를 '페르마 수'라고 부르고 처음 5개의 페르마 수는 아래와 같다.

$$2^{2^0} + 1 = 2^1 + 1 = 3$$

$$2^{2^1} + 1 = 2^2 + 1 = 5$$

$$2^{2^2} + 1 = 2^4 + 1 = 17$$

$$2^{2^3} + 1 = 2^8 + 1 = 257$$

$$2^{2^4} + 1 = 2^{16} + 1 = 65,537$$

이 숫자들 중 첫 번째 숫자와 관련하여, 대수 이론으로 부터 지수가 0인 모든 수는 1이라는 것을 상기해야 한다.[8]

---

[8] 1장에서 이야기한 것은 수학에서 정의나 가정에 대한 '진실(참/거짓)'이 아니라 그 일관성에만 관심이 있다는 것이다. 지수가 0이 아닌 수의 0 제곱은 1로 정의된다는 것이 그 예이다. a^2은 a를 두번 곱한것이고, a^3은 a를 세번 곱한것 시각화하는 것은 쉽다. 그러나 a^0은 무엇일까? a를 0번 곱했다는 것 또는 아무것도 곱하지 않았다는 것은 시각화할 수 없다. 임의 수 a와 두 양수 m과 n에 대하여, $a^m \cdot a^n = a^m + n$이 성립한다. 예를 들어, $5^3 \cdot 5^4 = (5 \cdot 5 \cdot 5) \cdot (5 \cdot 5 \cdot 5 \cdot 5) = 5 \cdot 5 \cdot 5 \cdot 5 \cdot 5 \cdot 5 \cdot 5 = 5^7 = 5^{3+4}$이다. 이 공식에 $m =$

하여튼 위의 5개 페르마 수는 모두 소수이다. 그러나 페르마는 나중에 그의 공식이 항상 소수를 만든다는 것에 대한 일반화를 의심하기 시작했다.

스위스 수학자 오일러는 100년이 지난 후에야 6번째 페르마 수 $2^{2^6} + 1 = 4,294,967,297$은 641과 6,700,417의 곱이라는 것을 증명하였고 따라서 두 수중 하나로 나누어진다. 이후, 소수가 아닌 페르마 수가 있다는 것이 확인되었다. 반면에, 페르마 공식에서 본 처음 다섯 개 수 외에 다른 어떤 페르마 수도 소수인지 아무도 모른다.

페르마 자신은 알 수도 있었겠지만 그가 실패했던 특별한 연구에서 성공한 사람이 아무도 없다는 사실에 위안을 받을 수도 있다. 소수만을 생성하는 공식은 아직까지 발견되지 않았다.

원 분할하기

$2^{2^n} + 1$이라는 표현은 18세기 말에 새로운 역사적 중요성을 가지고 있다. 평면 기하학 강의를 들은 사람이라면 고대 그리스인처럼 원은 자와 나침반을 통해 일정한 수의 동일한 부분으로 나눌 수 있다는 것을 알고 있다. 예를 들어 원을 2개의 동일한 부분으로 나누려면 지름을 그리기만 하면 된다. 각각의 반원을 다시 이등분할 수 있어 4개의 동일한 부분을 얻을 수 있다. 이것들은 또 다시 이등분할 수 있고 8개의 동일한 부분을 얻을 수 있다.

원은 원주의 어떤 지점에서 시작하고 원의 반지름으로 연속적인 호를 그려서 6개의 동일한 부분으로 나눌 수 있다. 또한 다른 분할 지점을 선택하여서 3개의 동일한 부분을 얻을 수 있다. 6개의 등분된 부분은 12개로, 12개는 24개로 각각 2배로 늘릴 수 있다. 세 번째 방법은 다소 복잡하지만 원을 5 등분으로 나누고, 두 배인 10, 20, 40, …의 등분된 부분으로 나눌 수 있다. 6 등분과 10 등분의 방법을 결합하여 15개의 등분된 부분을 얻을 수 있다. 다시, 15 등분된 부분을 단순히 호를 이등분함으로써 두배씩 늘릴 수 있다. 우리는 우리가 말한 모든 것을 다음과 같은 간결한 방법으로 표현할 수 있다.

0를 넣어보자. 그러면 $a^0 \cdot a^n = a^{0+n} = a^n$이다. 양변을 a^n으로 나누면 $a^0 = 1$을 얻을 수 있다. 따라서 수학 과정에서 일관성을 유지하기 위해 $a^0 = 1$로 정의한다. 반면 $a = 0$일 때는 a^0를 정의하지 못한다. 마지막 단계에서 a^0 즉 0으로 나누어야 하기 때문이다. 이러한 특별한 경우는 5장에서 다루겠다.

원은 자와 컴퍼스를 가지고 $3, 5, 2^n$ (n은 임의의 정수)의 등분을 할 수 있고, 이들을 조합한 $3 \times 5, 3 \times 2^n, 5 \times 2^n$ 및 $3 \times 5 \times 2^n$의 등분을 할 수 있다.

이 명제가 너무 간결하여 것을 두려워하여, 물론 2 부터 51 까지의 숫자를 나열하고 $3, 5, 2^n$과 그의 배수와 그 조합으로 나타낼 수 있는 모든 숫자에 동그라미를 그리자. 그러면 아래 [그림 3.8]과 같다.

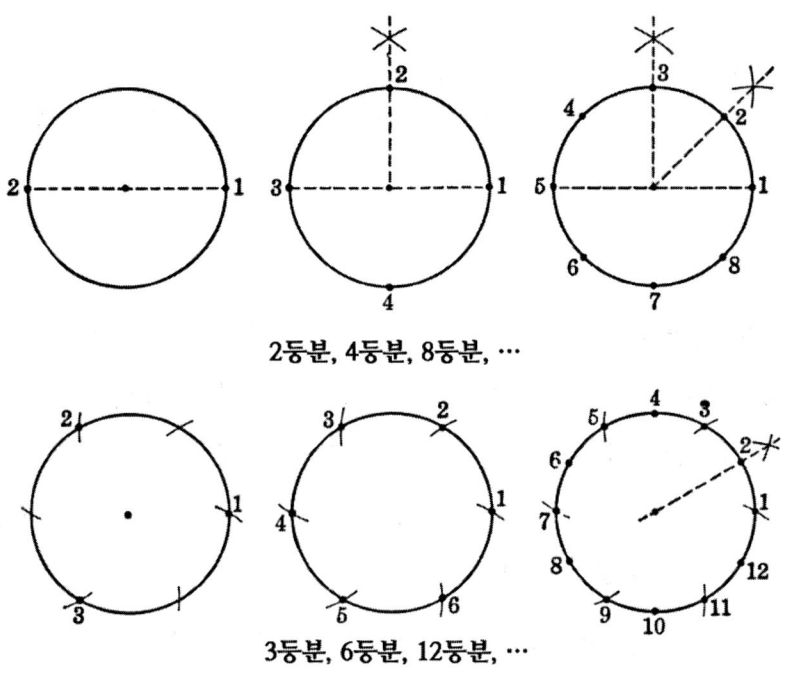

그림 3.8. 원의 등분

앞서 언급했듯이, 위에 있는 일반적인 결론은 고대 그리스인들도 알고 있었다. 2 천년 동안 원을 7, 9, 11, 13, 17, 19, 21, 23, 25, ⋯ 즉, $3, 5, 2^n$의 조합으로 나타낼 수 없는 홀수 개의 부분으로 나눌 수 있는지 없는지 여부조차 알지 못하였다. 홀수 개의 부분으로 나눈 것을 기억하자. 인수 2^n은 짝수이므로 짝수는 생각하지 않는다. 예를 들어, 배열에서 첫 번째 동그라미가 없는 짝수는 14 이다. 이제 원을 7 개의 등분으로 나눌 수 있으면 각 호를 간단히 이등분하여 14 개의 등분으로 나눌 수 있다. 반대로, 14 개의 등분으로 나누는 것이 가능하다면, 간단하게 한점을 선택하고 한 점씩 건너 띄어 7 개 점을 선택하여서 7 개의 등분을 얻을 수 있다.

1796년 독일의 젊은 수학자 가우스가 마침내 이 문제를 완전히 해결하였다. 그는 아래의 정리를 증명하였다.

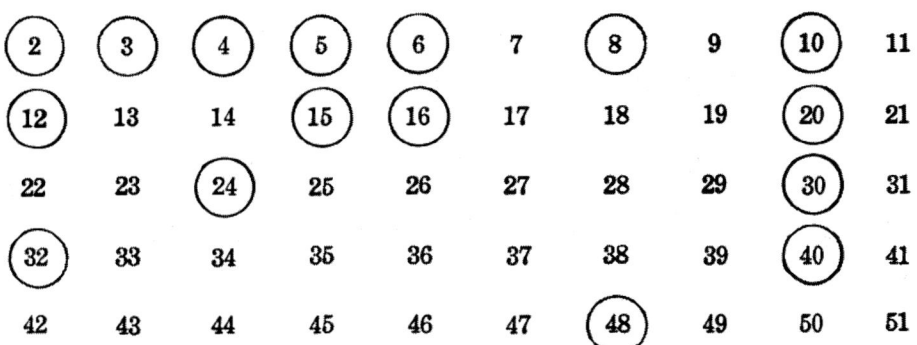

그림 3.9.

원을 홀수 개의 수로 등분할 수 있으면 그 홀수는 페르마 수 즉, $2^{2^n} + 1$이 꼴의 수와 그 페르마의 수들의 조합으로 이루어진 수이어야 한다. 이 역도 성립한다.

알려진 유일한 주요 페르마 수는 마지막 절에서 논의했던 3, 5, 17, 257, 65,537 의 수들이다. 따라서 홀수 3, 5, 3 × 5뿐만 아니라 17, 257, 65,537, 3 × 17, 3 × 257, 3 × 65,537, 5 × 17, 5 × 257 등의 경우에도 가능하다. 그러나 7, 9, 11, 13, 19, 21, 23, 25 …에서는 불가능하다. 따라서, 처음 50 개의 숫자 배열에서, 이제 17, 2 × 17(= 34), 3 × 17(= 51) 은 등분이 가능하지만 다른 수들은 불가능하다.

위 두 가지 문제에 관하여 언급한 수학자 페르마, 오일러, 가우스는 수학 역사에서 위대한 수학자들 중 한 명이다. 페르마는 아마추어 수학자였다는 것은 흥미롭다. 그는 여러 해 동안 툴루즈(Toulouse) 시의 지방 의회 판사였다.

완전수

2의 거듭제곱은 또 다른 역사적 문제와 관련되어 있다. 초기 그리스인들은 숫자를 짝수 또는 홀수, 소수(prime number) 또는 합성수뿐만 아니라 완전수, 과잉수, 부족수 등으로 분류했다. 숫자 12를 생각해보자. 12를 제외하고 약수는 1, 2, 3, 4, 6 이다. 그리고 이 약수들의 합은 16 인데

12보다 더 큰 수이다. 따라서 숫자 12는 과잉수이다. 반면에 수자 14는 자신를 제외한 약수가 1, 2, 7로 그 약수의 합이 10으로 자신 14보다 작아 부족수이다. 그러나 6은 완전수인데, 자신을 제외한 약수가 1, 2, 3이고 그 합이 6으로 자신과 같기 때문이다. 다음의 완전수는 28이다. 자신을 제외한 약수가 1, 2, 4, 7, 14이다. 완전수인 홀수를 어느 누구도 발견하지 못하였고, 아직까지 그 누구도 이를 증명하지도 못하였다.

유클리드는 n이 정수일 때, $2^n - 1$이 소수라면 $2^{n-1}(2^n - 1)$은 완전수라는 것을 증명하였다. $2^n - 1$이 소수인 알려진 정수 n은 2, 3, 5, 7, 13, 17, 19, 31, 61, 89, 107, 127이다. 따라서 12개의 완전수 만이 알려져 있다.

이 중 처음 여섯 개의 완전수는 6, 28, 496, 8128, 33,550,336, 8,589,869,056이다. 큰 수를 다루는 것은 어려움이 있는 이것은 $2^{126}(2^{127} - 1)$이 최근에 찾은 완전수이다. 두 번째 인수인 $2^{127} - 1$은 두 개의 체스판과 관련하여 나타난 39자리 숫자다. 이 것에 2^{126}을 곱한 수는 무려 77자리의 숫자이다!

숫자 표기법

이진법

현재의 절에서는 산술 초보자의 잘못된 추론 사례를 생각해 보자. 어느 학생은 두 개의 항등식으로 시작하였다.

$9 + 8 + 7 + 6 + 5 + 4 + 3 + 2 + 1 = 45$
$1 + 2 + 3 + 4 + 5 + 6 + 7 + 8 + 9 = 45$

첫 번째 항등식에서 두 번째 항등식을 빼자. 우변은 0이다. 좌변은 등호 오른쪽 항에서부터 빼도록 하자. 1에서 9를 빼야 한다. 그렇게 할 수 있으려면 2에서 1을 빌리고 11에서 9를 빼서 2가 되었다. 계속해서 1에서 8을 빼야 해서(마지막 단계에서 1을 빌리기 전 2였다.) 이를 위해 3에서 1을 빌려서 11에서 8을 빼서 3이 되었다. 그리고 나서 2에서 7을 빼기 위해서 4에서 1을 빌리는 등 항상 왼쪽 항의 수에서 1을 빌려서 음수가 나오지 않게 다음 단계로 진행한다. 이제 마지막 단계에서 좌변의 뺄셈을 하면

8 + 6 + 4 + 1 + 9 + 7 + 5 + 3 + 2 = 0 이다. 즉, 45 = 0 이다.[9]

계산 초보자들은 계산 실수를 어디에서 한 것일까? 이제 그 초보자가 321에서 189을 뺄셈을 하는 아래의 예를 들어서 조금 더 자세하게 살펴보도록 하자.

```
  321
-)189
  132
```

여기서 오른쪽의 첫 번째 숫자를 빼기 위해서 2에서 1을 빌리고 11을 만들어서 9를 뺄 수 있다. 하지만 정말로 1을 빌리고 있는가? 그렇지 않다. 숫자 321은 3 + 2 + 1이 아니라 3 · 100 + 2 · 10 + 1을 의미하거나

$$3 \cdot 10^2 + 2 \cdot 10^1 + 1 \cdot 10^0$$

를 의미한다. (이제부터 우리는 곱셈을 나타내는 기호 '×'를 점 '·'를 사용할 것이다.) 또 다른 예를 들어보자. 57,289는

$$5 \cdot 10^4 + 7 \cdot 10^3 + 2 \cdot 10^2 + 8 \cdot 10^1 + 9 \cdot 10^0$$

를 의미한다.

그래서 '2로부터 1을 빌려 온다'라고 생각할 때, 실제로 $2 \cdot 10^1$에서 $1 \cdot 10^1$을 빌리는 것이다. 그리고 다음 단계에서는 3에서 1을 빌려서 11에서 8을 빼서 '3'인데 이 결과의 의미는 실제로 $3 \cdot 10^2$에서 $1 \cdot 10^2$를 빌려서 110에서 80을 빼서 $30(= 3 \cdot 10^1)$을 의미한다.

---

[9] 좌변의 계산 진행 순서는 아래와 같다.
9 + 8 + 7 + 6 + 5 + 4 + 3 + 1 + 11
1 + 2 + 3 + 4 + 5 + 6 + 7 + 8 + 9
⇩
9 + 8 + 7 + 6 + 5 + 4 + 2 + 11 + 11
1 + 2 + 3 + 4 + 5 + 6 + 7 + 8 + 9
⇩
9 + 8 + 7 + 6 + 5 + 3 + 12 + 11 + 11
1 + 2 + 3 + 4 + 5 + 6 + 7 + 8 + 9
⇩
9 + 8 + 7 + 6 + 4 + 13 + 12 + 11 + 11
1 + 2 + 3 + 4 + 5 + 6 + 7 + 8 + 9
⇩
9 + 8 + 7 + 5 + 14 + 13 + 12 + 11 + 11
1 + 2 + 3 + 4 + 5 + 6 + 7 + 8 + 9

이러한 '자릿수 표기법'의 문제 즉, 숫자의 중요성이 기록된 숫자의 위치를 통해 나타나는 표기법은 서기 6 세기 초에 힌두교도들에 의해 개발되었다. 이것은 수학에서 가장 위대한 진보중 하나이다. 만약 여러분이 이것을 믿지 않는다면, 로마 숫자로 표현된 두 개의 큰 숫자를 함께 곱해보자!

일반적으로 '아랍어'라고 불리는 숫자들이 실제로 힌두교인들의 발명이었다는 것은 이 '자릿수 표기법'과 연관성이 있다는 것에 주목할 가치가 있다.

아마도 지금의 숫자 체계는 인간이 10 개의 손가락을 가지고 있다는 사실 때문에 숫자 10 을 기본으로 하고 있다. 초기에는 수를 세는데 손가락을 사용하였다는 추측은 자연스럽다. 10 개 이외의 몇 개의 숫자가 기본수로 사용되었다. 예를 들어, 12 는 2, 3, 4, 6 으로 나눌 수 있는 반면 10 은 2 와 5 로만 나눌 수 있기 때문에, 12 를 채택하여 사용되었다. 산술 계산은 기본수가 클수록 나누기를 쉽게 할 수 있다. 십진법(기본수 10)에서는 10 자리 0, 1, 2, 3, 4, 5, 6, 7, 8, 9 를 사용한다. 십이진법 체계에서는 10 번째와 11 번째 숫자를 지정하기 위해 기호를 발명했다.

더 작은 기본수, 즉 필요로 하는 자릿수의 숫자가 더 적은 기본수를 사용하는 것이 더 간단하지 않겠느냐고 누군가가 물을 수도 있다. 이제 살펴볼 이진법은 숫자 0 과 1 만을 사용한다. 몇 개의 십진법의 수를 이진법의 수로 나타내어 보자.

이진법 표기법의 단점은 십진법의 표기법의 세 자리 숫자 100 을 이진법으로는 7 자리의 수로 나타내어야 하는 것에서 기본수가 작을수록 표현해야 할 숫자의 자릿수가 매우 커진다는 불편함을 바로 알 수 있다.

독자들 중 일부는 아마도 우리가 왜 이 문제를 논의하는지 궁금해할 것이다. 하여튼 십진법은 충분히 장점을 가지고 있는 것 같다. 기본수 2 로 하는 이진법 시스템이 실제로 사용되는 것은 무엇인가? 우리는 이 질문에 두 가지 예를 들어 답할 것이다. 하나는 계산과 관련이 있고, 다른 하나는 게임과 관련이 있다.

$1 =$	$1 \cdot 2^0 =$	1
$2 =$	$1 \cdot 2^1 + 0 \cdot 2^0 =$	10
$3 =$	$1 \cdot 2^1 + 1 \cdot 2^0 =$	11
$4 =$	$1 \cdot 2^2 + 0 \cdot 2^1 + 0 \cdot 2^0 =$	100
$5 =$	$1 \cdot 2^2 + 0 \cdot 2^1 + 1 \cdot 2^0 =$	101
$6 =$	$1 \cdot 2^2 + 1 \cdot 2^1 + 0 \cdot 2^0 =$	110
$7 =$	$1 \cdot 2^2 + 1 \cdot 2^1 + 1 \cdot 2^0 =$	111
$8 =$	$1 \cdot 2^3 + 0 \cdot 2^2 + 0 \cdot 2^1 + 0 \cdot 2^0 =$	1,000
$9 =$	$1 \cdot 2^3 + 0 \cdot 2^2 + 0 \cdot 2^1 + 1 \cdot 2^0 =$	1,001
$10 =$	$1 \cdot 2^3 + 0 \cdot 2^2 + 1 \cdot 2^1 + 0 \cdot 2^0 =$	1,010
$11 =$	$1 \cdot 2^3 + 0 \cdot 2^2 + 1 \cdot 2^1 + 1 \cdot 2^0 =$	1,011
$12 =$	$1 \cdot 2^3 + 1 \cdot 2^2 + 0 \cdot 2^1 + 0 \cdot 2^0 =$	1,100
$13 =$	$1 \cdot 2^3 + 1 \cdot 2^2 + 0 \cdot 2^1 + 1 \cdot 2^0 =$	1,101
$14 =$	$1 \cdot 2^3 + 1 \cdot 2^2 + 1 \cdot 2^1 + 0 \cdot 2^0 =$	1,110
$15 =$	$1 \cdot 2^3 + 1 \cdot 2^2 + 1 \cdot 2^1 + 1 \cdot 2^0 =$	1,111
$16 =$	$1 \cdot 2^4 + 0 \cdot 2^3 + 0 \cdot 2^2 + 0 \cdot 2^1 + 0 \cdot 2^0 =$	10,000
...	...	...
$50 =$	$1 \cdot 2^5 + 1 \cdot 2^4 + 0 \cdot 2^3 + 0 \cdot 2^2 + 1 \cdot 2^1 + 0 \cdot 2^0 =$	110,010
...	...	...
$100 =$	$1 \cdot 2^6 + 1 \cdot 2^5 + 0 \cdot 2^4 + 0 \cdot 2^3 + 1 \cdot 2^2 + 0 \cdot 2^1 + 0 \cdot 2^0 =$	1,100,100

간단한 곱셈법

과거 로마 시대에 실제로 사용되었던 곱셈 방법은 곱하기 2의 표 이외에 일반적인 12개의 곱셈표에 대한 표가 필요치 않다. 예를 들어, 이 방법으로 49와 85를 곱하여 보자. 1열의 1행에 49를, 2열의 1행에 85를 써라. 49를 2로 나눈 몫과 85를 2로 곱한 결과를 2행에 각각 적는다. 다시 2행의 결과를 1열은 2로 계속 나누어 몫을 2열에서는 2로 곱한 결과를 3행에 적는다. 이러한 방법으로 행에 계속해서 적고 1열을 2로 계속해서 나눌 때 몫이 1이 나오면 그 행까지만 적는다.

이제 1열에서 짝수 인수 맞은편에 있는 2열의 모든 숫자를 삭제하여라. 그런 다음 2열에 나머지 숫자를 더하면 4165을 얻을 수 있다. 이 숫자가 49와 85을 곱한 값이다.

결과는 다음과 같다.

(2로 나눈다.)	(2를 곱한다.)
49	85
24	170
12	340
6	680
3	1360
1	2720
	4165

이진법으로 49를 표현하면 이 계산 원리를 쉽게 알 수 있다.

$$49 \cdot 85 = \left(1 \cdot 2^5 + 1 \cdot 2^4 + 0 \cdot 2^3 + 0 \cdot 2^2 + 0 \cdot 2^1 + 1 \cdot 2^0\right) \cdot 85$$
$$= (32 + 16 + 0 + 0 + 0 + 1) \cdot 85$$
$$= 2720 + 1360 + 0 + 0 + 0 + 85$$
$$= 4165$$

49를 이진법으로 나타내었을 때 $2^3, 2^2, 2^1$은 자리값이 0 이어서 나타나지 않기 때문에 $2^3 \cdot 85 = 680, 2^2 \cdot 85 = 340, 2^1 \cdot 85 = 170$은 2 열에서 나타나지 않는 수이다.

항상 이기는 게임

다음에 제시한 예는 2 진법이 확실한 경제적 이익을 위해 사용될 수 있다는 것을 보여준다. 수학은 남들보다 뛰어났지만 세상 물정에 경험이 없는 가난한 젊은 대학원생이 1 년 동안 유학할 수 있을 만큼 돈을 모았다. 유럽으로 보트 여행을 가던 중, 그는 어느 날 저녁에 도박꾼들과 어울려 포커로 거의 모든 돈을 탕진하였다. 다음날 저녁 젊은이는 다시 도박꾼들과 마주쳤고, 또 다시 포커 게임이 초대되었다. 젊은이는 자신이 포커 게임을 충분히 알지 못한다는 것을 짐작하고 이점을 겸손하게 인정했다. 그리고 그들에게 제안을 하였다. "아마 신사분들은 좀 다른 게임을 하고 싶어 하시겠죠?" 도박꾼들은 그들의 총명함과 거의 모든 것을 속일 수 있는 능력이 있다고 생각하고 이 게임에 흔쾌히 동의했다. 젊은이는 테이블 위에 많은 성냥을 내려 놓았다.

젊은이는 도박꾼들 중 한 명에게 말하였다. "이제, 당신은 네 개 성냥개비 더미 중 한 더미에서 당신이 원하는 만큼 성냥개비를 가져갈 수 있습니다. 한 개에서부터 성냥개비 더미 전체를 가져가도 됩니다. 그러면 나도 똑같은 규칙으로 성냥개비를 가져갈 수 있습니다.

우리는 모든 성냥개비가 사라질 때까지 교대로 경기를 계속하고 마지막에 성냥개비를 가져가는 사람이 시합에서 지는 게임입니다." 나머지 이야기는 쉽게 상상이 간다. 그 게임의 판돈은 컸고, 9 일 전날까지 그 젊은이는 자신의 돈을 모두 되찾았을 뿐만 아니라 해외에서 몇 년을 보낼 만큼 많은 돈을 벌었다. 사실, 그의 마지막 소식을 들었을 때도 그는 여전히 그곳에 있었다.

이 게임에서 성냥개비를 어쩔 수 없이 가져가게 만들어 항상 승리하는 방법을 설명하는 데는 약간의 시간이 걸리지만, 우리들 중 몇몇은 그것을 끝까지 보고 싶어 할지도 모른다. 두 선수 A 와 B 가 경기를 하고 경기 종료를 하였을 때 몇 가지 우승 조합을 살펴보자.

A 가 [그림 3.10.]과 같이 네 가지 상황 중 아무나 B 에게 강제로 끌어내는 데 성공할 수 있다면 그는 이길 것이다. A 는 아래 표에 나타난 네 가지 상황 중 어느 하나의 경우를 만들어 B 가 어쩔 수 없이 가져가게 만들 데 성공할 수 있다면 A 는 이길 것이다.

경우 1. (a) B가 첫 번째 더미에서 1개의 성냥개비를 가져간다면, A는 두 번째 더미를 모두 가져가고, B는 마지막 1개의 성냥개비를 가져가게 된다. (b) B가 첫 번째 더미를 모두 가져가면, A는 두 번째 더미에서 1개의 성냥개비를 가져가고, 다시 B는 마지막 1개 성냥개비를 가져가게 된다.

```
            경우 1      경우 2      경우 3      경우 4
    더미 1    //         ///         ///         //
    더미 2    //         ///         //          //
    더미 3                            /           /
    더미 4                                        /
```

그림 3.10.

경우 2. 사례 2. (a) B가 첫 번째 더미에서 1개 남은 성냥개비를 가져가면, A는 두 번째에서 1개의 성냥개비를 가져간다. 이후 첫 번째 경우와 같이 진행한다. (b) B가 첫 번째 더미에서 2개의 성냥개비를 가져가면, A는 두 번째 더미를 모두 가져간다. 그러면 B는 마지막 1개 남은 성냥개비를 가져가게 된다. (c) B가 첫 번째 더미를 모두 가져간 경우, A는 두 번째 더미 중 성냥개비 1개를 남겨두고 모두 가져간다. 그러면 B는 마지막 1개 남은 성냥개비를 가져가게 된다.

경우 3. (a) B가 첫 번째 더미에서 성냥개비 1개를 가져가면 세 번째 더미에서 A는 성냥개비 1개를 가져간다. 이후 첫 번째 경우와 같이 진행한다. (b) B가 첫 번째 더미에서 성냥개비 2개를 가져가면, A는 두 번째 더미에서 성냥개비 1개를 가져간다. 그러면 B가 아무 더미에서 성냥개비 1개를 가져가면, A는 나머지 더미에서 성냥개비 1개를 가져간다. 그러면 마지막 남은 더미에서 B가 마지막 성냥개비 1개를 가져가게 된다. (c) B가 첫 번째 더미에서 성냥개비를 모두 가져가면, A가 두 번째 더미에서 성냥개비를 모두 가져간다. 그러면 B는 나머지 더미에 있는 1개의 성냥개비를 가져가게 된다. (d) B가 두 번째 더미에서 성냥개비 1개를 가져가면, A는 첫 번째 더미에서 성냥개비 2개를 가져간다.

그러면 세 개의 더미에 각각 성냥개비가 1개씩 남고 B가 가져갈 순서이니 마지막은 성냥개비는 B가 가져가게 된다. (e) B가 두 번째 더미를 모두 가져가면, A는 첫 번째 더미를 모두 가져간다. 그러면 세 번째 더미 성냥개비 1개를 B가 가져가게 된다. (f) B가 세 번째 더미에서 성냥개비 1개를 가져가면 A는 첫 번째 더미에서 성냥개비 1를 가져간다. 그 이후 첫 번째 경우와 같이 게임을 한다.

	경우 1	경우 2	경우 3	경우 4
더미 1	10	11	11	10
더미 2	10	11	10	10
더미 3			1	1
더미 4				1
	20	22	22	22

그림 3.11.

위의 경우들이 분명히 게임에 종료될 수 있는 모든 경우를 나타내지는 않지만 우리의 목적, 즉 지지 않는 경우를 보여주기 위해서 몇 가지 사례를 들었다.

이제 [그림 3.11.]의 각 성냥개비의 수들을 이진법으로 바꾸어 나타내어 보자. 앞에서 보았던 십진수 1은 $1 \cdot 2^0 = 1$, 십진수 2는 $1 \cdot 2^1 + 0 \cdot 2^0 = 10$ 그리고 십진수 3은 $1 \cdot 2^1 + 1 \cdot 2^0 = 11$로 쓰여진다는 것을 상기하여라. 그러면 위 [그림 3.10.]의 네가지 경우를 이진법으로 나타내어 보자.

네 가지 경우 모두 각 열의 자릿수 합계가 맨 아래에 적혀 있다. 각 합계의 숫자는 짝수이다. 0 또는 2는 짝수이다. 그렇지 않은 숫자 즉, 1 또는 3과 같은 숫자는 홀수이다. 게임의 비밀에 대해서 알아보자. '계수'라는 용어를 도입하면 설명을 더 명확히 할 수 있다. 십진법 수 567은 $5 \cdot 10^2 + 6 \cdot 10^1 + 7 \cdot 10^0$을 의미한다. 여기서 7은 10^0의 계수, 6은 10^1의 계수, 5는 10^2의 계수라고 한다. 마찬가지로 이진수 101은 $1 \cdot 2^2 + 0 \cdot 2^1 + 1 \cdot 2^0$을 의미하고 2^0의 계수는 1이고 2^1의 계수는 0이며 2^2의 계수는 1이다.

이제 A는 경기에 대한 원리를 알고 B는 알지 못한다면, A는 다음과 같은 방식으로 게임에서 항상 승리를 할 수 있다. 그는 각 더미의 성냥개비 수를 이진법수로 표현하고, 2의 거듭제곱으로 나타내어지는 즉 $2^0, 2^1, 2^2, \ldots$의 계수끼리 각각 모두 더하여라. 그런 다음, 2이 거듭제곱의 합이 짝수가 되도록 위해 필요한 만큼의 더미 또는 다른 더미에서 성냥개비를 가져간다. B가 가져가면 그러한 배치가 깨질것이고, A 는 그 과정을 반복한다. 이 규칙의 유일한 예외는 A 는 각각 성냥개비가 하나만 있는 더미가 짝수 개가 되도록 하여서는 절대 안 된다.

이러한 아이디어를 알아보기 위해 한 개의 예제 게임을 하여 보자. 첫 번째 더미에 6 개, 두 번째와 세 번째에 5 개, 네 번째에 3 개의 성냥개비가 있는 4 개의 더미가 있다고 가정하자.

A 는 먼저 가져간다고 하자. 이러한 설정이 아래 [그림 3.12]같고 오른쪽에는 각각의 더미의 성냥개비 수에 대응하는 이진법 수가 적혀 있고 2 의 거듭제곱의 각 자리수의 계수의 합이 아래에 적혀 있다.

```
//////     /////     /////     ///     110
                                        101
                                        101
                                         11
                                        ---
                                        323
```

그림 3.12.

2^0 와 2^2 의 계수 합계는 홀수이므로, A 는 첫 번째 더미에서 3 개의 성냥개비를 가져가야 하며, 모든 2 의 거듭제곱의 계수 합계가 짝수가 되는 각각 더미의 성냥개비를 남겨 두어야 한다. [그림 3.13]

```
///        /////     /////     ///      11
                                        101
                                        101
                                         11
                                        ---
                                        224
```

그림 3.13.

다음으로 B 가 두 번째 더미에서 4 개의 성냥을 가져갔다고 가정하자. [그림 3.14]

```
                                          11
                                           1
  ///        /     /////      ///        101
                                          11
                                         ----
                                         124
```

그림 3.14.

다음으로 [그림 3.15]와 같이 A 는 세 번째 더미에서 4 개의 성냥개비를 가져가야 한다.

다음으로 B 가 첫 번째 더미를 모두 가져갔다고 가정하자. 그러면 아래 [그림 3.16]와 같이 정리를 할 수 있다.

```
                                          11
                                           1
  ///          /          /       ///      1
                                          11
                                         ----
                                          24
```

그림 3.15.

이제 A 가 규칙에 따라 경기를 한다면 마지막 한 무더기의 성냥개비를 모두 가져가면 게임에서 이기게 된다. 그러나 이 게임은 각각 하나의 성냥개비가 있는 두 개 더미를 남긴 예이다. 그것은 피해야 할 사건의 예외적인 사건이다. 그러나 A 는 정확한 게임의 규칙대로 한다면 마지막 더미에서 성냥개비 2 개를 가져와서 한 개의 성냥개비를 갖는 홀수 더미를 남기는 것이다. 그러면

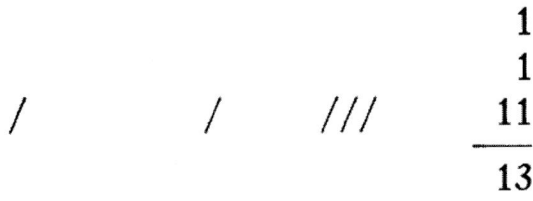

그림 3.16.

A는 항상 승리하게 된다. 예외적인 경우는 상식 만으로 게임을 이기는 상황을 알 수 있는 게임 후반에나 일어날 수 있기 때문에 어려운 상황을 피하기는 어렵지 않다.

이 게임은 이진법수로 표현하고 계수를 빠르게 더하여 짧은 시간에 많은 배당금을 챙길 수 있다.

마음을 읽는 9 가지 방법

청중 속에서 누군가가 선택한 숫자를 알아내는 '마음을 읽는 사람'의 능력은 대부분의 사람들에게 역설의 성질을 활용하는 것이다. 우리는 이러한 종류의 속임수에 대한 몇 가지 예를 가지고 이 장을 마무리하려고 한다. 그것들이 상당히 간단한 산술 계산에 기초하고 있다는 것을 보여줄 것이다. 이러한 것을 더 연구하고자 하는 사람은 인터넷 등 여러 곳에서 충분한 자료를 찾을 수 있다.

첫 번째

마음을 읽는 강사(M)는 청중(A)에게 숫자를 생각하고, 5를 곱하고, 6을 더하고, 4를 곱하고, 9를 더하고, 5를 곱하고 결과를 말하도록 부탁을 한다.

A는 숫자 12를 선택하고 60, 66, 264, 273, 1365를 연속적으로 계산하고 마지막 숫자를 알려주었다. M은 이 결과에서 165를 빼서 1200을 얻고 두 개의 0을 없애고 A에게 12가 자신이 생각한 숫자라고 알려준다.

산술 기호를 넣으면 트릭을 쉽게 볼 수 있습니다.

A가 선택한 숫자가 a이면, 연속 계산은 $5a$, $5a + 6$, $20a + 24$, $20a + 33$ 그리고 마지막으로 $100a + 165$의 값을 얻을 수 있다. M에게 이 숫자를 들었을 때, 이 결과 값에서 165를 빼고 100으로 나누거나 마지막 두 자리를 없애거나 하는 방식으로 A가 선택한 숫자를 얻을 수 있다.

두 번째

M이 A가 아무 대답도 하지 않고 처음 생각한 숫자로 시작하여 A의 계산 결과를 맞히고자 한다면, 그는 원래 숫자를 제거하는 여러 가지 다양한 연산을 사용해야 한다. 여기에 알 수 없는 세가지 숫자를 사용하고 이를 제거하는 예가 있다.

M: (A 에게) 숫자를 생각해 보세요. 10을 더한 다음 2를 곱합니다. 당신의 주머니에 있는 동전의 액수를 더하세요. 4를 곱하고 20을 더하세요. 당신의 나이에 4배해서 더하세요. 이를 2로 나누고 주머니에 있는 돈의 두 배를 빼세요. 10을 빼고 2로 나눕니다. 당신의 나이를 빼세요. 2로 나눕니다. 원래 생각했던 수를 빼세요.

[A 는 7의 숫자를 선택하였고 주머니에 30센트가 있고 20살이다. 계산 과정의 수는 7, 17, 34, 64, 256, 276, 356, 178, 118, 108, 54, 34, 17, 10 이다.]

M: 10이 맞나요?

A: 맞습니다.

이 경우에 A가 생각했던 수는 a, 주머니에 동전이 b, 나이가 c 라고 하자. 그러면 연속적인 계산은 아래와 같다.

$a, a+10, 2a+20, 2a+20+b, 8a+100+4b+4c, 4a+50+2b+2c, 4a+50+2c, 4a+40+2c, 2a+20+c, 2a+20, a+10, 10$

이 유형의 문제는 여러 가지 방법으로 만들 수 있다.

세 번째

우리가 논의하고 있는 많은 속임수는 숫자의 위치 표기법의 원리에 기초한다. 다음을 보자.

M: 주사위 3개를 던져서 나타나는 숫자 3개를 기록해 주세요. 이 숫자들을 다음과 같이 계산을 하세요. 주사위를 던져 나온 숫자에 2를 곱하고, 5를 더하고, 5를 곱하고, 다시 주사위를 던져 나온 눈의 수를 더하고, 10을 곱하고, 또 주사위를 던져 나온 눈의 숫자를 더한 다음 결과를 말하세요.

[A 는 주사위를 던져서 첫 번째 주사위 눈은 2, 두 번째 주사위 눈은 3, 세 번째 주사위 눈은 4 이다. 연속된 계산은 결과는 4, 9, 45, 48, 480, 484.]

A: 484.

[M 은 484 에서 350 을 빼고 234 를 얻는다.]

M: 첫 번째 주사위는 2, 두 번째 주사위는 3, 세 번째 주사위는 4 입니다. 맞습니까?

A: 맞습니다.

일반적으로, 주사위를 던져 나오는 숫자를 각각 a, b, c 라고 가정하자. 그런 다음 연속된 계산 결과는 다음과 같다. $2a, 2a + 5, 10a + 25, 10a + b + 25, 100a + 10b + 250, 100a + 10b + c + 250$ 이다. 이 숫자에서 250 을 빼면 $100a + 10b + c$ 또는 $a \cdot 10^2 + b \cdot 10^1 + c \cdot 10^0$ 이므로 계수 a, b, c 는 A 가 주사를 던져 나온 눈의 수와 같다.

네 번째

위치 표기법을 기반으로 한 또 다른 속임수는 '마음을 읽는 사람'은 사람의 나이와 주머니에 있는 동전의 액수를 말할 수 있다.

M: 나이에 2 를 곱하고, 5 를 더하고, 결과에 50 을 곱하고, 주머니 동전의 액수를 더하고 (1 달러 미만) 1 년의 날 수인 365 을 뺀 결과를 말해주세요.

[A 는 35 세이고 주머니에 76 센트가 있다. 연속된 계산 결과는: 70, 75, 3750, 3826, 3461.]

A : 3461.

[M 은 이 수에 115 를 더하고 3576 을 얻는다.]

M: 당신의 나이는 35 세이고 주머니에는 동전 76 센트가 있습니다. 맞습니까?

A: 맞습니다.

A 의 나이가 a 이고 주머니에 그가 가지고 있는 동전 액수를 b 라고 가정하자. 그런 다음 M 이 말한 계산을 A 가 연속적으로 계산을 하여 보면 그 결과는 다음과 같다. $2a, 2a + 5, 100a + 250, 100a + b + 250, 100a + b - 115$. M 이 마지막 숫자에 115 를 더하여 나온 수는 $100a + b$ 입니다. 이제 A 의 나이가 두 자리 숫자이면 $100a + b$ 는 네 자리 수이고 이 네 자리

중 처음 두 자리는 숫자 a를, 마지막 두 자리는 숫자 b를 나타냅니다. 동전은 100은 넘지 않으므로 십의 자리와 일의 자리의 두자리 수가 된다.

다섯 번째

다음은 항상 동일한 결과가 나오게 하는 계산의 조합이다.

M: 일의 자리와 백의 자리 숫자가 1 보다 크고 서로 다른 세 자리 숫자를 선택하세요. 그리고 십의 자리 숫자를 중심으로 일의 자리 숫자와 백의 자리 숫자를 바꾸고 큰 수에서 작은 수를 빼세요. 이 숫자를 다시 거꾸로 숫자를 만들어서 더하세요. 그리고 이 숫자를 기억하세요.

[A 가 선택한 수가 853 이라고 하자. 그러면 이 숫자의 거꾸로인 수는 358 이다. 853-358 = 495, 495 + 594 = 1089.]

M: 결과는 1089 인데 그렇지 않나요?

A: 그렇습니다!

결과는 항상 1089 임을 다음의 분석에서 확인할 수 있다.

세 자리 수의 각 자리수의 숫자가 백의 자리, 십의 자리, 일의 자리 숫자가 차례로 a, b, c라고 하고 a가 c 보다 크다고 하자. 그러면 A 가 생각한 수는 $a \cdot 10^2 + b \cdot 10^1 + c \cdot 10^0$ 이고 $100a + 10b + c$의 수이기도 하다. 거꾸로인 수는 $100c + 10b + a$인 수이다. 큰 수에서 작은 수를 빼면 $100a - 100c + 0 + c - a$이다.

자리수를 맞추어 주기 위해서 이 수에 100을 빼고 90과 10을 더하자.

$$100a - 100c - 100 + 90 + 10 + c - a$$

또는

$$100(a - c - 1) + 90 + (10 + c - a)$$

이다. 이 수의 거꾸로인 수는 $100(10 + c - a) + 90 + (a - c - 1)$이다. 이 계산된 수와 계산 수의 원래 수를 더하면, $900 + 180 + 9$ 또는 1089이다.

여섯 번째

이 예와 다음 두 가지는 숫자 9 의 특징적인 어떤 속성과 관련이 있다.

M: 일의 자리 수와 백의 자리 수가 다른 세 자리 숫자를 선택하고 십의 자리 수를 중심으로 서로 바꾸어서 거꾸로인 수를 만들어라. 원래 수와 거꾸로인 수를 가지고 큰 수에서 작은 수를 빼세요. 계산된 수의 백의 자리 숫자를 알려주세요.

[A 는 742 를 선택하였다. 거꾸로인 수는 247 이다. 742 − 247 = 495로 계산된다.]

A: 첫 번째 숫자는 4 입니다.

M: 다른 두 숫자는 9 와 5 인데 그렇지 않나요?

A: 그렇습니다!

일반적으로 분석을 하여 보자. A 가 선택한 숫자의 자리수의 숫자가 차례로 a, b, c 이고 a 가 c 보다 크다고 가정하자. 그러면 A 가 선택한 숫자는 $100a + 10b + c$ 이다. 거꾸로인 수는 $100c + 10b + a$ 가 된다. 이 두수의 큰 수에서 작은 수를 뺀 결과는 $99(a - c)$ 이다. $a - c$ 가 1, 2, 3, 4, 5, 6, 7, 8, 9 중 한가지 숫자이다. 따라서 유일하게 가능한 최종 숫자는 이 숫자에 99 를 곱한 값, 즉 99, 198, 297, 396, 495, 594, 693, 792, 891 이다. 이제이 모든 숫자에서 (첫 번째 수도 백의 자리수 숫자가 0 이라고 생각한다.) 중간 숫자는 9 이고 백의 자리수와 일의 자리수의 숫자의 합은 항상 9 이다. 따라서 백의 자리수의 숫자를 알면 다른 두 자리수의 숫자도 알 수 있다.

일곱 번째

숫자 9 의 여러 가지 중요한 성질 중에는 다음과 같은 것들이 있다. 숫자가 9 의 배수인 경우 숫자의 합도 9 의 배수이기도 하다 (예: 27, 54, 126, 234, 18,954). '마음을 읽는 사람'은 이 원리를 어떻게 활용할 수 있는지 살펴보자.

M: 숫자를 생각하고 마지막에 0 을 붙이세요. 그리고 이 수에 원래 숫자를 빼고 54 (또는 9 의 배수)를 더하세요. 계산된 숫자에서 0 을 제외한 나머지 숫자 중 어느 한 숫자를 생략하고 나머지 숫자를 읽어 주세요.

[A 생각: 5238, 52,380, 52,380 − 5238 = 47,142, 47,142 + 54 = 47,196, 47,196(A 는 7 을 생략하였다.)]

A: 4, 1, 9, 6.

[M은 이 자리수의 숫자들을 모두 더하여 20 을 얻는다. 이 수보다 큰 첫 번째 9 의 배수인 27 을 얻는다. 그리고 그 수의 일의 자리 수 7 을 읽는다.]

M: 빠진 숫자는 7 입니까?

A: 그렇습니다!

이 속임수는 기호를 사용하면 이해하기가 쉽다. A 가 선택한 숫자의 자리수의 숫자가 차례로 a, b, c 인 세 자리 숫자라고 가정하자. 그러면 이 숫자는 $100a + 10b + c$ 이다. 마지막에 0 을 붙인 수는 이 수에 10 을 곱하는 것과 같으므로 $1000a + 100b + 10c$ 이다. 이 수를 원래 숫자에서 빼면 $900a + 90b + 9c$ 이다. 9 의 배수 $9k$ 의 수를 더하면 $900a + 90b + 9c + 9k$ 이다.

이 숫자는 $9(100a + 10b + c + k)$ 로 쓸 수 있으므로 분명히 9 의 배수가 된다. 이 숫자의 합은 반드시 9 의 배수가 되어야 한다는 것은 위에서 말한 성질이다. 따라서 제거한 자릿수의 숫자는 A 가 불러준 숫자의 합을 넘는 다음의 9 의 배수인 수에서 다른 숫자의 합을 빼서 알 수 있다.

여덟 번째

방금 논의한 속임수는 다음과 같은 방법으로 더욱 당혹스럽게 만들 수 있다.

M: 숫자를 선택하세요. 생각한 수의 각 자리수의 숫자의 합을 뺀 다음, 어떤 방법으로든 결과의 각 자리수의 숫자의 위치를 바꾸고, 31 을 더하세요. [M 은 31 를 9 로 나누면 나머지가 4 인 것을 기억하자.] 자리수의 숫자 중 0 을 제외한 어떤 자리수의 숫자를 하나 생략하고 나머지 자리수의 숫자의 합을 알려주세요.

[A 가 선택한 숫자: 1,234,567, 1,234,567 − 28 = 1,234,539, 5,923,143, 5,923,174, 5,923,174, 26.]

A: 26 입니다.

[M 은 A 가 대답한 숫자에 4(31 을 9 로 나눈 나머지)를 빼면 22 이다. 이 수보다 큰 수중에서 9 의 배수인 첫번째 수인 27 에서 이 수를 빼면 5 이다.]

M: 생략한 자리수의 숫자는 5 입니다. 그렇지 않습니까?

A: 그렇습니다!

M은 숫자 31 대신 원하는 숫자로 바꿔서 할 수 있으며, 바꾼 수를 9로 나눈 나머지를 기억하자. 그리고 A가 대답한 숫자에서 M이 기억하고 있던 나머지를 뺀다. 이 숫자자 보다 큰 9의 배수인 첫 숫자에서 이 수를 빼면 A가 생략한 어떤 자리수의 숫자이다.

아홉 번째

마지막으로 한 가지 예를 더 살펴보자.

M: 3보다 큰 소수(Prime Number)를 골라라. 그 수를 제곱하여라. 17을 더하고 12로 나누고 나머지를 기억하세요.

[A가 선택한 수는 11이다. 121, 138, $11 + \frac{6}{12}$, 6]

M: 나머지는 6 입니다. 맞습니까?

A: 맞습니다!

여기서 사용한 성질은 다음과 같다. 증명은 생략하겠다. "자연수 n에 대하여, 3보다 큰 소수는 $6n \pm 1$꼴이다. (기호 $\pm$는 더하기 또는 빼기를 의미한다.)" 이러한 형태의 소수의 제곱수는 $36n^2 \pm 12n + 1$이다.

이 숫자를 12로 나누면 나머지는 항상 1이다. 이제 M은 A가 더한 17을 12로 나누면 나머지는 5이다. 따라서 최종 나머지는 $1 + 5 = 6$이어야 한다. M은 A에게 12로 나눈 나머지 숫자, 즉 k를 더하라고 함으로써 다양한 속임수를 만들 수 있다. 그러므로 다음 마지막 결과인 나머지는 항상 $1 + k$이다.

4

보이는 것이 틀렸을지도 모른다.
(기하 속 패러독스)

착시 현상

　모든 기하 속 패러독스 중 가장 간단한 것은 눈속임인 착시 현상이다. 이러한 착시 현상의 예는 거의 모든 기초 기하학 책 속에서 찾아볼 수 있다. 이러한 것들은 학생들에게 '보이는 것에 너무 믿지 말라.'고 경고하는 데 사용된다. 그러나 너무나 빨리 이러한 경고를 잊어버린다. 6장에서 기하 속에 나타난 잘못된 그림들에 대해 다시 다룰 것이다.

　[그림 4.1]의 예를 보아라. 확실히 [그림 4.1 (a)]의 선분 BC는 선분 AB보다 길게 보인다. 그러나 아니다. – 실제 길이를 측정하면 이 두 선분 AB와 BC의 길이는 같다. 마찬가지로 [그림 4.1 (b)]에서 두 선분 AB와 BC의 길이가 같고, [그림 4.1 (c)]에서 두 선분 AC와 BD의 길이도 같다. 그리고 [그림 4.1 (d)]의 두 호 AB와 호 CD의 길이도 같다.

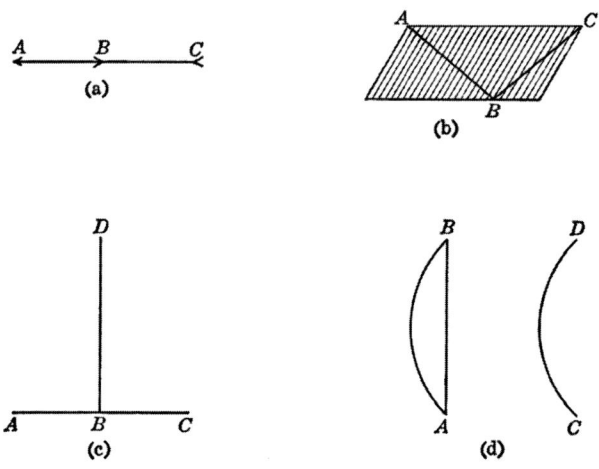

그림 4.1 착시 현상

　[그림 4.2 (e)]의 선분 p, q, r은 어떻게 보이는가? 이들 세 선분은 평행한가? 전혀 그렇지 않다. 이 세 선분은 같은 직선의 일부분이다. [그림 4.2 (f)]에서 음영 처리된 두 부분은 동일한 넓이이다.

이를 입증하기 위해 가장 큰 원의 반지름을 5라 하면 링 모양의 음영 부분의 안쪽 반지름은 4이고, 음영으로 처리된 원의 반지름은 3이다. 따라서 음영으로 처리된 원의 넓이는 $\pi r^2 = \pi \cdot 3^2 = 9\pi$ 이고, 링 모양의 음영 부분의 넓이는 $\pi \cdot 5^2 - \pi \cdot 4^2 = 25\pi - 16\pi = 9\pi$ 단위 넓이를 갖는다. 믿기 어렵겠지만 [그림 4.2 (g)]와 [그림 4.2 (h)]에서, 두 선분 AB, CD는 평행한 직선이다.

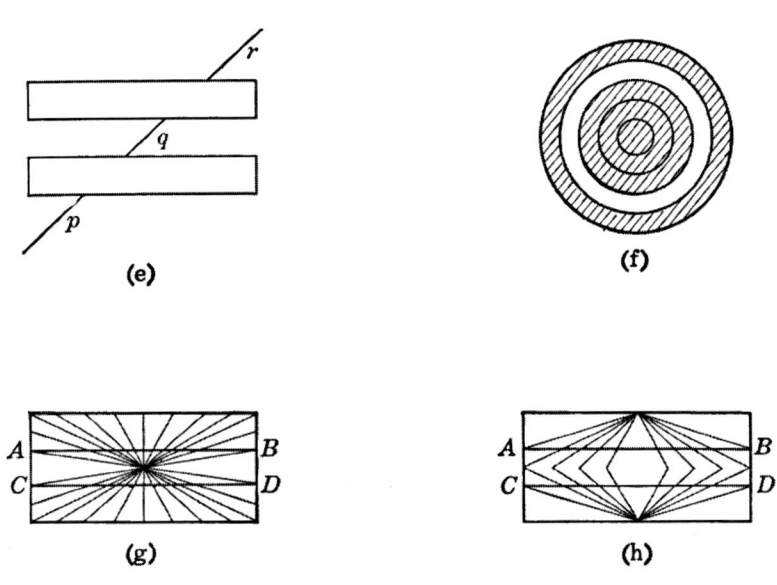

그림 4.2 착시 현상(계속해서)

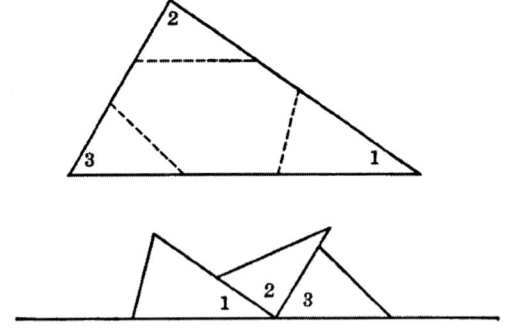

그림 4.3 삼각형 내각의 합은 180°이다.

피보나치 수열

거의 같은 종류의 잘 알려진 다른 패러독스는 그림을 자르고 재배열하여서 합치는 것이다. 이것은 평면 기하학에서 모든 과정의 초기 단계에서 일반적으로 논의되는 주제인 '실험 기하학'의 함정에 대한 좋은 예이다. 예를 들어, 학생들에게 삼각형의 각도의 합이 직선 또는 180°라는 사실을 실험적으로 추론하는 방법이 있다. 이렇게 하기 위해서 삼각형의 종이나 판지를 만들고, 세 개의 각을 잘라내어 [그림 4.3]과 같이 재정렬 하면 된다.

넓이를 늘리기 위해서 사각형을 잘랐다.

논리적인 논증에 의해 뒷받침되지 않는 이 증명 방법이 어떤 모순을 가져올 수 있는지 살펴보자.

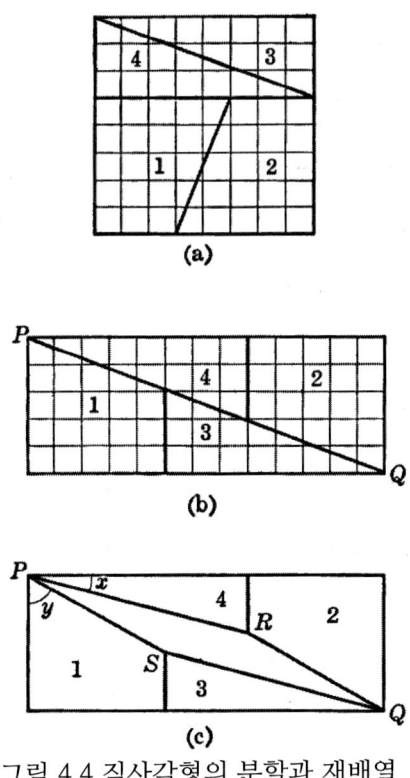

그림 4.4 직사각형의 분할과 재배열

체스판처럼 64 개의 정사각형 격자 모양이 있는 정사각형 종이 한 장이 있다. 그런 다음 [그림 4.4 (a)]에서처럼 두 개의 삼각형과 두 개의 사다리꼴로 자르고 [그림 4.4 (b)]에서처럼 조각을 재배열하여 합친다.

이제 재배열한 직사각형의 넓이는 각각 세로가 5(cm)이고 가로 길이는 13(cm)이므로 넓이는 $5 \cdot 13 = 65(cm^2)$이고 원래 그림의 넓이는 $8 \cdot 8 = 64(cm^2)$이다. 그 늘어난 $1(cm^2)$의 넓이는 어디에서 왔을까?

사실은 조각 1, 2, 3, 4 의 빗변은 실제로 대각선 PQ를 따라 일치하는 것이 아니라 [그림 4.4 (c)]와 같이 평행사변형 $PSQR$가 만들어진다. 이 평행사변형은 과장되게 그렸다. 이 평행사변형의 넓이가 우리가 찾는 넓이 $1(cm^2)$이다. $\angle SPR$ 이 너무 작아서 분할과 재배열이 세심하게 이루어지지 않는 한 평행사변형을 알아차리기가 쉽지는 않다. 실제로 삼각함수를 이용하여서 기울기를 계산을 하여 보면, $tan x = \frac{3}{8} = 0.3750, tan y = \frac{5}{2} = 2.5$이다. 따라서 $x = 20.56°$, $y = 68.20°, \angle SPR = 90° - (20.56° + 68.20°) = 1.24°$이다.

이 특정한 예제에 대한 일반화는 많은 수학자와 루이스 캐롤(Lewis Carroll)의 관심을 끌었다. $5 \cdot 13 - 8^2 = 1$의 관계를 기반으로 한다 (원래 정사각형의 크기는 8×8, 재배열 된 후의 직사각형의 크기는 5×13 임). 숫자 5, 8, 13 은 피보나치 수열(Fibonacci sequence)

$$0, 1, 1, 2, 3, 5, 8, 13, 21, 34, 55, 89, 144, \cdots$$

의 연속적인 세 항이다. 이 급수의 각 항은 처음 두 개 이후부터 세 번째 항부터는 앞의 두 항의 합이다. 다시 말해서 $0 + 1 = 1, 1 + 1 = 2, 1 + 2 = 3, 2 + 3 = 5, 3 + 5 = 8, 5 + 8 = 13, 8 + 13 = 21, \cdots$이다.

이 수열은 13 세기 이탈리아 수학자 피보나치(피사의 네오나르도)의 이름을 따서 명명되었다. 위에서 보았던 예는 피보나치 급수의 세 개의 연속 항 집합을 사용하여 아래와 같이

$$5 \cdot 2 - 3^2 = 1, 13 \cdot 34 - 21^2 = 1, 34 \cdot 89 - 55^2 = 1, \cdots$$

또는

$$5^2 - 3 \cdot 8 = 1, 13^2 - 8 \cdot 21 = 1, 34^2 - 21 \cdot 55 = 1, \cdots.$$

으로 나타낼 수 있다.

식물 잎의 배열

피보나치 수열은 순수 수학에서는 그다지 중요하지는 않지만, 자연과 예술 모두에서 발견되어진다는 사실은 역설적이지만 연구를 정당화하기에는 충분하다.

먼저 식물의 줄기에 잎, 즉 싹, 또는 나무 가지들이 배열되어 있는 것을 살펴보기로 하자. 만약 우리가 어느 지점에 하나의 잎이 있는 줄기의 바닥 근처에 있는 나뭇잎에 집중하자. 만약 그 잎에 0 번을 매기고, 그 잎에서 부터 그 잎 바로 위에 있는 잎에 도달할 때까지 잎을 세면, 잎에서 얻는 숫자는 일반적으로 피보나치 수열의 항들 중에서 어떤 항의 수이다. 다시 줄기를 타고 올라가면서, 잎이 회전하는 횟수를 세어보자. 이 숫자 역시 일반적으로 피보나치 수열 항들의 수이다.

회전 수가 m이고 잎 수가 n이면 잎의 배열을 $\frac{m}{n}$ 최소 나선(minimal spiral)'이라 한다.

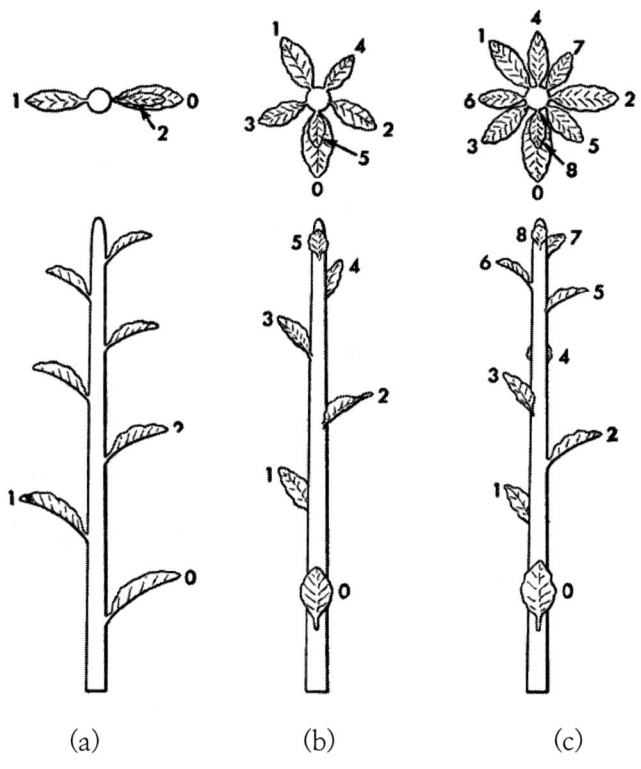

그림 4.5 줄기에 달려 있는 잎의 정렬

예를 들어 [그림 4.5 (a)]는 잎의 배열은 앞과 위에서 볼 때, 모두 $\frac{1}{2}$ 나선'이다. 잎의 위치를 좀 더 명확하게 보여주기 위해 줄기의 크기는 과장되었다. [그림 4.5 (b)]의 배열은 위에서 아래를 내려다보면 줄기를 중심으로 시계 방향 또는 시계 반대 방향으로 감느냐에 따라 $\frac{2}{5}$ 나선' 또는 $\frac{3}{5}$

나선'이라고 한다. 즉, 전자의 경우에 5 개의 잎을 세는데 2 회전을 한다면, 한 잎에서 다른 잎으로 넘어가는 데 $\frac{2}{5}$회 회전을 한다. 결과적으로, 만약 다른 방향으로 감으면, 나뭇잎들 사이에는 $\frac{3}{5}$의 회전을 해야만 한다. 이러한 아이디어를 유의하게 하기 위해서 더 긴 경로를 택하기로 정의하고 이 잎의 배열을 '$\frac{3}{5}$ 나선'이라고 부르자. 그러면 [그림 4.5 (c)]에 나타난 배열은 '$\frac{3}{8}$ 나선'이 아닌 '$\frac{5}{8}$ 나선'이다. 이와 같은 비슷한 배열의 예를 몇 가지 들면 소나무 열매, 꽃의 꽃잎, 상추의 잎, 양파 층 등 매우 다양한 식물 등에서 찾아볼 수 있다.

황금비

지금까지 다루었던 비율(예: $\frac{1}{2}, \frac{3}{5}, \frac{5}{8}, \cdots$)은 피보나치 수열의 연속 항에 대한 비율이다. 이러한 비율의 중요성을 연구하기 위해서는 2 천년 전의 고대 그리스 기하학자들을 연구하여야 한다. 그들은 이른바 '황금 분할', 즉 황금비로 선을 나누는 것에 많은 관심을 가졌다.

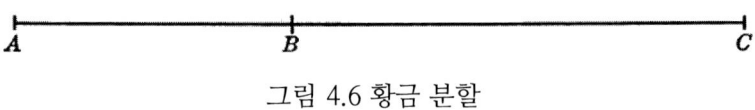

그림 4.6 황금 분할

[그림 4.6]에서처럼 긴 선분에 대해서 짧은 선분의 비와 전체 선분의 길에 대해서 긴 선분의 길이의 비가 같을 때, 즉, $\frac{AB}{BC} = \frac{BC}{AC}$일 때, 점 B가 선분 AC를 황금비로 나눈다고 말한다. 이를 대수적 계산을 하였을 때, 값 중 하나가 황금비로 그 값은 $\frac{\sqrt{5}-1}{2}$이다. 황금비의 소수점 여섯째 자리까지 값은 0.618034이다. $\frac{AB}{BC} = \frac{BC}{AC} = 0.618034$이고 이 비율을 R이라고 표시하자.

이제 피보나치 수열의 연속된 항의 비를 계산을 하여 보자. 아래 [표 1]은 소수점 이하 6자리까지 계산한 이 비율의 처음 12개의 비의 값을 적은 것이다.

표 1. 피보나치 급수의 연속된 항의 비

(1)	$\frac{1}{1} = 1.000000$	(2)	$\frac{1}{2} = 0.500000$
(3)	$\frac{2}{3} = 0.666667$	(4)	$\frac{3}{5} = 0.600000$
(5)	$\frac{5}{8} = 0.625000$	(6)	$\frac{8}{13} = 0.615385$
(7)	$\frac{13}{21} = 0.619048$	(8)	$\frac{21}{34} = 0.617647$
(9)	$\frac{34}{55} = 0.618182$	(10)	$\frac{55}{89} = 0.617978$
(11)	$\frac{89}{144} = 0.618056$	(12)	$\frac{144}{233} = 0.618026$
	↓		↓
	0.618034		0.618034

왼쪽 열과 오른쪽 열의 값이 황금비인 R로 수렴한다는 것을 직관적으로 확실히 알 수 있다. 왼쪽 열의 값은 황금비 R 보다 크고 그 값이 작아지면서 황금비 R로 수렴하고, 오른쪽 열의 값은 황금비 R 보다 작고 그 값이 커지면서 황금비 R로 수렴하는 것을 알 수 있다. 결과적으로, 피보나치 급수는 연속적인 수열의 비가 점점 더 황금 분할의 황금비 R로 수렴하는 수열로 구성되어 있다.

다음 [그림 4.7 (a)]에 표시된 직사각형을 보자. 이 직사각형의 치수는 높이 대 너비의 비율이 R이 되도록 만들었다. 즉, $\frac{W}{L} = 0.618034$ 이어서 $W = 0.618034L$이다. 이 직사각형을 같은 [그림 4.7 (b)]와 같이 정사각형과 직사각형으로 나누면, 새로운 작은 직사각형은 비가 R 인 직사각형이 된다. [그림 4.8]은 계속된 분할의 결과이다.

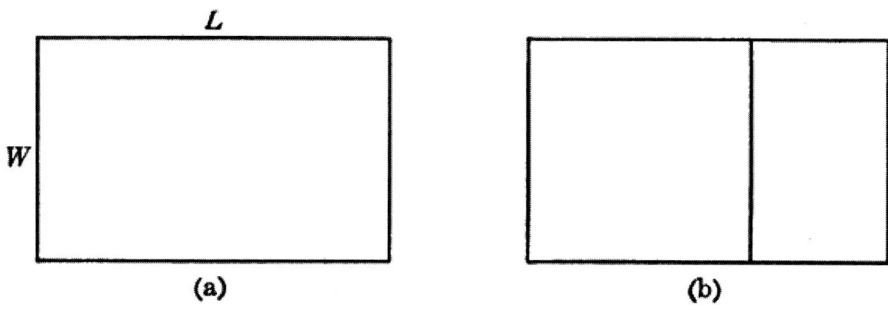

그림 4.7 긴 변과 짧은 변의 비가 황금비 0.618034 인 직사각형을 한 개의 정사각형을 만들면 나머지 직사각형의 긴 변과 짧은 변의 비도 황금비 0.618034 이다.

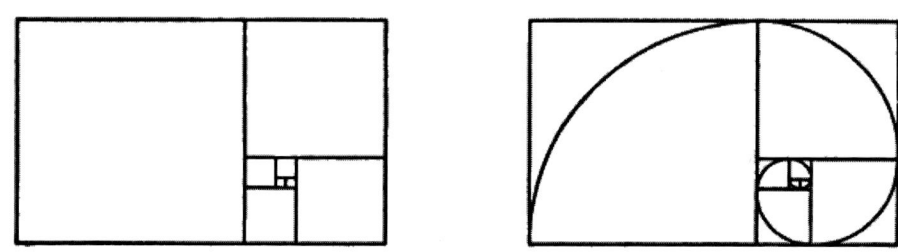

그림 4.8 0.618034 직사각형을 정사각형으로 나누고, 대수 나선을 그린다.

해바라기 머리

각 연속된 직사각형을 사각형과 직사각형으로 나누고 연속된 정사각형에 사분원을 그려서 연속된 곡선을 그릴 수 있다. 이 곡선은 수학에서 '로그 나선' 이란 이름이다. 놀랍게도, 이 곡선은 꽃들의 씨앗 배열, 달팽이 및 여러 연체동물의 껍질, 특정 대리석 조각을 잘랐을 때 발견된다. ('로그 나선(logarithmic spiral)'은 어떤 특정한 직사각형에서 나타낼 수 있는 있지만, 위에서 논의한 것처럼 그 구조가 간단하지는 않다. 이 특정한 직사각형을 통해 나선을 소개한 두 번째 이유는 직사각형 자체의 다른 관련성을 곧 언급할 것이기 때문이다.)

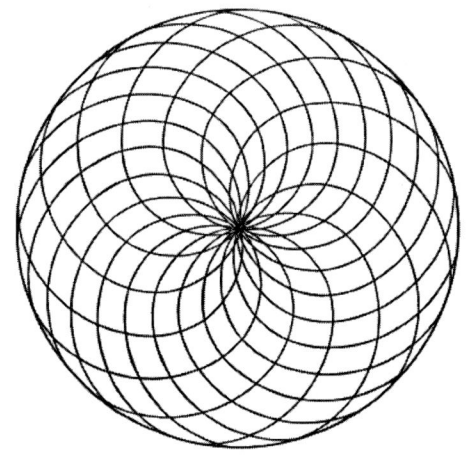

그림 4.9 해바라기 머리에 씨앗의 분포

황금비 R 이 적용된 가장 좋은 예중 하나는 [그림 4.9]처럼 도해한 해바라기 머리에서 발견되었다. 씨앗은 머리 중앙에서 바깥쪽 가장자리로 퍼져 나가는데 시계 방향과 반시계방향으로 모두 감긴 것을 푸는 나선으로 해바라기 머리 위에 씨앗이 분포되어 있다. 이러한 나선형에 대한 자세한 연구로 다음과 같은 결론을 알아내었다.

(1) 나선은 로그 나선이다.

(2) 시계 방향 나선형의 수와 반시계 방향 나선형의 수는 피보나치 수열의 연속적인 항이다. 따라서 이 숫자들 중 작은 숫자에 대한 큰 숫자의 비율이 황금 분할의 황금비 R이 자연에서 가능한 최적의 근사값으로 보인다.

보통 해바라기의 머리의 크기는 지름이 5~6 인치이고 한 방향으로 풀리는 34 개의 나선을 가지고 있다. 55 개의 나선을 갖는 또 다른 작은 머리를 갖는 해바라기는 $\frac{21}{34}$ 또는 $\frac{13}{21}$의 조합으로, 이상하게 큰 머리를 갖는 해바라기 머리는 $\frac{89}{144}$ 조합으로 자라난다. 다른 식물에서 같은 현상을 관찰하는 것은 비록 쉽지는 않겠지만, 데이지(daisies)나 아스터(aster) 같은 다른 꽃들의 머리에서 관찰된다.

동적 대칭

피보나치 급수와 자연과의 관계에 대해서는 그만하자. 그럼 피보나치 수열과 예술과는 어떤 관계가 있을까? 생리학 실험으로 눈이 가장 만족해하는 직사각형이 [그림 4.7]에 나타난 직사각형으로 길이의 비율이 R이라는 사실이 확인되었다고 한다. 연관된 로그 나선과 연관이 있는 직사각형은 '동적 대칭(dynamic symmetry)'이라고 불리는 기술의 기본이다. 이 기술은 주로 그리스 도자기 디자인에 사용되었는데, '제이 함비지(Jay Hambidge)'는 이를 집중적으로 연구한 뒤 더욱더 발전시켜 조각, 그림, 건축 장식, 심지어 가구와 진열장 형태의 작품까지 확대 적용하였다. 동적 대칭은 많은 예술가들이 광범위하게 사용하였는데, 그 중에서도 유명한 미국 화가 '조지 벨로우스(George Bellows)'가 있다.

동적 대칭의 외관상 미적 매력은 아마도 0.618034 비율이 자연적으로 너무나 보편적인 상수라는 사실에서 찾을 수 있다. 미적 매력의 심사 위원인 우리 자신이 자연의 한 부분이기 때문일까? 우리는 이 질문은 철학자나 심리학자에게 맡기고 우리가 다루어야 할 패러독스에 대하여 논의하자.

원과 관련된 몇 개 패러독스

원 굴리기

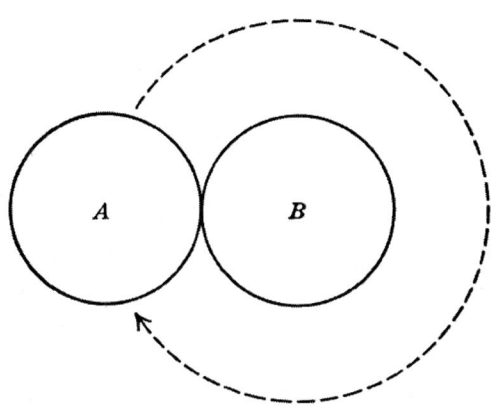

그림 4.10 같은 두 원반의 한 원 판의 회전

[그림 4.10]처럼 두 개의 같은 크기의 원반 A, B가 있다. 원반 B가 고정되어 있고, 원반 A가 미끄러짐 없이 원반 B의 원주를 따라서 회전을 한다. 원반 A가 원래 위치로 돌아왔을 때 원반 중심으로 원반 A는 얼마나 많은 회전을 하였는가? 실제 원반을 굴려보지 않고 얻은 답은 거의 정확하지 않다. 일반적으로 원주가 동일하고 A의 원주가 B의 원주를 따라 같은 길이로 일대일 대응이 되므로 원반 A는 중심에 대해 1 회전해야 한다는 것은 논쟁거리가 있다. 그러나 실험으로 같은 크기의 동전 두 개로 시도하면 A가 2 회전한다는 것을 알 수 있다. 이 사실은 다음과 같이 개략적으로 표시될 수 있다.

[그림 4.11]에서 점 P는 원 A 위의 점이고 원이 처음 위치에 있을 때 A의 왼쪽 끝에 있다. 잠시 생각해 보면 A가 B의 원주를 따라 반대편 오른쪽에 와 있을 때, A의 음영 부분의 호는 B의 음영 부분의 호를 따라 회전을 하면서 이동을 하였다. 이때 점 P는 다시 A의 왼쪽 끝 지점이 되는 것을 분명히 알 수 있다. 따라서 A는 자신의 중심으로 1 번의 회전을 하였다. 따라서 A가 B의 원주를

따라 나머지를 완료하였을 때 A와 B의 음영 처리되지 않은 부분의 호에 대해서도 같은 결과이다. 그러므로 2 회전한다.

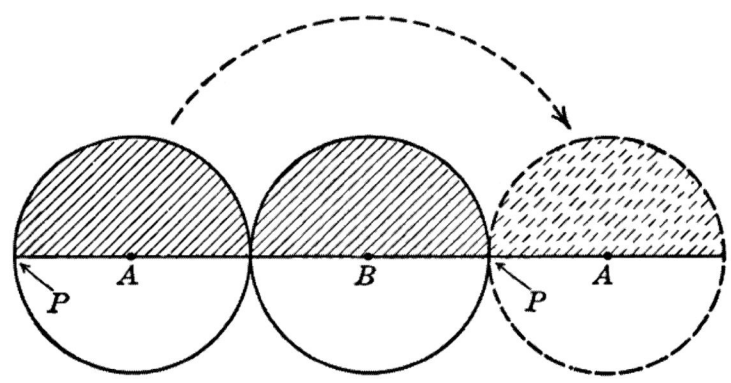

그림 4.11 같은 두 원반의 한 원 판의 회전

석판과 롤러

금고, 집 및 기타 무거운 물체를 이동하는데 자주 사용하는 장치인 롤러에 의해서 이동하는 석판 문제에서도 유사한 어려움이 발생한다.

[그림 4.12]의 각 롤러 둘레가 1 피트라면, 롤러가 1 회전을 했을 때 석판은 얼마나 앞으로 이동했을까? 일반적으로 제시된 주장은 이동 거리가 롤러 원주인 1 피트와 같아야 한다는 것이다. 그러나 정확한 답은 1 피트가 아니라 2 피트다.

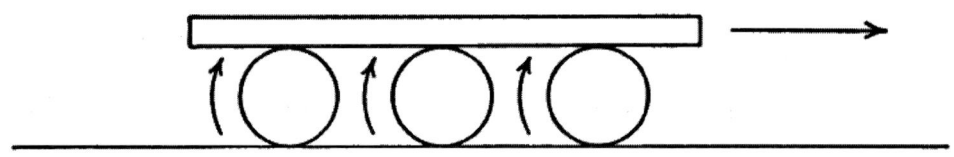

그림 4.12 석판과 롤러 문제

이 운동을 두 가지의 운동으로 나누어서 분석하여 보자. 먼저, 롤러가 석판을 지면에서 들어 올려 롤러에 의해서 석판이 지지된다고 하자. 그런 다음 중심이 고정되어 움직이지 않고 1 회전을 한다면 롤러가 석판을 앞으로 1 피트 거리를 이동시킨다. 다음으로 석판이 없고 바닥에 있는 롤러만 생각하여라. 그러면 롤러가 1 회전을 하면 롤러 중심이 앞으로 1 피트 거리를 이동한다. 이제 이 두 가지 동작을 결합하여 보아라. 롤러의 1 회전은 석판을 앞으로 2 피트 거리를 이동시킨다.

폭이 같은 곡선

석판과 롤러를 사용하여 무거운 물체를 이동할 때 단면이 원이 아닌 다른 종류의 곡선을 가진 롤러를 사용할 수 있을까? 다시 말해, 원 만이 일정한 폭을 가진 유일한 곡선인가? 직관적 답은 '그렇다'이다. 그러나 정답은 '아니오.'이다.

일정한 폭의 곡선으로, 석판과 롤러의 아이디어가 암시하는 것이 무엇인지 정확하게 파악할 수 있다. 즉, 이러한 곡선은 2 개의 고정된 평행선 사이에 배치되어 있고, 2 개의 고정 평행선과 접촉하는 경우 회전 방법에 상관없이 2 개의 평행선과 계속해서 접한다.

원의 일부로 만든 일정한 폭의 가장 단순한 곡선은 [그림 4.13(a)]의 곡선이다.

그것을 만들려면 먼저 정삼각형 ABC를 그리고 각 변의 길이는 r이다. A를 중심으로, 반지름 r인 호 BC를 그린다. 같은 방법으로 B를 중심으로, 그리고 반지름 r인 호 CA를 그린다.

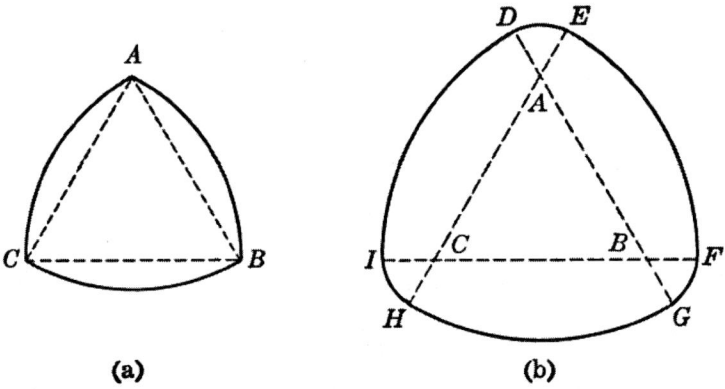

그림 4.13 폭이 상수인 곡선

마지막으로 C를 중심으로, 반지름 r인 호 AB를 그린다. 이 곡선은 [그림 4.13(b)]처럼 같은 길이 s 만큼 각 꼭짓점에서 삼각형의 변을 연장하여 매끄럽게 만들 수 있다. 호 DE, FG, HI는 각각 점

A, B, C가 중심이고 반지름이 모두 s인 호이다. 그리고 호 EF, GH, ID는 각각 점 C, A, B이 중심이고 모두 반지름 $r + s$인 호이다.

[그림 4.14]에서처럼 [그림 4.13(b)]의 곡선은 두 개의 고정된 평행선 사이에 있다.

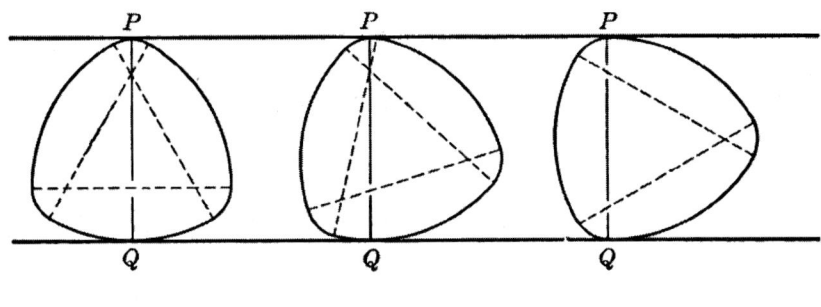

그림 4.14

[그림 4.14]에서 보듯이 곡선의 최고점과 최저점 사이의 거리 PQ는 항상 2 개의 상수 반지름 s 와 $r + s$의 합($= r + 2s$)이기 때문에 곡선이 회전에 상관없이 두 평행선과 계속 접할 것이라는 것은 명백하다. 단면이 일정한 폭의 곡선인 임의의 롤러가 석판 위에 있는 물체를 이동시키기 위해 원형 롤러 대신 사용될 수 있지만, [그림 4.14]의 곡선 모두 원형 기어 또는 원형 수레 휠을 대신해서 사용할 수 없다. 이러한 곡선의 경우 실제 중심이 없고, 단지 곡선의 모든 점과 같은 거리이다. 원은 이러한 특정 속성을 가진 유일한 곡선이다.

일정한 폭의 곡선은 방금 두 곡선을 조사하였듯이 모양이 규칙적일 필요는 없다. [그림 4.15]과 같은 불규칙한 곡선은 다음과 같이 만들 수 있다. 점 A를 중심으로 반지름 AB으로 선분 AB를 약간 회전하여 호 BC를 그린다. 점 C를 중심으로 동일한 반지름 (반지름은 전체적으로 일정하게 유지됨)으로 약간 회전하여 호 AD를 그린다. 점 D를 중심으로 약간 회전하여 호 CE를 그린다. 점 E를 중심으로 약간 회전하여 호 DF를 그린다. 점 F를 중심으로 약간 회전하여 호 EG를 그린다. 마지막으로 점 B를 중심으로 약간 회전하여 호 AG를 그린다. (점 G는 마지막 두 호의 교차점이다.) 마지막으로 점 G를 중심으로 약간 회전하여 호 FB를 그린다. 이 곡선을 [그림 4.13 (a)]에서 [그림 4.13 (b)]로 변환했던 것처럼 선분 AB, AC 등을 확장하여 꼭지점에서 둥근 모양으로 만들 수도 있다.

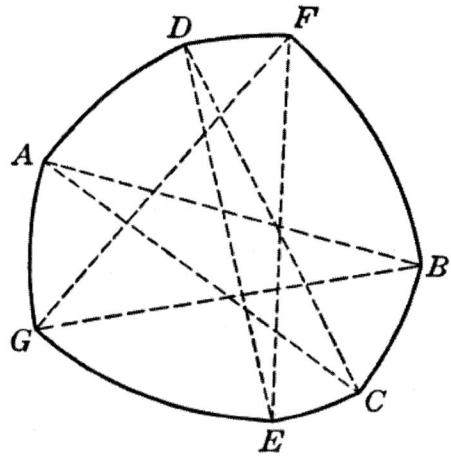

그림 4.15 같은 폭을 갖는 불규칙한 곡선

크기가 다른 두 원의 원둘레 길이가 같을 수 있는가?

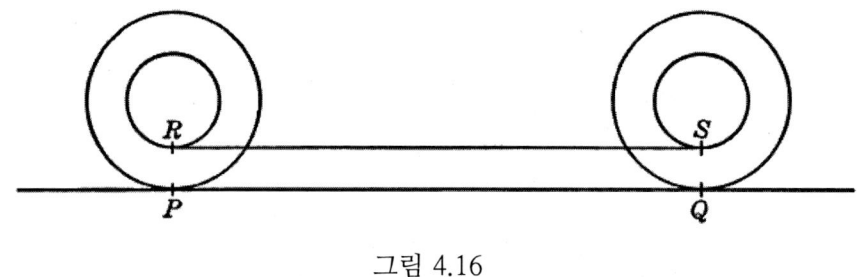

그림 4.16

[그림 4.16]의 큰 원은 점 P에서 점 Q로 직선 PQ를 따라 미끄러지지 않고 굴러서 한 번 회전을 하였다. 따라서 $\overline{PQ}$는 큰 원의 원 둘레 길이와 동일하다. 그러나 큰 원에 고정된 작은 원도 한번 회전을 하여서 움직인 거리 $\overline{RS}$는 작은 원의 원 둘레 길이와 같다. $\overline{RS}$는 $\overline{PQ}$와 같으므로 **크기가 다른 두 원의 원 둘레가 동일하다!**

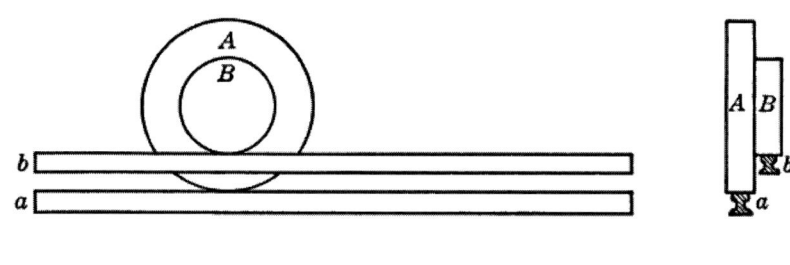

그림 4.17

17 세기까지 거슬러 올라가는 이 수수께끼 같은 패러독스는 큰 원은 미끄러지지 않고 굴러가지만 작은 원은 어떤 의미에서 '미끄러진다(slip).'는 사실에 의해 설명될 수 있다. 이 움직임은 [그림 4.17]과 같이 원을 휠로 생각하고 안전하게 고정한 다음 트랙 위에서 움직이면 명확해진다. 트랙 b가 휠 B 에 닿지 않도록 아래로 내려가 있다고 한다면, 트랙 a에서 두 휠이 서로 고정되어 함께 움직이는 시스템에서 휠 A 가 1 회전을 하면 두 원의 공통 중심을 휠 A 의 원주와 같은 거리만큼 앞으로 이동시킨다. 또한 트랙 a가 휠 A 에 닿지 않도록 내려가 있는 경우에도 트랙 b에서 두 휠 서로 고정되어 함께 움직이는 시스템에서 휠 B 가 1 회전을 하면 두 원의 공통 중심을 휠 B 의 원주와 같은 거리만큼 앞으로 이동시킨다. 마지막으로 각 휠이 해당 트랙에 놓여 있다고 가정하자. 이제 두 개의 휠의 원 둘레 길이는 전혀 같지 않다.

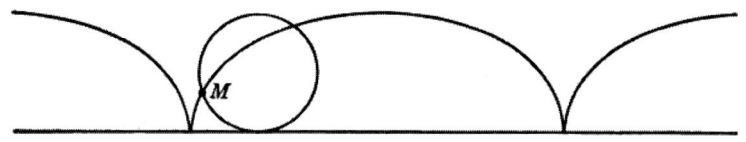

그림 4.18 사이클로이드

따라서 휠 A가 미끄러지지 않고 트랙 a에서 굴러갈 경우 휠 B가 트랙 b에서 약간의 미끄러짐이 있어야 한다. 그리고 B가 미끄러지지 않고 트랙 b를 굴리면 휠 A와 트랙 a 사이에 약간의 미끄러짐이 있을 것이다.

따라서 각 휠이 각 트랙에 맞추어 굴러가도록 설계되어졌다면 두 휠이 고정되어 있는 시스템의 휠은 움직이지 않는다.

역설의 추가 설명은 '사이클로이드(cylcloid)'라는 곡선의 개념을 포함한다. [그림 4.18]의 곡선은 원이 미끄러짐 없이 직선을 따라 구르면서 원의 원주에서 고정점 M이 그리는 경로이다.

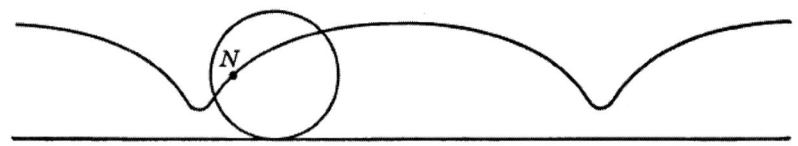

그림 4.19 줄어든 사이클로이드

[그림 19]처럼 원이 직선을 미끄러짐 없이 고정된 원 내부의 점 N이 그리는 경로는 '축약 사이클로이드(The curtate cycloid)'라고 한다.

크기가 다른 두 개의 원의 문제로 돌아가서 큰 원의 원둘레 위에 있는 고정점 M의 경로와 작은 원의 원둘레 위에 있는 고정 점 N의 경로를 생각하여 보아라. 큰 원이 점 P에서 점 Q로 굴러감에 따라, 점 M이 그리는 경로는 '사이클로이드'이고, 점 N이 그리는 경로는 '축약 사이클로이드'이다.

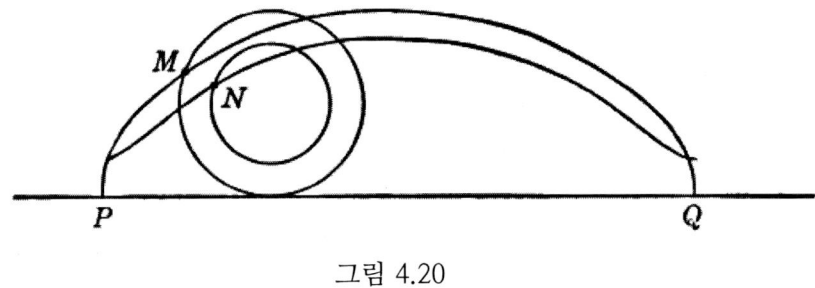

그림 4.20

[그림 4.20]을 보면 고정되어 있는 휠이 1 회전을 하면 점 M이 움직인 거리는 점 N이 움직인 거리 보다 훨씬 더 먼 거리를 이동하는 것을 알 수 있다. 원의 공통 중심 만이 선분 $\overline{PQ}$의 동일한 거리를 이동한다.

놀라운 싸이클로이드 성질

사이클로이드에는 여러 가지 놀라운 성질이 있는데 그 중 다음 세 가지가 널리 알려져 있다.

(1) 사이클로이드의 한 호의 길이는 사이클로이드를 만든 원의 외접한 정사각형의 둘레 길이와 같다.

(2) 사이클로이드의 한 호 아래의 넓이는 사이클로이드를 만든 원의 넓이의 3 배이다. [그림 4.21]

(3) 임의의 두 점 사이의 '가장 빠른 하강 경로'는 사이클로이드이다.

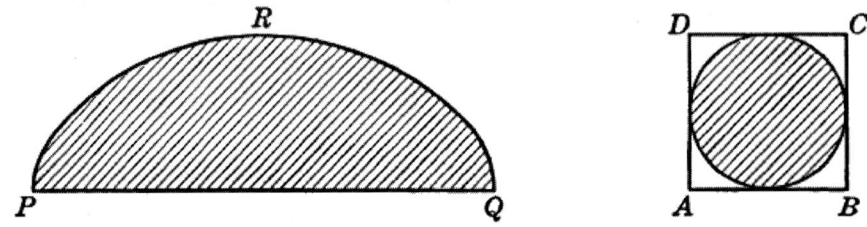

그림 4.21 사이클로이드 호 PRQ 은 길이가 정사각형 $ABCD$ 의 둘레와 동일하다. 호 PRQ 아래 음영 영역의 넓이는 오른쪽 음영 부분의 원 넓이의 3 배이다.

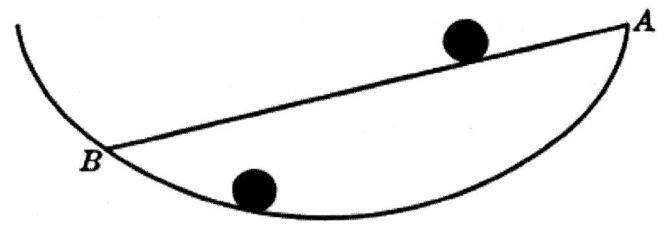

그림 4.22 최단하강곡선인 사이클로이드

예를 들어, [그림 4.22]의 점 A와 점 B가 동일한 수평 평면에 있지 않은 두 점이라고 가정하고 두 개의 공을 점 A에서 동시에 놓아 점 A에서 점 B로 구른다고 하자. 첫 번째 공이 직선을 따라서 굴러가고 두 번째 공은 반전된 사이클로이드 곡선을 따라서 굴러간 경우 두 번째는 경로인 사이클로이드가 직선 경로 보다 더 길고 오르막을 굴러가야 한다는 것에도 불구하고 첫 번째 공이 점 B에 오기 전에 먼저 도착을 한다. 점 A에서 점 B로 연결된 직선이 다른 모양의 곡선으로 대체되어도 이 곡선을 따라 구르는 구는 사이클로이드를 따라 구르는 구보다 항상 점 B에 늦게 도착한다는 것을 더 알 수 있다.

전통적으로 '최단시간곡선(brachistochrone) 문제 1'라고 알려진 '가장 빠른 하강 경로의 문제'를 1696년 형인 요한(Johannes)이 그의 형제 베르누이 야곱(Jacob)에게 제안하였다. 얼마 지나지 않아 문제의 해를 구하기 위한 방법들이 '움직임을 계산하는 미적분학(calculus of variant)'으로 발전해 왔다. 모든 종류의 극한 문제를 다루는 중요한 수학 분야이다.

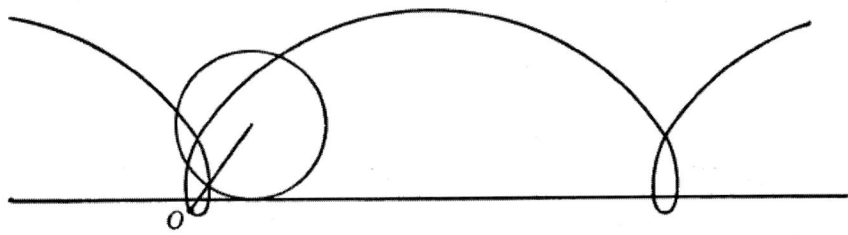

그림 4.23 늘어난 사이클로이드

사이클로이드 구성 중 세 번째는 '늘어난 사이클로이드(The prolate cycloid)'이다. 이 곡선은 구르는 원의 밖의 고정점 O가 그리는 경로이다. 이 점 O는 원이 구를 때 같이 군다. [그림 4.24]는

---

[1] 최단하강곡선

구르는 원이 오른쪽으로 구르면서 점 O가 그리는 경로의 일부분에서 왼쪽으로도 이동할 수 있다는 것을 보여준다. 따라서 원이 아무리 빨리 전진하더라도 휠 둘레(원주) 위의 점은 경로의 특정 부분에서 뒤로 이동한다고 말할 수 있다!

부수적으로 '줄어든(curtus) 사이클로이드'와 '늘어난(prolate) 사이클로이드' 명칭과 관련하여 멋진 역설은 존재한다. 브리태니커 백과사전(Encyclopaedia Britannica, 14판, 1939년)에 제시된 정의에 따라 [그림 4.21]와 [그림 4.23]에 이름을 붙였다. 그러나 웹스터(Webster)의 새로운 국제사전(New International Dictionary, 제2판, 1934년)에 따르면, 줄어든 사이클로이드를 '늘어난 사이클로이드'라고 해야 하며, 우리가 늘어난 사이클로이드를 '줄어든 사이클로이드'라고 불러야 한다. 'curtate'의 '짧다(short)'는 의미의 'curtus'에서 파생했으며 'prolate'는 '늘어난(prolonged)'라는 의미의 'prolatus'에서 파생된 것을 볼 때, 우리가 채택한 용어는 웹스터 사전의 주장에도 불구하고 명백한 것처럼 보일 것이다.

다른 유형의 사이클로이드도 언급할 가치가 있다. '넓어진 사이클로이드(The hypocycloid)'는 고정된 큰 원의 내부를 작은 원이 구르면서 작은 원의 원주 위의 고정점 P가 그리는 경로이다.

[그림 4.25(a)]와 같이 구르는 원의 반지름이 고정 원의 반지름의 $\frac{1}{2}$인 경우 점 P는 지름 AB를 따라 앞뒤로 움직이는 평범한 움직임이다. 이것이 회전 운동을 직선 운동으로 바꿀 수 있는 장치의 원리이다. [그림 4.25(b)]는 회전 원반 D에 부착된 구르는 원반의 중심 C와 구르는 원반의 원둘레 위의 점 P에 막대기가 연결되어 있다. 이러한 장치는 원반 D의 회전은 작은 원이 큰 원 안에서 굴러다니게 하고(고정된 상태로 유지됨) 이 회전은 다시 막대기를 일직선으로 앞뒤로 움직이게 한다.

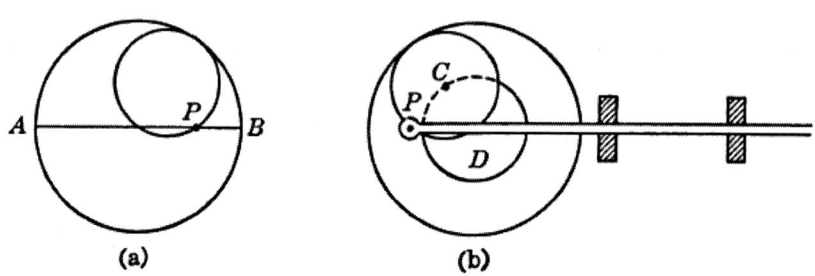

그림 4.25 직선 운동을 원 운동으로 변환

위상적 호기심

우리는 지방에 따라 약간의 차이가 있는 꽈배기 도넛 말고 평범한 도넛에 대해 잠시 명상을 하자. 도넛 안쪽 구멍이나 바깥쪽 구멍을 구성하는 부분은? 우리는 일반적으로 여기서 사용되는 단어같이 구절과 아무리 무의식적이라도 구멍이 안쪽에 있다는 '도넛 구멍'을 암시하는 말은 피하자. 하지만 내부는 정말 내부일까, 아니면 외부일까? 만약 '내부'와 '외부'에 대해 이들 중 어떤 것을 먼저 정의를 하지 않고 이 문제에 대해 계속 토론한다면, 우리의 주장은 우리가 말하고 있는 것이 정말로 꽈배기 도넛인지 평범함 도넛인지에 대한 논쟁만큼이나 성과가 없을 것 같다.

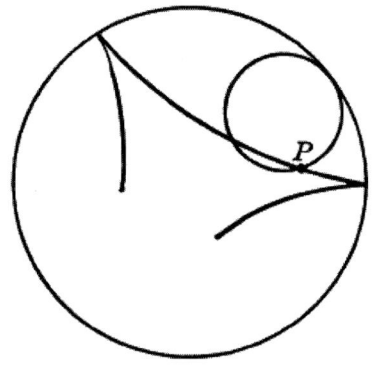

그림 4.24 넓어진 사이클로이드 또는 내파선

도넛의 내부와 외부를 구성하는 것의 문제는 '위상(토플로지, Toplogy)' 또는 '위치 분석학(Analysis Situs)' (문자 그대로, 환경과 위치에 대한 분석학)을 공부하는 학생의 관심사이다. 일반적인 평면 및 입체 기하학은 본질적으로 정량적이며, 선의 길이, 표면 넓이 및 입체 부피와 같은 크기를 다룬다. 반면에 위상은 크기를 무시하고 특정 지점이 특정 닫힌 곡선이나 표면에 대하여 안쪽에 있는지, 그 위에 놓여있는지 또는 바깥쪽에 있는 지와 같은 질적 질문을 다루는 기하학의 한 분야이다.

쾨니히스베르그 문제

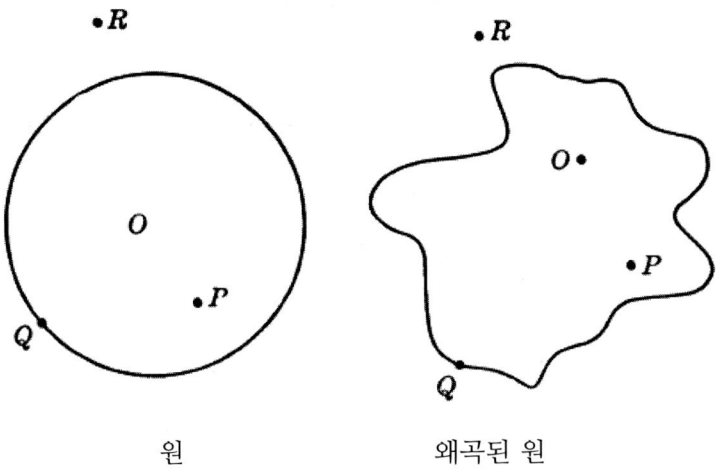

원   왜곡된 원

좀 더 구체적으로 말하자면, [그림 4.26]의 원을 생각하여 보자. 평면 기하학을 수강하는 학생은 원의 둘레가 얼마나 되는지 그 수에 관심이 있거나 또는 중심 O에서 점 P까지의 거리가 얼마나 되는지 또는 원의 넓이가 얼마나 되는지에 대해 관심이 있다. 반면에, 이 위상학자들은 다음과 같은 질문에 관심이 있다. 점 P는 원의 내부에 있고, 점 Q는 원의 내부에 있으며, 점 R은 원 외부에 있다. 이제 고무로 만들어진 얇은 고무판에 원을 그린 다음 고무판을 여러 방향으로 늘이자. 고무판을 어떠한 방향으로 늘여도 찢어지지 않는다고 하자. 그러면 늘이기 전의 원은 고무판을 늘이면 왜곡된 원이 만들어진다. 점 P는 여전히 곡선 내부에 있는가? 점 Q는 여전히 곡선 내부에 있는가? 점 R은 여전히 곡선 외부에 있는가? 이 세 가지 질문에 대한 답은 '모두 그렇다.' 이다. 그러나 이러한 문제는 기본적인 질문이다.

위상의 학문적 연구는 그 기간이 비교적 짧다. 이 연구에 관한 첫 번째 체계적인 연구는 19세기 중반쯤 나타났다. 그러나 300년 전쯤, 1736년에 오일러(Euler)는 어느 위상적 결과의 첫 번째 단일 논문을 발표했다. 그의 문제를 살펴보자.

독일 도시 쾨니히스베르그(Konigsberg)[2]에서 프레겔(Pregel) 강을 가로지르고 있다. 도시 중앙은 [그림 4.27]과 같이 도시와 두 개의 섬이 7개의 다리로 연결되어 있다. 도시에서 사람들이 자주 대화하는 주제는 사람이 도시의 어느 지점(A, B, C, D)에서 출발할 수 있고 각 다리를 한 번만

---

[2] 제 2 차 세계대전 이후 이 도시는 러시아에 귀속되었다.

통과한 다음 다시 출발점으로 돌아갈 수 있었는 지의 여부였다. 아무도 이것을 해결할 방법을 찾지 못했지만 다른 한편으로는 해가 존재하지 않았다는 것도 보일 수도 없었다.

오일러는 이 문제에 대해 듣고 체계적인 방법으로 해결책을 찾았다.

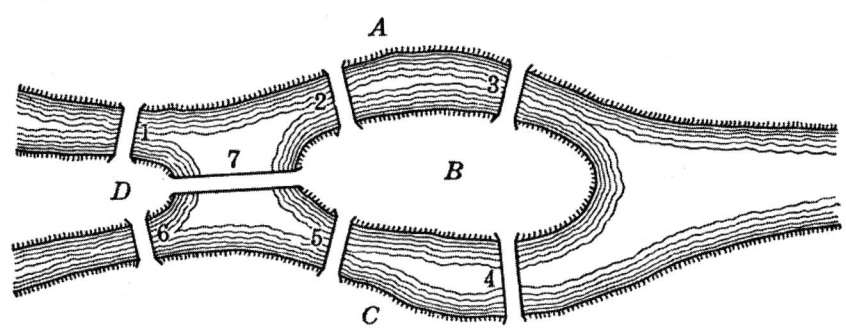

그림 4.27 쾨니히스베르그 문제

그는 위의 다소 복잡한 [그림 4.27]를 [그림 4.28]과 같이 간단한 다이어그램으로 대체되면 문제가 변하지 않는다는 점을 주목하였다. 위상학이 시작되는 순간이었다.

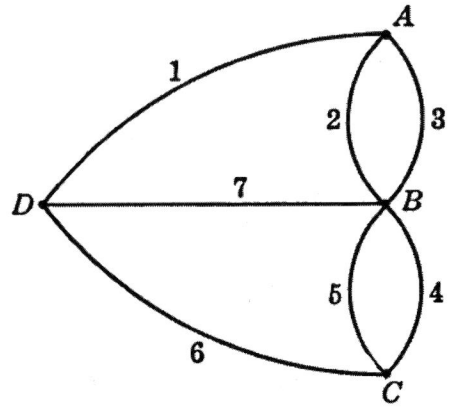

그림 28 쾨니히스베르그 문제의 단순화

그런 다음 원래 문제는 다음 문제와 동치 문제이다. "종이에서 연필을 띠지 않고 다이어그램의 어떤 선분도 두 번 지나지 않게 어떤 점에서 시작을 하여서 연필로 이 그림을 연필을 띄지 않고 한

4. 보이는 것이 틀렸을지도 모른다. (기하 속 패러독스)

번에 그릴 수 있을까?"[3] 오일러는 이것이 불가능하다는 것을 증명했을 뿐만 아니라 보다 일반적인 성질의 그림에 대한 추가적인 결과를 확립하였다. 또한, BD 다리를 제거하고 A에서 C로의 다리로 교체하면 한 붓 그리기로 위의 그림을 그릴 수 있다.

오일러의 문제를 패러독스라고 할 수 없지만, 토론할 가치가 있었던 이유는 두 가지다. 첫째, 그것은 우리에게 위상적 방법에 대한 약간의 아이디어를 준다. 그때 복잡한 그림은 간단한 그림으로 대체된다. 둘째로, 이것은 위상적 문제의 일반적인 성질을 보여준다. 즉, 본질적인 것은 그림의 왜곡에 의해 변하지 않는다는 것이다. 그러나 이제 더 이상 그 주제에 대한 기술적인 발전으로 나아가는 대신에, 우리는 그 안에서 발생하는 이상하고 놀라운 문제들 중 몇 가지를 살펴볼 것이다. 대부분의 경우, 우리는 우리가 항상 단순하다고 생각했던 것들을 다룰 것이다. 즉 이러한 것들을 직관으로 판단한 것이 잘못된 판단으로 유도되는 것들을 다룰 것이다. 어쩌면 때때로 직관적 판단이 얼마나 믿을 수 없는 것인지를 알게 될 것이다.

내부에 있는가? 외부에 있는가?

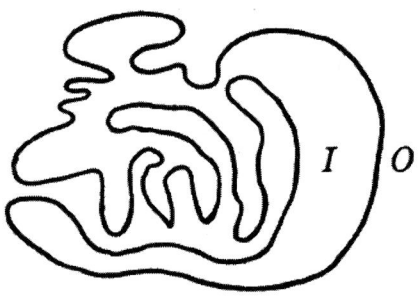

그림 4.29 단순 폐곡선

[그림 4.29]의 곡선은 복잡해 보이지만 수학자는 이를 '단순 폐곡선(A simple closed curve)'이라고 부른다. 왜냐하면 곡선은 절대 교차하지 않고 평면을 곡선 내부와 곡선 외부의 두 부분으로 나눈다. 위상적으로 말하면, 이 곡선은 적절한 방법으로 펴면 원과 동형인 곡선으로 변형할 수 있다. 반면에 [그림 4.30]은 '단순하지 않은 폐곡선(A closed curve that is not

---

[3] 한 붓 그리기가 가능하겠는가?

simple)'이다. 처음으로 생각할 것은 이 곡선이 평면을 영역 I과 X로 구성된 내부와 외부 O로 나눈다 고 유혹할 수도 있다. 그러나 너무 성급하게 판단을 하였다! 잠시 [그림 4.29]로 돌아가자.

내부의 영역 I의 어느 점에서 시작하여 곡선 위의 어느 한 점에서 곡선을 자르는 경로를 따라간다면 외부의 영역 O의 어느 점에 다다를 수 있다는 것을 알 수 있다. 이것은 대략적으로 곡선 내부와 외부를 구성하는 것에 대한 우리의 직관적인 생각과 일치한다.

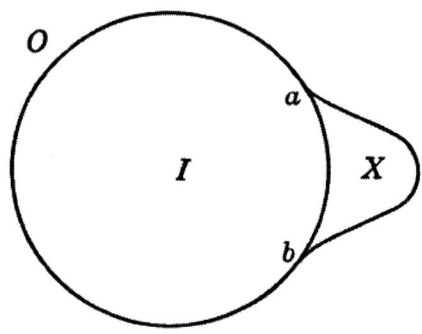

그림 4.30 단순하지 않은 폐곡선

이제, [그림 4.30]에서, 영역 I의 어느 점에서 시작하여 a와 b점 사이를 제외하고 어느 곳에서 곡선을 자르는 경로를 따라가면, 영역 O의 어느 점에 도달한다는 것은 사실을 발견할 수 있다. 하지만 만약 곡선 a와 b 사이의 곡선을 자르면, 영역 X의 어느 점에 도달할 수 있을까? 만약 영역 X가 곡선 외부에 있다면, 다시 곡선를 넘지 않고도 영역 X에서 영역 O까지 갈 수 있을 것이다. 그리고 만약 영역 X가 곡선 안에 있다면, 처음 곡선(원)을 자르지 않고 영역 I에서 영역 X까지 갈 수 있었을 것이다. 따라서 영역 I에 대하여 상대적 영역 X는 곡선 내부도 외부도 아니다.

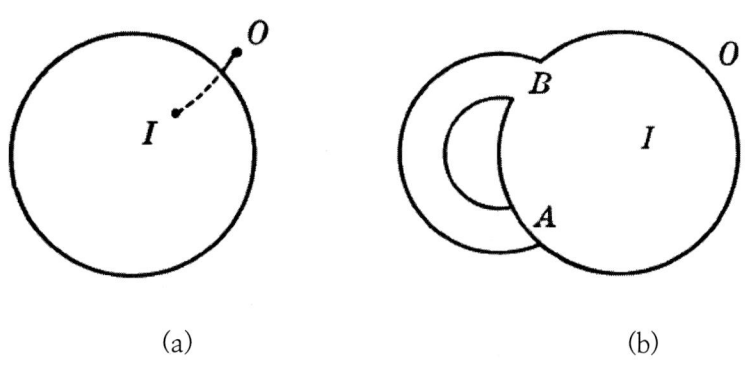

(a)   (b)

그림 4.31

지금까지 2차원 평면에서 1차원 곡선을 다루었다. 이제 모든 것을 1차원을 증가시켜서 3차원 공간에서 2차원 평면과 관련된 유사한 문제를 다룰 것이다.

구는 '단순 폐곡면(A simple closed surface)'의 좋은 예이다. 이 구는 3차원 공간을 구 내부와 외부의 두 영역으로 나눈다. 만약 우리가 내부 I의 어느 점에서 시작해서 표면의 어느 한 점을 통과하는(절단하는) 경로를 따라 가면, [그림 4.31 (a)]와 같이 외부 O의 어느 점에 도달한다.

[그림 4.31 (b)]는 단면을 나타낸다. 표면은 속이 빈 구의 A에서 구의 바깥쪽으로 속이 빈 파이프를 납땜하고, B에서 구의 구멍을 내서 여기서 파이프의 다른 끝을 구에 납땜 하여 만든다. 따라서 파이프는 A에서 닫혀있고 B에서 구에 열려져 있다. 구와 파이프에 의해서 만들어진 표면은 폐곡면이지만, 더 이상 단순 곡면이 아니다. 내부와 외부는 어디인가? 내부 영역 I의 어느 점에서 출발하여 A의 원 형태의 표면을 제외한 어느 곳에서도 구를 구멍을 내어 경로를 만들면 외부 O의 어느 점에 도달할 수 있다. 그러나 경로가 A에서 원 형태의 구 표면을 구멍을 내어 경로를 따라 가면 파이프를 따라가게 되고 다시 구의 내부로 나오게 된다. 그리고 같은 경로를 거꾸로 따라간다면, 여전히 구 안에 있게 된다.

이 문제는 [그림 4.30]의 곡선보다 훨씬 더 당혹스럽다. 여기서 적어도 위의 곡선은 두 개의 분리된 내부, 즉 I와 X와 한 개의 외부 O를 가지고 있다고 말을 할 수도 있다. 그러나 여기서 구와 파이프는 비록 A에서 분리되어 있지만 B에서 서로 통하기 때문에 분리된 내부로 생각할 수 없다. 가장 좋은 표현은 표면이 A에 있는 구의 작은 부분을 제외하고 내부와 외부를 가지고 있다는 것이다.

클라인 병

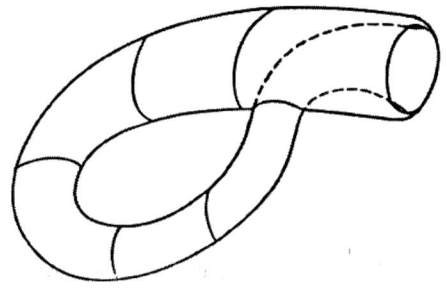

그림 4.32 클라인 병: 내부가 없는 폐곡면

이제 [그림 4.32]의 '클라인 병(Klein's bottle)'이라고 불리는 표면을 보자. 이 표면은 속이 빈 유리관의 한쪽 끝을 가져다가 구부리고, 그 옆면의 구멍으로 삽입하고, 두 개의 열린 끝을 함께 용접하여서 만들 수 있다. 결과적으로 표면은 닫힌 표면으로, 어느 점에서도 일반적인 의미에서 깨지지 않았다. 즉, 연결되어 있다.

예를 들어 [그림 4.33 (a)]은 일반적인 병의 단면을 보여준다. 이 표면은 목 부분이 없는 것이고 즉, 열려 있다. 반면에 [그림 4.33 (b)]는 [그림 4.30]의 표면의 단면이다. 이 표면은 병의 목처럼 열려 있지 않았다. 다시 말하자면, 그것은 폐곡면이다. (물론 이 모든 경우에 유리는 두께가 없는 진정한 표면으로 생각되어야 한다.)

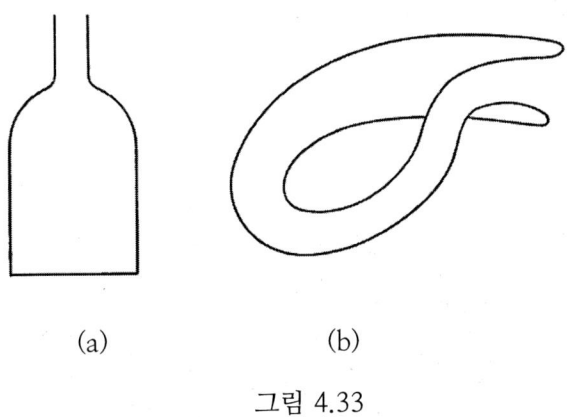

(a)   (b)

그림 4.33

어느 점에서부터 시작해서 표면의 어느 한 점을 구멍 내어 즉 절단하여 다른 한 점으로 가는 경로 가정해 보자. 다시 표면을 절단하지 않고, 우리가 시작했던 점으로 다시 이을 수 있다. 즉, 표면의 어느 점에서 든 구멍을 내어도 여전히 그 외부에 있다는 것이다. 그러므로, 이 폐곡면은 내부를 가질 수 없다.

뫼비우스 띠

일상생활에서 만나는 표면은 대부분 양면(bilateral)이다. 예를 들어 종이 한 장에는 양면이 있다. 만약 파리를 한쪽에 놓아둔다면, 파리가 어떻게 양면 인지를 알 수 있을까?

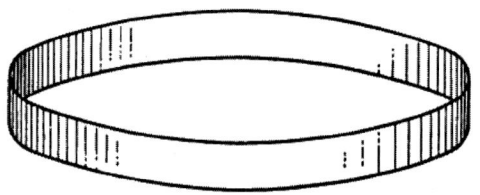

그림 4.34 보통의 원기둥 모양의 띠(S_1)

파리가 종이를 잘라 구멍을 내어 반대편의 한 지점에 도달하거나 또는 가장자리를 지나서 반대편의 한 지점에 도달을 해야 알 수 있다. 구는 양면을 갖는 폐곡면이다. 파리는 외부 표면을 자유롭게 기어 다닐 수 있고 표면에 구멍을 내어야만 내부로 들어갈 수 있다. 그러나 [그림 4.35]의 폐곡면은 양면이 아니라 단면이다. 잠시 생각해 보면, 파리가 표면의 어느 점에서 든 시작해서 절단을 하여야 하는 애로 사항 없이 표면의 어느 점으로 기어갈 수 있다는 것을 분명히 알 수 있을 것이다.

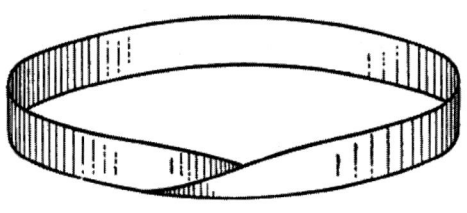

그림 4.35 뫼비우스 띠(S_2)

다소 만들기에 쉬운 양면을 갖는 간단한 예를 생각해 보자. 먼저 길고 좁은 직사각형의 종이를 가지고 [그림 4.34]과 같이 양 끝을 붙여라. 그러면 두 모서리(위에 있는 원과 아래에 있는 원)과 두 표면을 갖는 납작한 원기둥 모양의 표면이다. 우리는 이 띠를 S_1이라고 하자.

이제, 길고 좁은 직사각형 종이 띠의 양 끝을 붙여 넣기 전에, 양 끝 중 하나를 180°로 한번 뒤집어 돌려서 붙여라. 이 띠를 '뫼비우스 띠' 이라고 하고 이 표면은 모서리가 하나밖에 없는 면이 하나밖에 없는 단면이다. [그림 4.35]에서 이 표면이 어떻게 생겼는지 보여주고는 있지만, 그 특성을 자세히 연구하려면 실제로 뫼비우스 띠를 만들어 표면을 연구하는 것이 좋다. 이 뫼비우스 띠가 하나의 면 만이 있다는 것을 확신하려면, 표면 위의 임의의 점에서부터 시작해서 가운데로 선을 그어 보아라. 연필을 종이에서 띠지 않고, 시작한 점으로 다시 돌아갈 때까지 선을 계속 그려 보아라. 아마 단일 선이 직사각형의 끝이 붙여지기 전의 원래 직사각형의 두 표면을 완벽하게 가로질렀음을 알 수 있다.

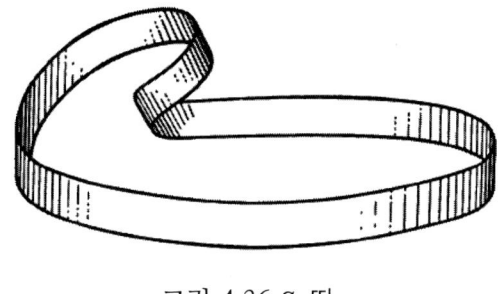

그림 4.36 S_3 띠

그리고 뫼비우스 띠가 단 하나의 모서리를 가지고 있다는 것을 이해하기 위해서는 모서리의 어느 점에서부터 시작해서 종이를 교차하지 않고 시작했던 곳으로 돌아올 때까지 모서리를 따라가 보아라. 다시 원래의 직사각형 종이의 두 긴 가장자리인 끝이 함께 붙여지기 전에 직사각형의 모서리를 완벽하게 따라다녔음을 알 수 있다. 우리는 편의를 위해서 뫼비우스 띠를 S_2라고 하자.

다음으로, 길고 좁은 직사각형의 양 끝의 한 쪽 끝을 1 회전(360°돌리기)을 하는 경우, 붙여 넣기 전의 직사각형 S_1과 같은 결과로 두 개의 표면과 두 개의 모서리를 가지고 있다. [그림 4.36]의 띠처럼 생겼고 이를 S_3이라고 하자. 그리고 이제 우리가 할 작업이 더 있다. 가위를 가지고 양면을 갖는 S_1의 양 모서리 사이의 중간 선을 따라 자른다고 생각하자. 그러면 두 개의 분리된 띠를 얻는다는 것을 생각하는 것은 그리 어렵지 않다, 잘려져 분리된 띠는 원래의 띠의 절반의 넓이에 불과하다는 것을 제외하고는 원래의 것과 동일하다. 하지만 뫼비우스 띠 S_2를 같은 방법으로 자르면 어떨까? 실제로 뫼비우스 띠를 만들어 가위로 잘라 보기 전에 결과를 예측할 수 있는 사람은 보통 사람의 평균적인 직관력을 상회하는 직관력을 가지고 있는 사람이다. 그 결과는 원래 뫼비우스 띠 보다 그 길이가 두 배가 아니고 절반의 폭을 갖는 하나의 띠이기 때문이다. 더욱이, 그것은 더 이상 단일면이 아니라, S_3 형태의 양면을 갖는 띠이다. 그리고 만약에 이 S_3 띠의 가운데를 자른다면 어떻게 될까? 그 결과는 S_3 형태의 고리 형태로 연결된 양면을 갖는 두 개의 띠 구성되며, 각 표면은 절단된 띠의 길이는 원래 띠의 길이와 같으며 폭은 원래 띠의 절반이다.

마지막으로, S_2띠(표준 모비우스 띠)를 가져다가 모서리와 평행하게 모서리로부터 띠의 폭의 $\frac{1}{3}$을 따라 즉 폭을 3 등분을 하여 잘라 보아라.

처음 자르기 시작한 시작점에 돌아올 때까지 계속 잘라라. 결과는 어떨까? 결과는 고리 모양으로 연견된 두 개의 띠가 만들어지는데 하나는 원래 띠와 동일한 길이이고 다른 하나는 두 배의 길이이다. 짧은 띠는 S_2 형태의 띠이고 긴 띠는 S_3 형태의 띠이다.

위에서 설명된 실험들을 시도해 보고 많은 변형들을 만들어 보아라. 그 결과를 예측하는 것은 직관력을 키우는데 좋다.

매듭이 지어지는가? 매듭이 지어지지 않는가?

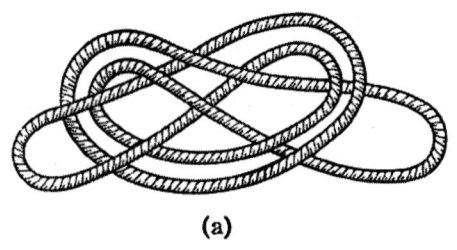 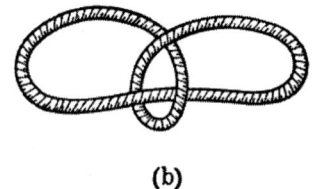

그림 4.37

초기 위상 연구의 대부분은 매듭의 연구와 관련이 있었다. 사실 철사, 못, 고리 또는 끈으로 구성된 퍼즐을 가지고 놀았던 사람이라면 보기에 따라서는 위상학자라고 말 할 수 있다.

폐곡선은 언제 매듭지어지고, 매듭지어지지 않는가? ('매듭지어지지는 않은'은 특히 구술 토론에서 약간 혼란스러울 수 있지만, 영국의 수학자인 타이트(Tait)가 말하는 매듭을 '매듭, 비매듭, 매듭짓기'로 부르지 않는다는 사실에 위로를 받는다.) 끝을 묶은 끈의 한 부분은 폐곡선에 적합하다. 그러면 곡선이나 끈은 자르거나 다시 묶지 않고 하나의 단순 폐곡선으로 변환할 수 있다면 매듭이 지어지지 않는다. 그렇지 않으면 매듭이 지어진다. 예를 들어, [그림 4.37 (a)]의 끈은 실제로 매듭이 지어지지 않고, [그림 4.37(b)]의 끈은 가장 간단한 방법으로 매듭이 지어진다.

뫼비우스 띠와 그와 관련한 다양한 것들에 대한 우리의 논의는 다음과 같이 매듭으로 표현할 수 있다.

S_1 유형의 띠의 두 모서리는 매듭지어지지 않고 또한 서로 맞물려 있지 않다. 이 S_1 띠의 중간을 자르면 두 개의 부분으로 나누어진다.

S_2 유형의 띠의 단일 모서리는 매듭이 지어지지 않았다. 이 S_2 띠는 가운데 부분을 자르면 S_3 유형의 단일 매듭지어지지 않은 띠가 된다.

S_3 유형의 띠의 두 가장자리는 서로 맞물려 있지만 매듭을 짓지는 않는다. 이 S_3 띠의 가운데를 자르면 두 개의 서로 맞물려 있는 띠로 나누어진다.

띠의 한쪽 끝을 붙여 넣기 전에 반-비틀기를 세 번한 회전(또는 $540°$)하여 붙인 표면 (S_4라고 한다.)은 한쪽 면과 한쪽 매듭이 있는 모서리를 가지고 있다. 왜냐하면 이 띠의 중간을 자르면 S_2 유형의 띠처럼 하나의 띠를 얻지만, 이 경우에 띠 자체가 매듭지어지기 때문이다. 사실, 그 매듭은 [그림 4.37(b)]의 유형이다. [그림 4.38]

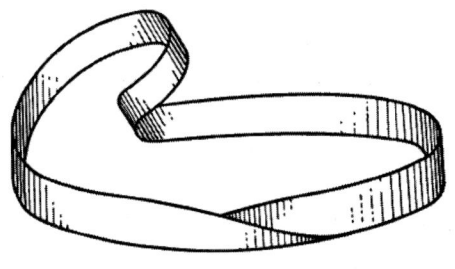

그림 4.38 S_4 띠

매듭 연구에서 만들어낸 패러독스들은 많이 있다. 이 주제에 더 관심이 있는 독자는 다음 예를 참조하여라. 우리는 두 가지 예를 들것이다. 이 두 예 모두 사람들에게 많이 알려진 속임수이다.

그림 4.39 두 명이 서로 빠져나오는 속임수

첫 번째 예는 [그림 4.39]에 나오는 두 사람 A 와 B 에 관한 것이다. 그들은 다음과 같은 방법으로 서로 묶여 있다. 밧줄의 한쪽 끝은 A 의 오른쪽 손목에, 다른 한쪽 끝은 A 의 왼쪽 손목에 묶여 있다. 두 번째 밧줄이 첫 번째 가로질러 지나며, 그 양 끝은 B 의 양 손목에 묶여 있다. A 와 B 는 어떻게 밧줄 하나를 자르지 않고 빠져나올 수 있는가? 아무리 서로의 밧줄 안과 주변에 올라타도 소용이 없다. 그러나 해결책은 간단하다.

B 는 자신의 로프 중간 근처에서 밧줄을 들어 짧게 잡는다. 그리고 손과 몸 안쪽에서 밧줄을 팔꿈치에서 손으로 향하는 방향으로 A 의 손목에 묶여 있는 밧줄 안쪽으로 밀어 넣어 꺼낸다. 즉, A 의 오른쪽 손목을 감싸는 밧줄 밑으로 통과시켜 A 의 손 위로 밧줄을 꺼낸다. 그리고 나서 팔의 바깥쪽에서 밧줄을 손목을 걸어서 다시 A 의 손목을 둘러싼 밧줄 밑으로 손목의 바깥쪽의 손에서 팔꿈치로 향하는 방향으로 밀어 넣어 통과시킨다. 그러면 이제 밧줄이 분리되어 자유로워진다.

두가지 속임수 중 두 번째 예는 사람, 조끼, 그리고 그의 외투로 구성된 분명히 맞물리는 밧줄과 표면들이 있는 시스템과 관련이 있다. 아마도 남자가 먼저 외투를 벗지 않고서는, 즉, 코트 소매에서 팔을 빼지 않고서, 조끼를 벗는 것이 불가능하다고 말할 것이다. 하지만 당신이나 다른 사람이 전화를 해서 다음 지시를 따라 하도록 하여라. 조끼와 코트의 단추를 풀어라. 왼쪽 조기 소매 끝과 코트 왼쪽 아래 모서리를 왼손으로 단단히 쥐고 그 손과 팔을 조끼의 왼쪽 팔 구멍을 통해서 바깥쪽에서 안쪽으로 넣는다. 이 과정은 왼쪽 팔구멍을 자유롭게 하고, 왼쪽 어깨 위에 놓는다. 조끼를 목 뒤에서 당겨라. 이제 오른쪽 조끼 소매의 끝과 오른쪽 코트의 오른쪽 하단을 잡고 그 손과 팔을 왼쪽 팔 구멍으로 다시 바깥쪽에서 안쪽으로 넣어라. 이 과정은 조끼의 양쪽 팔구멍을 통해서 만 조끼가 몸에 붙어 있게 한다. 마지막으로 조끼를 오른쪽 코트 소매 안쪽으로 통과시켜 끝에서 밖으로 내보낸다.

경고! 헌 옷을 사용하시오!

4 색 문제

많은 위상학자들은 '4 색 문제(four-color problem)'에 많은 시간과 에너지를 쏟아 부었다. 위상학자들은 이러한 축적된 경험으로 인해 아마추어 또는 전문가 지도 제작자들이 평면 지도나 구면 지도에서 다른 나라들을 구별하기 위해 4 가지 색만 있으면 된다고 가르쳤다. 잠시 지도 제작자가 되어서 평면 지도의 몇 가지 예를 보자.

한 개의 국가, 두 개의 국가, 세 개의 국가, 네 개의 국가가 차지하고 있는 영토의 한 부분은 분명히 4 가지 색 이하로 칠하여 구별할 수 있다. 아마도 우리는 이것을 시행하기 전에 평상시와 다른 한 가지 오해를 피하는 것이 좋을 것이다.

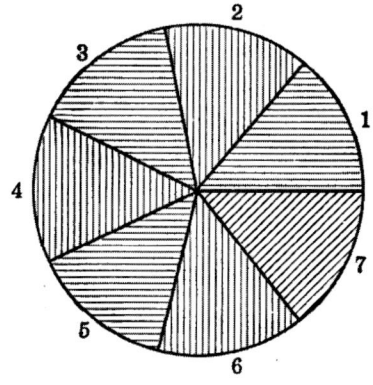

그림 4.40 7 개의 영역은 3 가지 색이면 충분하다.

[그림 4.40]의 지도에 7 가지 색상이 필요하다고 주장할 수 있다. 그러나 문제의 조건 중 하나는 두 나라가 한 지점에서만 접촉할 경우 같은 색으로 칠해질 수 있고, 선을 따라 접촉되어 있으면

같은 색으로 칠 할 수 없다. 따라서 [그림 4.40]과 같이 7 개의 나라가 있는 지도에서는 세 가지 색으로 표시할 수 있다. 여기에서는 세 가지 구별된 명암에 의해서 나타내었다.

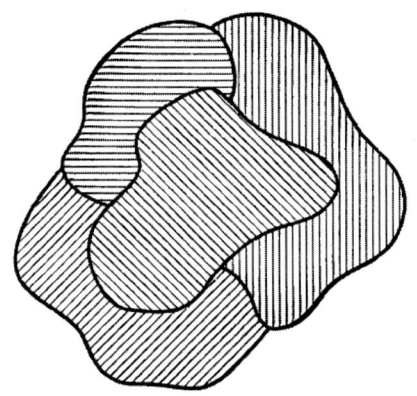

그림 4.41 4 개의 영역은 4 개의 색이 필요하다.

이제 각각 다른 3 개의 국가와 인접해 있는 4 개의 국가를 보여주는 [그림 4.41]를 생각해 보자. 이 지도에서 색 칠해서 나라를 구별하기 위해서는 4 가지 색이 필요하다는 것은 매우 명백하다. 그러나 아직 어느 누구도 각각 다른 4 개 나라와 접촉해 있는 5 개 나라의 지도를 그린 적이 없다.

다음 예는 수학적 문제에서 필요충분 조건이라고 알려진 훌륭한 예가 있다. [그림 4.41]의 지도는 4 가지 색이 필요하다는 사실을 증명하는 것이다. 그러나 아무도 4 가지 색으로 충분하지 않은 지도를 발견하지 못했다는 사실 만으로 4 가지 색이 충분하다는 것을 증명하지는 못한다.

4가지 색상으로 충분하다는 의심을 갖지만 지금까지 입증된 가장 좋은 결과는 5가지 색상으로 충분하다는 것이다. 비록 그 문제가 부분적으로 평면과 구와 같은 단순한 표면에 대해서 만 해결되었지만, 훨씬 더 복잡한 표면에 대해서도 완전히 해결되었다는 것에 주목할 만하다. 예를 들어, '토러스(도넛 모양의 표면)', 또는 말하자면, 꽈배기 도넛에 있는 지도를 색칠하는데 7 가지 색이 필요충분 하다는 것이 증명되었다.

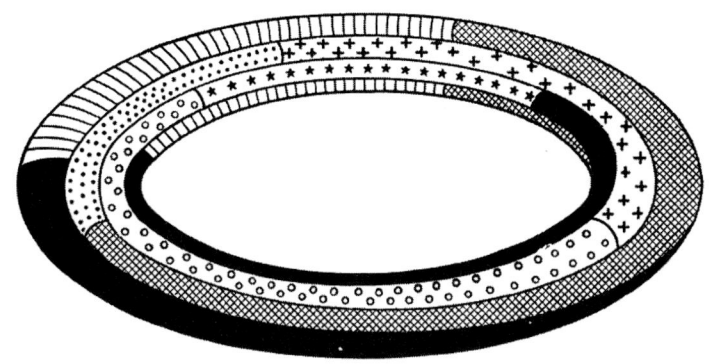

그림 4.42 토러스에서의 '7 색 문제'

　[그림 4.42]은 토러스(Torus)에서 각각 다른 6 개 영역과 접하는 7 개 영역을 표시한 것을 나타낸 것이다.

　4 색 문제는 많은 수학자들에게 상상력과 열정을 불러일으켰다. 이 문제가 나오고 거의 한 달이 될 무렵 어떤 수학 저널이나 다른 잡지들은 그 문제 또는 그것으로부터 발생한 문제들에 대한 글을 싣고 있었다. '평면이나 구면 지도는 나라를 구별 짓기 위해서 4 가지 색상이면 충분하다.'는 문제는 여전히 열려 있는 문제이다.[4]

　위상학의 잠깐의 탐구에서 본 것으로 그것이 흥미롭지만, 게임과 퍼즐로 이루어진 주제라고 결론을 내리지 말아야 한다. 위상학적 방법의 도입은 수학의 다른 분야뿐만 아니라 물리학과 화학에서도 놀라운 발전을 가져왔다. 그리고 위상을 산업에 적용하는 것 중 하나만 언급하자면, 벨 전화 연구소는 전기 통신망의 분류에서 사용할 수 있다는 것을 발견하였다. 아무도 감히 위상의 궁극적인 유용성을 예언하지 못한다. 아직도 과학은 더 발달할 수 있다.

---

[4] 독일의 수학자 헤슈는 난항을 겪던 4 색 문제 증명을 컴퓨터로 하자는 아이디어를 냈고, 증명의 기본 뼈대를 세웠다. 이를 토대로 미국 수학자 아펠과 하켄은 평면 그래프를 유형별로 나누고 각각의 경우를 계산해 줄 알고리즘을 만들었다. 그 후, 만들어진 알고리즘으로 컴퓨터에 연산을 맡겼다. 오랜 시간 동안 컴퓨터는 연산을 수행했고 1200 시간이 걸려 1976 년 8 월, 컴퓨터가 연산을 멈추는 순간 증명도 끝났다. 아펠과 하켄의 컴퓨터를 이용한 증명은 반발도 많았다. 컴퓨터를 이용한 최초의 증명이라는 점에서 몇몇 수학자들의 회의적인 시선도 있었다. 컴퓨터를 이용해 수많은 가능성을 모두 반복 검토하는 작업은 우아하고 아름다운 수학과 동떨어져 있다는 견해였다. 한편으로는 증명에 오류가 있을 것이라 생각하는 사람도 있었다. 하지만 알고리즘에는 문제가 없었고, 4 색 정리는 분명히 증명되었다. 이후로 아펠과 하켄의 증명을 조금 더 간결하게 하는(가짓수를 줄이는) 데는 성공했지만, 여전히 컴퓨터의 힘을 빌리지 않은 증명은 나오지 않고 있다.

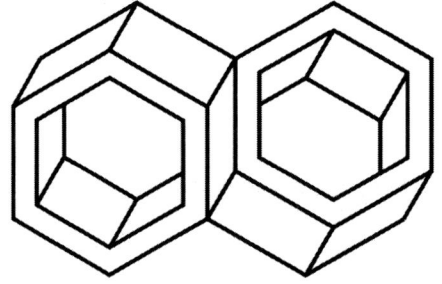

5

0으로 나누지 말아라!
(대수 속 오류)

공리의 남용

앞에서 본 2장부터 4장에 있는 대부분 패러독스는 거짓처럼 보이거나, 적어도 가능성이 매우 낮을 것으로 보인다는 점에서 역설적이었다. 그러나 사실이었다. 5장과 6장에서는 대수학과 기하학의 일부 결과를 고려할 것인데, 이 결과는 사실인 것처럼 보이지만 실제로는 거짓이다. 이런 유형의 패러독스는 잘못된 논리적 추론의 결과물이기 때문에 '많은 사람들이 옳다고 믿는 틀린 생각' 이라고 부르는 것이 더 나을 것이다.

5장과 6장에서 고려해야 할 문제의 본질은 대수학과 기하학보다 형식적인 기법의 사용을 필요로 한다. 우리들 중 많은 이들이 이 두 장의 내용이 7장, 8장, 9장보다는 흥미롭다고 생각하지 않을 것이다. 이러한 독자들은 5장과 6장을 생략할 수 있지만, 이 장에서 개발된 자료 중 일부는 나중에 사용할 것이다. 어쨌든, 우리들 중 많은 사람들이 학교를 졸업한지가 꽤 오래되었다는 사실을 고려할 것이고 이러한 이유로, 어떤 특정한 주장이 근거가 될 수 있는 명확한 요점을 어느 정도 상세히 설명할 것이다.

흔한 것 중 하나로 0으로 나눈 것과 같은 동일한 오류를 수반하는 많은 사람들이 옳다고 믿는 틀린 생각을 갖는 그룹이 있을 때마다, 각 그룹의 가장 흔한예 중 하나가 전체를 설명하는 것과 같을 것이다. 그런 다음 그룹의 나머지 예들은 설명없이 나열하거나 기껏해야 한 두 가지 힌트가 제공될 것이다. 우리는 이런 법으로 어디서 어떻게 어려움이 발생하는 지를 스스로 발견하는 만족감을 얻을 것이다. 그러나 우리의 기지가 부족해서 문제를 풀기가 힘들면 해를 바로 보아라.

틀림없이 모든 사람들은 연산 공부의 기초가 되고 결과적으로 수와 관련된 수학적인 주장에 필수적인 공리 또는 가정을 떠올릴 것이다.

우리는 아마도 다음과 같은 인기 있는 노래에 가사를 바꾸어서 부른 기억이 날 것이다. "같은 것에 같은 수를 더하거나 빼도 같다. / 같은 것에 같은 수를 곱하거나 나누어도 같다. / 거듭 제곱을 하거나 제곱근을 씌워도 같다. / 같은 것과 같은 것들은 서로 같다./ ~".[1] 이러한 공리에 대해 일부를 약간 오용 한 것들을 살펴보기로 하자.

패러독스 1.

고양이 1 마리는 4 개의 다리를 가지고 있다. (1)

어떤 고양이도 3 개의 다리를 가지고 있지 않다.

(고양이 0 마리는 3 개의 다리를 가지고 있다.) (2)

항등식 (1)과 (2)의 양 변을 각각 더하면, 고양이 1 마리는 7 개의 다리를 가지고 있다.

패러독스 2.

2 파운드는 32 온스이다. (1)

$\frac{1}{2}$ 파운드는 8 온스이다. (2)

식 (1)과 (2)의 양 변을 각각 곱하면, 1 파운드는 256 온스를 얻는다.

패러독스 3.

$1 \cdot 0 = 2 \cdot 0$ (1)

$0 = 0$ (2)

식 (1)을 식 (2)로 각각의 변으로 나누면, 1 = 2이다.

패러독스 4.

$(-a)^2 = (+a)^2$

음수의 제곱은 양수이므로 위 식은 성립한다. 양 변에 제곱근($\sqrt{\ }$)을 씌우면, $-a = +a$이다.

---

[1] Equals plus or minus equals are equal; equals multiplied or divided by equals are equal; like powers or like roots of equals are equal; things equal to the same thing are equal to each other; and so on.

패러독스 5.

$$\frac{1}{4} 달러 = 25 센트$$

양 변에 제곱근을 씌우면 아래와 같이 나타낼 수 있다.

$$\sqrt{\frac{1}{4} 달러} = \sqrt{25 센트}$$

$$\frac{1}{2} 달러 = 5 센트$$

패러독스 6.

미지수가 2개인 일차 연립방정식 풀어라.

$$\begin{cases} x + y = 1 \\ x + y = 2 \end{cases}$$

1과 2는 각각 $x + y$와 같기 때문에 서로 같아야 한다. 즉, 1 = 2이라는 결론에 다다를 수밖에 없다.

오류는 어디에 있는가? 패러독스 1은 너무 명백해서 시간을 낭비할 수 가 없다. 사실 우리는 (1)과 (2)의 진술 중에서 '같다.'를 얻으려면 약간의 상상력을 펼쳐야 한다.

패러독스 2와 패러독스 5에서 수에 대해서 만 곱셈과 제곱근 계산을 하였고, 이와 관련된 단위에 대해서는 적용하지 않았다. 예를 들어 패러독스 2에서 올바른 결론은

$$1\left(파운드\right)^2 = 256\left(온스\right)^2$$

이어야 한다. '파운드 제곱'는 상상하기 다소 어렵다.

피트(feet)와 인치(inch)를 사용한다면 더 분명해진다. 그러면 우리의 주장은 다음과 같이 계산을 해야 한다.

2 피트 $= 24$ 인치   (1)

$\frac{1}{2}$ 피트 $= 6$ 인치   (2)

그러므로 1피트$^2 = 144$인치^2 이다. 이것이 명확한 결론이다.

    패러독스 3 은 '같은 것을 같은 수로 나눈 값은 같다.'에 관한 공리로 0이 아닌 수로 나누면 이러한 계산 결과가 나온다는 사실을 상기하자. 이 점에 대해 머지않아 더 많은 예들을 다룰 것이다.

    패러독스 4 는 잊어버렸을 수도 있는 다른 연산 규칙을 기억나게 한다. 제곱근 계산을 할 때는, 음수와 양수 기호 모두를 고려해야 한다. 다시 말해서 질문의 올바른 항등식 표현은 $+a = +a$, $-a = -a$이다. 여기에는 나중에 더 많은 관심을 받게 될 또 다른 문제가 있다.

    패러독스 6 은 변수의 특정 값 또는 알 수 없는 어떤 값에만 참인 방정식에는 이러한 항등식 공리를 맹목적으로 적용할 수 없다는 것을 보여 준다. 방정식 (1)과 (2)가 모두 참인 x와 y의 값을 고려해야 하며, $x + y = 1$과 $x + y = 2$를 동시에 만족하는 x와 y의 값은 없다.

    공리의 또 다른 오용은 다음 경우에 어느 정도의 가치가 있을 수 있다. 어떤 남자가 술을 너무 많이 마신다고 그의 분개한 아내로부터 비난을 받는다고 가정하자.

    그는 반만 채워진 잔과 반만 비어 있는 잔은 같다는 것은 부인할 수 없는 사실이라고 주장할 수 있다. 즉, '$\frac{1}{2}$ 가득(full) $= \frac{1}{2}$ 빈(empty)'이다. 하지만 이 등식으로부터 양 변에 2를 곱하면 '가득 = 빈' 이므로 우리 친구가 한 잔 가득 마실 때마다 그는 전혀 마시지 않았다! 이 계획이 성공할 확률은 아내의 지능에 반비례한다.

잘못된 소거

    위에서처럼 계산 규칙을 어느 정도 지키고도 부정확한 결과를 도출하는 것이 가능할 뿐만 아니라, 수학의 어떤 교사가 이야기한 것처럼, 사실상 규칙을 지키지 않고서도 여전히 정확한 결론에 도달하는 것이 가능한 경우가 많다. 예를 들어, 만약 분수 $\frac{16}{64}$와 $\frac{26}{65}$에서, 6 이 분자와 분모에서 지우면, 그 결과는 분수 $\frac{1}{4}$와 $\frac{2}{5}$인데, 약분을 한 값과 정확히 일치한다. 이를 일반화하면, $\frac{(1+x)^2}{1-x^2}$의 분자 및 분모에 있는 공통 인수를 약분을 할 수 있으며, 그 결과는 $\frac{1+x}{1-x}$를 얻을 수 있다.

동일한 종류의 잘못된 소서는 평면 기하학에서 다음과 같은 증명을 할 때 사용되었다.

수평선 위의 점 $P, O, R, Q\ S$은 $PO = OQ$, $\frac{OR}{OQ} = \frac{OQ}{OS}$를 만족한다. $\frac{PR}{RQ} = \frac{PS}{QS}$을 증명을 하여야 한다. 이 결과는 항상 '참'이라고 주장하였다. 이 마지막 방정식의 좌변에서 R을 지우고, 우변에서 S를 지우면, 항등식 $\frac{P}{Q} = \frac{P}{Q}$이기 때문이다! 그러나 $\frac{P}{Q} = \frac{P}{Q}$는 P와 Q는 점을 나타내기 때문에 의미가 없는 반면, PR과 RQ는 선분 크기를 나타낸다.

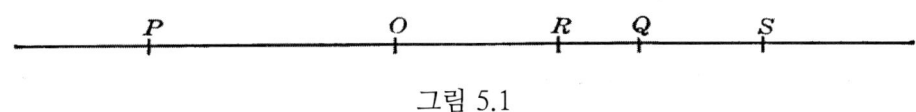

그림 5.1

증가 또는 감소?

적어도 채점을 하는 교사들에게 최근에 인기를 끌게 된 시험 문제 중 한 종류로 'x가 감소하면, 분수 $\frac{1}{x}$는 어떻게 변화하는가?'는 것이다. 학생은 분수의 값은 증가하고 문제의 값은 '함수적 관계'에 대한 의견을 묻는 것이라고 대답할 것으로 예상된다. 예상되는 답은 충분히 합리적으로 보이지만, x의 값에 대해 조건이 없다면 모순으로 이어진다.

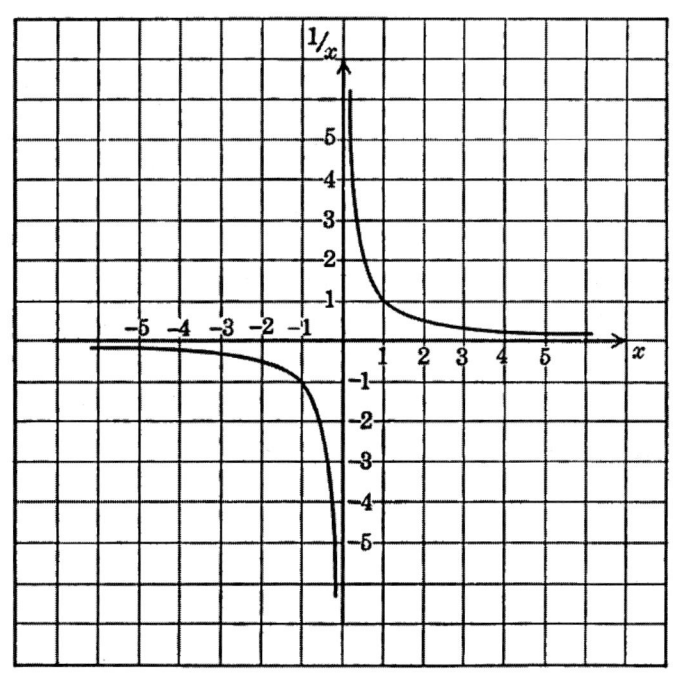

그림 5.2 $y=1/x$ 그래프

x가 아래와 같이 감소한다고 하자.

$\cdots, 5, 3, 1, -1, -3, -5, \cdots$

그러면 $\frac{1}{x}$의 값은 아래와 같이 일대일 대응된다.

$\cdots, \frac{1}{5}, \frac{1}{3}, 1, -1, -\frac{1}{3}, -\frac{1}{5}, \cdots$

이제 $\frac{1}{3}$이 $\frac{1}{5}$보다 크고, 1이 $\frac{1}{3}$보다 크고, $\frac{1}{3}$이 -1보다 크고, $-\frac{1}{5}$가 $-\frac{1}{3}$보다 크다는 것은 확실히 참이다. 그러나 -1이 1보다 크다고 할 수 있는가?

이러한 오류는 x가 감소함에 따라 $\frac{1}{x}$이 증가한다는 결론을 내리기 전에 모든 가능성을 주의 깊게 검사하지 않은 데서 발생한다. 아마도 x가 감소하는 양수 들, 예를 들어 $\cdots, 5, 4, 3, 2, 1$에 대해 $\frac{1}{x}$의 값이 증가한다고 생각할 것이다. 그런데 x가 $-1, -2, -3, -4, -5, \cdots$와 같이 감소하는 음수 들의 경우는 증가한다. 이러한 사실은 $\frac{1}{x}$의 그래프에서 한눈에 이를 확인할 수 있다. [그림 5.2]를 보아라. 그러나 [그림 5.2]은 또한 x가 양수로 감소하고 그리고 음수로 감소할 때 모두 $\frac{1}{x}$이 증가한다고 단정할 수 없다는 것을 보여 준다. x가 감소하는데 0을 통과할 때 곡선이 분리되어 있다.

$-1 > 1$?

비 $\frac{a}{b} = \frac{c}{d}$ 생각하자. 만약 좌변 분수의 분자가 우변 분자의 분모 보다 크다면, 좌변 분수의 분모는 우변 분자의 분모 보다 커야 한다고 주장하는 것은 타당해 보인다. 즉, a가 c보다 크면 b가 d보다 크다(예를 들어, 비 $\frac{6}{3} = \frac{4}{2}$). 그러나 이제 $a = d = 1, b = c = -1$이라고 가정하자. 그러면 비율이 $\frac{1}{-1} = \frac{-1}{1}$인데, 이는 의심할 여지없이 참이다. 그러나 분자 1이 분자 -1보다 크므로 분모 -1이 분모 1보다 크다고 결론지어야 한다. 즉, 1은 동시에 -1보다 크고 -1보다 작다! 이 성질이 만족하려면 a, b, c, d가 모두 양수거나 모두 음수로 제한하여야 한다. 양수나 음수가 동시에 있으면 안 된다.

0으로 나누기

기초 대수학을 공부하였던 거의 모든 사람은 거의 2 = 1이라는 증명을 보았다. 이에 대한 증명은 일반적으로 다음과 같은 종류의 것이다.

$$a = b \tag{1}$$

을 가정하자. 양 변에 a를 곱한다.

$$a^2 = ab \tag{2}$$

양 변에 b^2을 뺀다.

$$a^2 - b^2 = ab - b^2 \tag{3}$$

양 변을 각각 인수 분해를 한다.

$$(a+b)(a-b) = b(a-b) \tag{4}$$

양 변을 $a - b$로 나눈다.

$$a + b = b \tag{5}$$

위의 식에 $a = b = 1$을 대입하면 $2 = 1$을 얻는다.

또는 양 변에서 b를 빼서 임의의 수 a는 0 과 같다는 결론을 내릴 수 있다. 또는 b를 a로 대체하면 어떤 수이든 그 수 자신이 두 배라는 결론을 내릴 수 있다. 따라서 우리의 결과는 여러 가지로 해석될 수 있는데, 모두 똑같이 터무니없는 것들이다.

우리는 이런 종류의 증명뿐만 아니라 오류가 발생한 지점도 기억을 하고 있을 수 있다. 그 지점은 양 변을 $a - b$로 나누는 (5)단계이다. a와 b가 원래 같다고 가정하였기 때문에 양 변을 0으로 나누었다. 왜 0으로 나눌 수 없는 것일까? 그 대답은 '무모순성' 개념을 포함하고 있는데, 우리는 1 장의 끝 부분에서 간단히 토론을 하였다. 거기에서는 수학자는 그의 공리가 $2 = 1$과 같은 모순을 초래하지 않도록 요구한다고 지적했다. 이 문제를 좀 더 자세히 살펴보자.

수학에서 나누기는 곱셈으로 정의된다. a를 b로 나눈다는 것은 $b \cdot x = a$에서 x의 값 $x = \frac{a}{b}$를 구하는 것을 의미한다. $b = 0$이면, $a \neq 0$인 경우와 $a = 0$인 경우의 두 가지 경우로 나누어서 생각을 해야 한다. 이 각각의 경우에 x를 구하여 보자. 첫 번째 $a \neq 0$인 경우, $b = 0$이므로 $x = \frac{a}{0}$ 또는 $0 \cdot x = a$이다. 0을 곱한 x는 a에 3 또는 -5 또는 $\frac{7}{8}$과 같은 고정된 수(0이 아닌 수)라고 할 수 있는가? 0을 곱한 숫자는 0이므로, 그러한 수 x는 존재하지 않는다.

두 번째 $a = 0$인 경우, $b = 0$이므로 $x = \frac{0}{0}$ 또는 $0 \cdot x = 0$이다. 위에서 말했듯이, 임의의 수에 0을 곱한 수는 0이기 때문에 x에 어떤 수가 와도 식이 성립한다. 이제 수학자는 a를 b로 나눈 값이 명확하고 고유한 수를 요구한다. 고유한 수란 유일한 수이고 수 전체가 아니다. 그리고 0으로 나누면 수가 존재하지 않거나 어떤 임의의 수라는 것을 알았다. 그렇다면 수학자가 일부 교사들이 열한 번째 계명인 "너희가 0으로 나누지 말라."[2]는 규칙을 채택한 것이 놀라운 일인가?

다음에는 우리가 논의한 잘못된 연산에 근거한 다른 논리적 오류가 있다. 문제에서 잘못된 곳을 직접 찾을 수 있겠는가?

패러독스 1. 임의의 서로 다른 두 수는 같다.

세 양의 정수 a, b, c에 대하여

$$a = b + c \tag{1}$$

라고 가정하자. 그러면 a는 b에 어떤 수 c를 더한 것이라서 $a > b$이다. 양 변에 $a - b$를 곱하자.

$$a^2 - ab = ab + ac - b^2 - bc \tag{2}$$

양 변에 ac를 빼자.

$$a^2 - ab - ac = ab - b^2 - bc \tag{3}$$

양 변을 각각 인수 분해하자.

---

[2] 성경에 10 계명이 있고 그 다음으로 11 번째 계명이라고 칭한 것임.

$$a(a-b-c) = b(a-b-c) \qquad (4)$$

양 변을 $a-b-c$로 나누자.

$$a = b \qquad (5)$$

그런데 가정에서 $a > b$이었는데 $a = b$의 결론이 나왔다.

해설

식 (1)에서 $a = b+c$ 또는 $a-b-c = 0$을 가정하였다. 식 (5)를 얻기 위해서는 $a-b-c$ 또는 0으로 양 변을 나누어야 한다.

패러독스 2. 모든 양의 정수는 같다.

변수 x인 분수식을 장제법에 의해서 나눗셈을 하여 보자.

$$\frac{x-1}{x-1} = 1$$

$$\frac{x^2-1}{x-1} = x+1$$

$$\frac{x^3-1}{x-1} = x^2+x+1$$

$$\frac{x^4-1}{x-1} = x^3+x^2+x+1$$

$$\cdots = \cdots$$

$$\frac{x^n-1}{x-1} = x^{n-1}+\cdots+x^2+x+1$$

위의 모든 항등식에 $x = 1$을 대입하자. 그러면 우변은 $1, 2, 3, 4, \cdots, n$의 값이고, 좌변의 값도 모두 같다. 따라서 $1 = 2 = 3 = 4 = \cdots = n$이다.

해설

x가 1일 때, 항등식의 좌변의 $\frac{0}{0}$을 값으로 가정하여야만 한다. 이 패러독스는 $\frac{0}{0}$은 어떤 수도 될 수 있다는 것이 오류의 증거가 될 수 있다.

패러독스 3. 다음의 주장은 어떻게 공리를 위배하고도 올바른 결과를 항상 얻을 수 있는지 보여 준다.

$x = 3$은 아래 식을 만족한다.

$x - 1 = 2$ (1)

좌변에 만 10을 더하자.

$x + 9 = 2$ (2)

양 변을 각각 $x - 3$을 곱하자.

$x^2 + 6x - 27 = 2x - 6$ (3)

양 변에 각각 $2x - 6$을 빼자.

$x^2 + 4x - 21 = 0$ (4)

인수분해를 하자.

$(x + 7)(x - 3) = 0$ (5)

양 변을 각각 $x + 7$로 나누자.

$x - 3 = 0$

$x = 3$ (6)

이것은 가정 $x = 3$와 같다.

해설

가짜 수염을 다는 것처럼 0으로 나누는 경우로 좌변에 10을 더하고, x에 -7을 대입하여 보아라. 식 (6)은 식 (5) 양 변을 $x + 7$(이 값은 0이다.)로 나눈 것이다.

0으로 나누기 변형

0으로 나누는 것은 때때로 꽤 잘 위장되어 있다. 예를 들어, 비례 이론에서 두 분수가 같고 분자가 같으면 분모가 같다는 사실을 쉽게 알 수 있다. 즉, $\frac{a}{b} = \frac{a}{c}$이면 $b = c$이라는 것을 쉽게 추론할 수 있다. $a = 0$이면 이 주장의 추론은 일반적인 경우에 잘못되었다는 것을 충분한 논거를 통해 보여 질 수 있다. 다음이 성립한다고 하자.

$$\frac{a}{b} = \frac{a}{c}.$$

양 변에 bc를 곱하자.

$$ac = ab.$$

양 변을 a로 나누자.

$$c = b.$$

그러나 $a = 0$이면 마지막 단계는 0으로 나누는 것이다.

이러한 관점에서 다음 문제를 생각하여 보자. 아래 방정식은 다음과 같이 풀었다.

$$\frac{x+5}{x-7} - 5 = \frac{4x-40}{13-x} \tag{1}$$

좌변을 통분 하였다.

$$\frac{x+5-5(x-7)}{x-7} = \frac{4x-40}{13-x} \tag{2}$$

식 (2)를 간단히 하였다.

$$\frac{4x-40}{7-x} = \frac{4x-40}{13-x} \tag{3}$$

식 (3)의 분자가 같으므로 분모도 같다. 즉, $7 - x = 13 - x$ 그리고 양변에 x를 더하면 $7 = 13$이다.

"그러나 식 (3)의 양 변에 있는 분자 $4x - 40$이 0과 같다는 것을 어떻게 알 수 있는가?"라고 주장할 수 있다. 이 문제는 본 장의 시작 부분에 간단히 언급된 또 다른 점을 야기한다. 즉, 분수 방정식 해를 구할 때 방정식이 참이 되게 하는 변수의 값을 고려하지 않고 공리(양 변을 곱하거나 나누거나 하는 계산)를 맹목적으로 방정식에 적용할 수 없는 것을 제시하였다. 따라서 방정식 (1)은 위의 패러독스 2의 초기 방정식과 달리 x의 모든 값에 대해 참인 항등식이 아니라 $x = 10$에 대해서 만 만족하는 방정식이다. 이 진술을 검증하려면 식 (3)에서 좌변과 우변의 분수들 대각선의 분모와 분자를 곱하고 이를 정리를 하자.

$$(13-x)(4x-40) = (7-x)(4x-40)$$
$$(4x-40)(13-x-7+x) = 0$$
$$24(x-10) = 0$$
$$x = 10$$

결과적으로 방정식이 참인 x의 유일한 값은 $x = 10$이며, 이는 식 (3)의 분자를 0으로 만든다.

비율(분수)의 고유한 성질

다음 세 가지 문제(패러독스)에서 우리는 특정한 비율(분수)의 성질을 사용하게 것이다. 그 성질은 아래와 같다.

만약 $\dfrac{p}{q} = \dfrac{r}{s}$ 이면,

(A) $\dfrac{p-q}{q} = \dfrac{r-s}{s}$

(B) $\dfrac{p}{q-p} = \dfrac{r}{s-r}$

(C) $\dfrac{p-r}{q-s} = \dfrac{p}{q} = \dfrac{r}{s}$

이 성립한다.

(A)를 증명하려면 $\dfrac{p}{q} = \dfrac{r}{s}$ 의 양 변에 1을 뺀다.

$$\dfrac{p}{q} - 1 = \dfrac{r}{s} - 1$$
$$\dfrac{p-q}{q} = \dfrac{r-s}{s}$$

다른 두 가지 경우도 비슷하게 증명할 수 있다.

패러독스 1. 아래의 분수식을 풀어보자.

$$\frac{x+1}{a+b+1} = \frac{x-1}{a+b-1}$$

위의 성질 (A)를 적용하자.

$$\frac{x+1-(a+b+1)}{a+b+1} = \frac{x-1-(a+b-1)}{a+b-1}$$

이를 간단히 정리하자.

$$\frac{x-a-b}{a+b+1} = \frac{x-a-b}{a+b-1}$$

성질 (B)를 적용하자.

$$\frac{x+1}{a+b+1-(x+1)} = \frac{x-1}{a+b-1-(x-1)}$$

이를 간단히 정리하자.

$$\frac{x+1}{a+b-x} = \frac{x-1}{a+b-x}$$

첫 번째 결론으로 분자가 같다. 따라서 분모가 같다. 그러므로

$$a + b + 1 = a + b - 1$$

$$+1 = -1$$

이다. 두 번째 결론으로 분모가 같다. 따라서 분자가 같다. 그러므로

$$x + 1 = x - 1$$

$$+1 = -1$$

이다.

해설

주어진 방정식을 x에 대해 풀면, $x = a + b$이다. 결과적으로 첫 번째 결과의 분자는 같지만 분모가 같다고 가정하는 것은 그 근거가 충분하지 않다. 두 번째 결과는 유사하다.

패러독스 2. 다음 분수식을 풀어보자.

$$\frac{3x-b}{3x-5b} = \frac{3a-4b}{3a-8b}$$

이 분수는 명백하게(?) 1과는 다르다. 그러나 성질 (C)를 적용하자.

$$\frac{3x-b-(3a-4b)}{3x-5b-(3a-8b)} = \frac{3x-3a+3b}{3x-3a+3b} = 1$$

위의 식은 원래 분수식과 같다. 다시 말해

$$\frac{3x-b}{3x-5b} = \frac{3a-4b}{3a-8b} = 1$$

이다.

해설

주어진 방정식을 x에 대해 풀면, $x = a - b$이다. 그러므로 분수 $\frac{3x-3a+3b}{3x-3a+3b}$는 $\frac{0}{0}$ 꼴의 분수이다.

패러독스 3. 다음 연립 분수식을 풀어보자.

$$\frac{x-a+c}{y-a+b} = \frac{b}{c} \text{와} \quad \frac{x+c}{y+b} = \frac{a+b}{a+c}$$

두 분수식에 각각 성질 (C)를 적용하자.

$$\frac{x-a-b+c}{y-a+b-c} = \frac{b}{c} \text{ 그리고 } \frac{x-a-b+c}{y-a+b-c} = \frac{a+b}{a+c}$$

그러면 $\frac{b}{c}, \frac{a+b}{a+c}$는 각각 $\frac{x-a-b+c}{y-a+b-c}$와 같지만 $\frac{b}{c} \neq \frac{a+b}{a+c}$이다.

해설

주어진 연립 분수식을 x, y에 대해 풀면, $x = a + b - c, y = a - b + c$이다. 그래서 분수 $\frac{x-a-b+c}{y-a+b-c}$은 $\frac{0}{0}$ 꼴의 분수이다.

방정식의 모순

항등식이 아닌 방정식의 주제로 들어가기 전에, 방정식에 숨겨진 모순이 그들의 풀이에 모순을 가져올 수 있는 방법의 한 두 가지 예를 살펴보자. 우리는 이 장의 시작 부분에 $x + y = 1$, $x + y = 2$라는 두 개의 미지수를 갖는 연립 방정식의 해를 구하는 아주 명백한 사례를 보았다. $x + y$가 1과 2를 동시에 모두 같은 x와 y의 값이 없다는 것이 그 당시의 요점이었다. 이 문제의 그래픽 해석은 [그림 5.3]에 제시되어 있다.

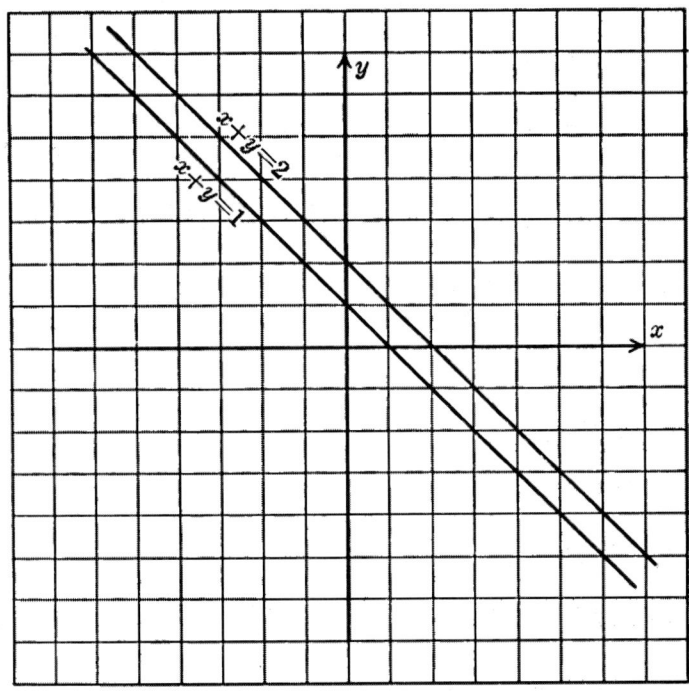

그림 5.3 $x+y=1$ 과 $x+y=2$ 의 그래프는 평행한 직선이고 교점을 갖지 않는다.

하지만 여기 아주 명백하지 않은 예가 있다.

$$\begin{cases} 2x + y = 8 & (1) \\ x = 2 - \frac{y}{2} & (2) \end{cases}$$

식 (1)에서 식 (2)를 빼자. 그러면

$4 - y + y = 8$

$4 = 8$

이다. 여기서 문제의 오류를 해결하려면 식 (2)에서 양 변에 2를 곱하고 양 변에 y를 더하면 된다. 그러면 위의 연립 방정식은 아래의 식처럼 정리가 된다.

$$\begin{cases} 2x + y = 8 & (3) \\ 2x + y = 4 & (4) \end{cases}$$

패러독스.

다음의 연립 방정식 (8)은 '동차(homogeneous) 방정식' 유형으로 알려져 있다.

우리는 이러한 연립 방정식의 해를 구하기 위해서 일반적인 방법을 따라 푼다.

$$\begin{cases} 2x^2 - 3xy + y^2 = 4 & (1) \\ x^2 + 2xy - 3y^2 = 9 & (2) \end{cases}$$ 식 (1)과 식 (2)에 양 변에 각각 9와 4를 곱한다.

그러므로 우변이 같으므로 각각의 좌변이 같다. 다시 말해 아래의 식으로 나타낼 수 있다.

$$9\left(2x^2 - 3xy + y^2\right) = 4\left(x^2 + 2xy - 3y^2\right)$$

이를 간단히 하자.

$$2x^2 - 5xy + 3y^2 = 0$$

이를 다시 인수분해하자.

$$(2x - 3y)(x - y) = 0$$

두 인자의 곱이 0 이므로 각 인자가 0 이어야 한다. 그러므로

$$2x - 3y = 0 \text{ 또는 } x - y = 0$$

이다.

각 방정식은 식 (1) 또는 식 (2) 중 하나의 식에 동시에 만족하는 해이다. 어느 식이든 $y = \frac{2}{3}x$로 대입하면, 올바른 해 $x = 3, y = 2$ 및 $x = -3, y = -2$를 얻을 수 있다. 그러나 $y = x$를 식 (1)에 대입하면 $0 = 4$, 식 (2)에 대입하면 $0 = 9$가 된다.

해설

이 패러독스는 원래의 연립 방정식 내부의 오류에 의해서 발생되었다. 이 연립 방정식을 각각 인수분해를 하여보자.

$$\begin{cases} (x-y)(2x-y) = 4 \\ (x-y)(x+3y) = 9 \end{cases}$$

x와 y가 같을 때는 이러한 연립 방정식이 만족되지 않는다는 것은 이제 명백해졌다.

양수와 음수 부호

0 으로 나눌 수 있다는 논리를 사용하여, 이미 어떤 불평등한 두 숫자가 서로 같다는 것을 증명했다(86 페이지 패러독스 1). 여기에 같은 문제에 대한 다른 증명이 있다.

서로 다른 두 수 a, b가 있고, c를 이 두 수의 산술 평균(arithmetic mean) 또는 평균(average)이라고 하자. 예를 들어 $a = 2, b = 4$이면 $c = \frac{a+b}{2} = 3$이다. 따라서

$$\frac{a+b}{2} = c \text{ 또는 } a + b = 2c \tag{1}$$

이다. 양 변에 $a - b$를 곱하자.

$$a^2 - b^2 = 2ac - 2bc \tag{2}$$

양 변에 $b^2 - 2ac + c^2$을 더하자.

$$a^2 - 2ac + c^2 = b^2 - 2bc + c^2 \tag{3}$$

식 (3)의 좌변과 우변은 각각 완전 제곱 형태이다. 양 변을 각각 인수분해를 하자.

$$(a-c)^2 = (b-c)^2 \tag{4}$$

식 (4)의 양 변에 제곱근을 취하자. 그러면

$$a - c = b - c$$
$$a = b$$

이다. 우리는 a와 b가 같지 않다는 가정으로 시작했다. 그런데 a와 b가 같다는 결론이 나왔다.

이런 잘못된 점은 다시 한번 이 장의 앞부분에서 간단히 언급된 것이다. 즉, 제곱근을 씌울 때는 두 가지의 부호를 모두 고려해야 하며, 위처럼 모순적인 결과를 초래하는 부호는 제거해야 한다. 식 (4)에서 식 (5)로 넘어 갈 때 양수 기호만 사용하였다. 식 (5)를 $a - c = -(b - c)$로 나타내면,

처음 식인 $a + b = 2c$를 얻을 수 있다. 이 모든 논쟁은 의도적으로 관련된 내용으로 만들어졌다. 이런 식으로 하면 더 분명히 알 수 있었을 것이다.

$$a + b = 2c$$
$$a - c = c - b$$
$$(a - c)^2 = (c - b)^2$$
$$(a - c)^2 = (b - c)^2$$
$$a - c = b - c$$
$$a = b.$$

어떤 수는 그 자신보다 1 만큼 크다.

패러독스. 어떤 수 n에 대하여, $n = n + 1$을 증명하시오.

어떤 수 n에 대하여 다음의 항등식을 만족한다.

$$(n+1)^2 = n^2 + 2n + 1 \tag{1}$$

양 변에 $2n + 1$을 뺀다.

$$(n+1)^2 - (2n+1) = n^2 \tag{2}$$

양 변에 $n(2n + 1)$을 뺀다.

$$(n+1)^2 - (2n+1) - n(2n+1) = n^2 - n(2n+1) \tag{3}$$

양 변에 $\frac{(2n+1)^2}{4}$를 더한다.

$$(n+1)^2 - (2n+1) - n(2n+1) + \frac{(2n+1)^2}{4}$$
$$= n^2 - n(2n+1) + \frac{(2n+1)^2}{4} \tag{4}$$

좌 변과 우 변 모두 각각 완전 제곱의 형태이다. 그리고 이를 인수분해하자.

$$\left[(n+1) - \left(\frac{2n+1}{2}\right)\right]^2 = \left[n - \left(\frac{2n+1}{2}\right)\right]^2 \tag{5}$$

양 변에 제곱근을 씌우자.

$$n + 1 - \left(\frac{2n+1}{2}\right) = n - \left(\frac{2n+1}{2}\right) \tag{6}$$

양 변에 $\frac{2n+1}{2}$를 더하자.

$$n + 1 = n$$

해설

식 (5)에서 식 (6)로 넘어갈 때는 제곱근을 취할 때, 양수만 다루었다. 우변에서 음의 부호를 취하면, 아래의 식처럼 오류가 없는 식을 얻는다.

$$n + 1 - \left(\frac{2n+1}{2}\right) = -n + \left(\frac{2n+1}{2}\right)$$

부등식

충분히 생각한다면, 아마도 '같다.'에 관한 성질 외에도, 한때 '부등식'에 관한 성질들을 많이 외워야 했던 것을 기억해야 할 것이다. 이와 같이 외웠을 수도 있고 외우지 않았을 수도 있다. 그러한 것은 다음과 같다. "부등식에 같은 수를 더하고 빼도 부등호는 변하지 않는다. 부등식에 같은 수로 곱하거나 나누어도 부등호는 변하지 않는다." 와 같은 것인가? 누가 0으로 나누어서는 안 된다고 했는가? 좋다. 하지만 이와 같은 성질에서 다른 조건이 기억이 나는가? 생각이 나지 않는가? 음, 잠시 후에 생각날 것이다. 먼저, 부등식의 부등호 기호들을 기억하자. '$a > b$는 a가 b보다 크다.'는 뜻이고, '$a < b$는 a가 b보다 작다.'는 뜻이다. 이제 다음 단계로 넘어가자.

n과 a는 양의 정수라 하자. 그러면 명확히

$$2n - 1 < 2n \tag{1}$$

이다. 양 변에 $-a$를 곱하자.

$$-2an + a < -2an \tag{2}$$

양 변에 $2an$을 더하자.

$$+a < 0 \tag{3}$$

그러나 이것은 우리가 가정했던 양수 a가 음수라는 것을 의미한다. 이제 그 추가될 조건을 기억하겠는가? 맞다! 부등식의 양 변에 곱하거나 나누는 수은 양수이고, 우리는 식 (2)에서 음수를 곱하였다. 다음 두 가지 문제를 직접 시도해 보아라.

어떤 수는 그 자신보다 크다.

패러독스 1. 어떤 수는 그 자신보다 크다.

두 양수 a, b에 대하여 아래 식이 만족한다고 하자.

$$a > b \qquad (1)$$

양 변에 b를 곱하자.

$$ab > b^2 \qquad (2)$$

양 변에 a^2을 빼자.

$$a(b-a) > (b+a)(b-a) \qquad (3)$$

양 변을 $b - a$로 나누자.

$$a > b + a \qquad (4)$$

$b > 0$이므로 $a > a$이다. 따라서 어떤 수는 자기 자신보다 크다.

해설

식 (1)에서 $a > b$로 가정하였다. 식 (4)에서 부등식의 양 변을 $b - a$, 음수로 나누었다.

$\frac{1}{8}$은 $\frac{1}{4}$보다 크다.

패러독스 2. $\frac{1}{8} > \frac{1}{4}$이다.

다음 로그 성질 $n \cdot \log(m) = \log(m)^n$은 참이다. 다음으로 아래 부등식 부터 시작하자.

$$3 > 2 \qquad (1)$$

양 변에 $\log\left(\frac{1}{2}\right)$을 곱하자.

$$3 \cdot \log\left(\frac{1}{2}\right) > 2 \cdot \log\left(\frac{1}{2}\right) \qquad (2)$$

$$log\left(\frac{1}{2}\right)^3 > log\left(\frac{1}{2}\right)^2 \qquad (3)$$

이를 간단히 하면

$$\left(\frac{1}{2}\right)^3 > \left(\frac{1}{2}\right)^2 \text{ 또는 } \frac{1}{8} > \frac{1}{4}$$

이다.

해설

0과 1 사이의 어떤 수의 로그 값은 음수이며, 식 (2)에서는 부등식의 양 변에 음수 $log\left(\frac{1}{2}\right)$를 곱하였다.

허수

허수, 즉 음수의 제곱근과 관련하여 많은 잘못된 결과가 발생한다. 허수란 용어는 당혹스러운 말이지만 처음 도입된 이래 이 용어를 계속해서 써왔다. 17 세기 초까지도 수학자들은 대부분 양수만을 가지고 연구를 했다. 음수는 '터무니없다.' 또는 '허구'라 불렀고, 허수는 불가능하다고 하여 일반적으로 거부되었다. 실제로 $\sqrt{-1}$이란 수는 수 -1 보다 더이상 상상의 수가 아니며, 결국 수 1 보다 더이상 상상의 수가 아니다. 수의 개념은 복잡한 것이며, 7 장에서 비록 간단하게 다루겠지만, 여기서 그것의 복잡성을 논의하지 않겠다. 그러나 실용성에 관한 한, 허수는 라디오, 전신, 전화에 의한 통신의 발달과 석유 시굴을 위한 현대 전기적 탐사 방법의 개발에 없어서는 안 되는 것으로 밝혀졌다.

허수는 $x^2 = a$가 항상 해를 가진다는 수학자의 요구로부터 유발되었다. 따라서 $x^2 = 1$에 해가 있다면 $x^2 = -1$은 해가 없다는 이유는 무엇인가? -1의 제곱근은 양수의 제곱근과 같은 방식으로 정의된다. 즉, $\sqrt{-1}$을 제곱하면 -1인 수이다. (비교하자면 $\sqrt{4}$ 또는 2제곱하면 4이다.) $-a$ (a는 양수)와 같은 음수의 제곱근은 실수 $\sqrt{a}$ 곱하기 $\sqrt{-1}$로 쓸 수 있고 편의상 $\sqrt{-1}$을 i로 표기한다. 따라서 아래와 같이 쓸 수 있다.

$$\sqrt{-a} = \sqrt{-1} \cdot \sqrt{a} = i\sqrt{a}$$

여기에서는 단순성을 위해 양의 제곱근으로 제한한다. 모든 학생이 허수를 처음 접했을 때 발생하는 모순은 과격한 곱셈에 대한 일반적인 규칙을 적용하려고 할 때 발생한다. $\sqrt{a} \cdot \sqrt{b} = \sqrt{ab}$를 배웠다. 예를 들어 $\sqrt{2} \cdot \sqrt{3} = \sqrt{6}$이다. 그러나 이 규칙을 적용하면 다음과 같다.

$$\sqrt{-1} \cdot \sqrt{-1} = \sqrt{(-1) \cdot (-1)} = \sqrt{1} = 1$$

반면에, 정의에 의해서 $\sqrt{-1} \cdot \sqrt{-1} = -1$이다. 그러므로 $-1 = +1$이다.

이 오류를 벗어날 수 있는 유일한 방법은 급진적이고 통상적인 규칙을 허수에 적용하지 않는 것에 동의를 해야 한다. $\sqrt{-1}$을 i로 쓰고 i^2이보이면, 정의에 의해서 참 값인, $i^2 = -1$로 정의함으로써 이 오류는 일반적으로 피할 수 있다.

1 = −1인 두 가지 사례

패러독스 1. 1 = −1의 두 번째 증명 연속적으로 계산을 하자.

$$\sqrt{-1} = \sqrt{-1} \tag{1}$$

$$\sqrt{\frac{1}{-1}} = \sqrt{\frac{-1}{1}} \tag{2}$$

$$\frac{\sqrt{1}}{\sqrt{-1}} = \frac{\sqrt{-1}}{\sqrt{1}} \tag{3}$$

$$\sqrt{1} \cdot \sqrt{1} = \sqrt{-1} \cdot \sqrt{-1} \tag{4}$$

$$1 = -1 \tag{5}$$

해설

오류는 식 (3)에서 발생하였다. i를 사용하여 나타내자. 식 (1)은 $i = i$, 식 (3)은 $\frac{1}{i} = \frac{i}{1}$로 바꿀 수 있다. 식 (1)은 참이지만 식 (3)은 거짓이다. 만약 식 (3)이 참이면 같은 두 분수에서 분모와 분자의 대각선 곱은 같으므로 $i^2 = 1$이다. 그러나 $i^2 = -1$이다. 식 (2)에서 식 (3)으로 넘어갈 때 제곱근의 성질 $\sqrt{\frac{a}{b}} = \frac{\sqrt{a}}{\sqrt{b}}$이 허수에 적용되었다.

패러독스 2. −1 = 1의 세 번째 증명

모든 실수 x, y에 대하여 다음 식이 항상 성립한다.

$$\sqrt{x-y} = i\sqrt{y-x} \tag{1}$$

$x = a, y = b$를 대입하자.

$$\sqrt{a-b} = i\sqrt{b-a} \tag{2}$$

$x = b, y = a$를 대입하자.

$$\sqrt{b-a} = i\sqrt{a-b} \tag{3}$$

식 (2)와 식 (3)을 변변끼리 곱하자.

$$\sqrt{a-b} \cdot \sqrt{b-a} = i^2 \cdot \sqrt{b-a} \cdot \sqrt{a-b} \qquad (4)$$

양 변을 $\sqrt{a-b}$와 $\sqrt{b-a}$로 나누자.

$$1 = i^2 \qquad (5)$$

$$1 = -1$$

해설

이 오류는 더 은밀한 오류이다. 오류는 식 (1)에서 발생하였다. 아래처럼 주장하는 것이 합리적으로 보인다.

$$\sqrt{x-y} = \sqrt{(-1)(y-x)} = i\sqrt{y-x}$$

그러나 이 식은 단지 $x-y$가 음수일 때, 즉 $y-x$가 양수일 때, 성립한다.

다음과 같이 더 간단히 나타낼 수 있다. 위에서 $\sqrt{-a}$와 같은 허수(그리고 이 수가 허수라면 a는 반드시 양수여야 함.)는 $i\sqrt{a}$로 쓸 수 있다고 하였다. 실수 $\sqrt{a}$는 $i\sqrt{-a}$로 쓸 수 있다고 말하지 않았는데, 이것은 즉시 $i^2\sqrt{a}$ 또는 $-\sqrt{a}$가 유도되어 모순이다. 위의 패러독스 문제에서, a와 b는 서로 다른 수라고 가정할 수 있다. 만약 두 수가 같다면, 식 (5)에서 0으로 나누어야 하기 때문이다. 그러면 $a > b$ 또는 $b > a$, 즉 식 (2)와 식 (3)의 좌변의 한 쪽 또는 다른 한 쪽이 실수라는 것을 의미하며, 이 사실은 전체 주장을 거짓임을 보여 준다.

6

보이는 것을 믿지 말아라!
(기하 속 오류)

기하학의 오류는 적어도 한 가지 측면에서 대수학보다 더 주목할 만한데, 속임수는 마음뿐 아니라 눈에도 있기 때문이다. 4장 앞 부분의 [그림 4.1]은 눈이 마음을 호도하는 것이 얼마나 쉬운지 보여주었다. 마지막 장에 있는 예들은 눈 요기를 위한 자료들이지만, 마음이 자신을 빗나가게 하지 않기 위해 주의를 기울여야 한다는 것을 보여준다. 기하학에서 형식적 추론은 어느 정도 보기와 추론의 조합인데, 어떤 정리의 증명에서는 마음의 논리적 과정이 그림에서 눈이 보는 것에 의해 확인되기 때문이다.

모든 삼각형은 이등변삼각형이다.

유클리드는 오류를 발견하기 위한 일련의 연습 문제를 수집했지만 유감스럽게도 이 책은 유실되었다. 다음은 잘못된 기하학적 추론 중 하나의 예로서, 이 주목할 만한 정리에 대한 충분한 논의를 거쳐야 한다.

"모든 삼각형은 이등변삼각형이다."를 증명하시오

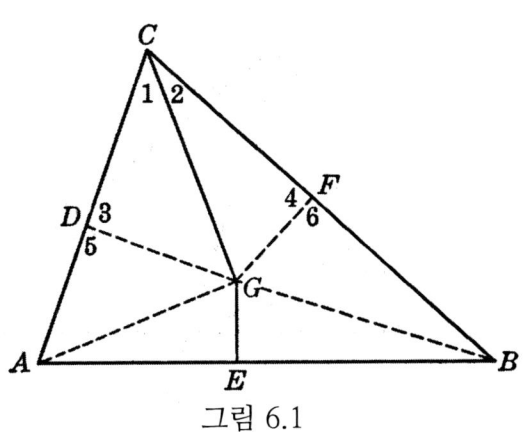

그림 6.1

삼각형 ABC를 [그림 6.1]와 같이 임의의 삼각형이 주어져 있다. $\angle C$의 각이등분선과 변 AB의 수직이등분선을 그린다. 이 두 직선의 교점을 점 G라 하고 이 점에서 두 변 AC와 BC에 각각 수선의 발을 내려 점 D, F라고 하고, 두 선분 GD와 GF를 그리고, 두 선분 AG와 BG도 그린다. 이제 두 삼각형 CGD와 CGF에서 각이등분선에 의한 $\angle 1 = \angle 2$이고, 모든 직각은 같으므로 $\angle 3 = \angle 4$이다. 또한 변 CG는 공통변이다. 따라서 두 삼각형 CGD와 CGF는 합동이다. 즉, (어느 삼각형의 두 개의 각과 한 개의 변이 다른 삼각형의 두 개의 각과 한 변과 같으면, 이 두 삼각형은 합동이다.)

따라서 $\overline{DG} = \overline{GF}$(합동인 두 삼각형의 대응하는 변의 길이와 대응하는 각의 크기는 같다.) 다음으로, 두 삼각형 GDA와 GFB에서, $\angle 5$와 $\angle 6$는 직각이며, 점 G는 변 AB의 수직 이등분선 위에 있으므로 $\overline{AG} = \overline{GB}$이다(선분의 수직이등분선 위에 있는 모든 점은 선분의 양 끝 점에서 거리가 같다.). 따라서 두 삼각형 GDA와 GFB는 합동이다. (어느 직각삼각형의 한 변의 길이와 한 직각이 다른 직각삼각형의 한 변의 길이와 한 직각과 같으면 이 두 직각삼각형은 합동이다.) 두 삼각형 CGD와 CGF, 그리고 두 삼각형 GDA와 GFB의 각각 합동이므로 이로부터

$$\overline{CD} = \overline{CF} \tag{1}$$

그리고

$$\overline{DA} = \overline{FB} \tag{2}$$

이다.

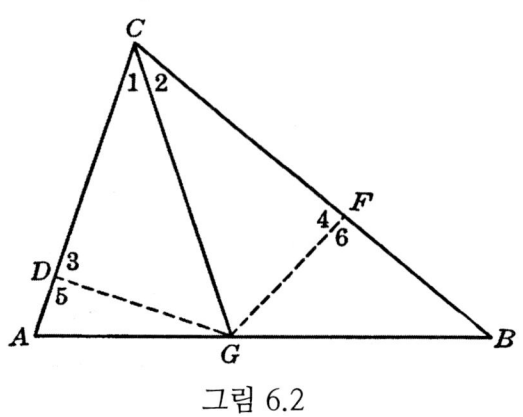

그림 6.2

식 (1)과 (2)를 각 변변끼리 더하면, $\overline{CA} = \overline{CB}$라고 결론을 이끌어 낼 수 있다. 따라서 삼각형 ABC는 이등변삼각형이다. 두 선분 EG와 CG가 삼각형 내부에서 만난다는 것을 알지 못한다고 주장할 수 있다. 좋다. 그럼 다른 모든 가능성을 살펴봐야 한다. 위의 증명, 글자 그대로 점 G는 점 E와 일치하거나 점 G가 삼각형 외부에 있지만 점 G에서 두 선분 CA와 CB에 내린 수선의 발인 두 점 D와 F가 선분 AB에 가까이 있는 경우에 유효하다. 이러한 사례는 [그림 6.2]와 [그림 6.3]와 같다.

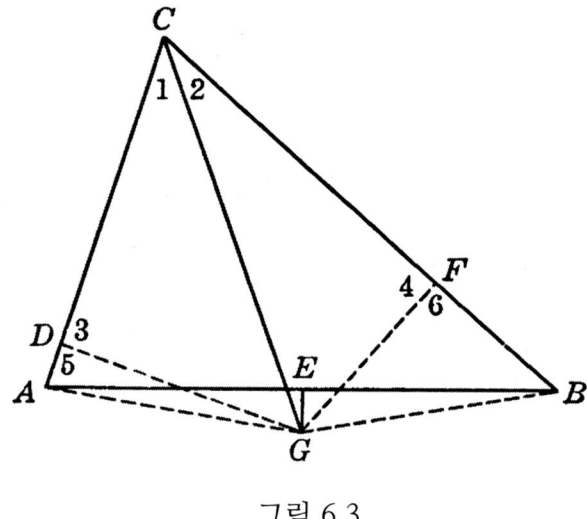

그림 6.3

[그림 6.4]와 같이, G가 삼각형 바깥에 너무 멀리 있어서 점 G에서 두 직선 CA와 CB에 내린 수선의 발인 두 점 D와 F가 삼각형 바깥쪽에 생기는 경우도 있다. 다시, 첫 번째 예와 같은 논리로, 두 삼각형 CGD와 CGF는 합동이고, 두 삼각형 GDA와 GFB도 합동이다. 그러면 $\overline{CD} = \overline{CF}$와 $\overline{DA} = \overline{FB}$이다. 따라서 앞의 식에서 뒤의 식을 빼면 $\overline{CA} = \overline{CB}$이다.

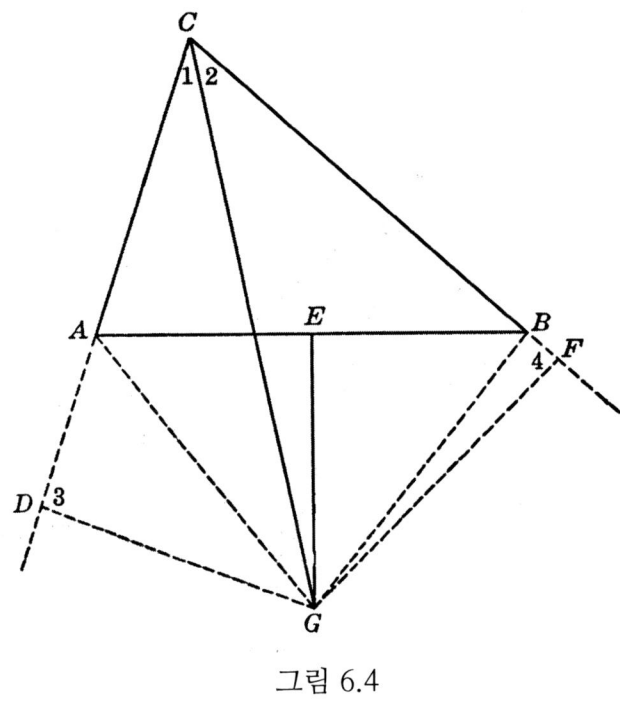

그림 6.4

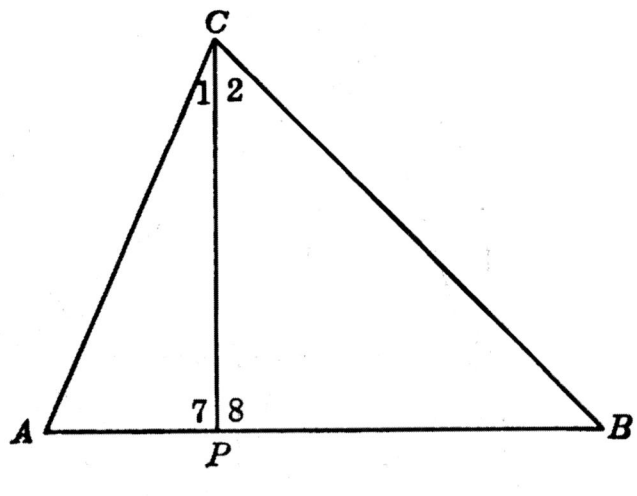

그림 6.5

마지막으로, 두 선분 CG와 EG는 한 점 G에서 만나지 않고 일치하거나 평행하다고 할 수 있다. [그림 6.5]를 한번 보면 이 두 경우 모두 각 C의 각이등분선 CP가 선분 AB에 수직이 되므로 $\angle 7 = \angle 8$이다. 그리고 $\angle 1 = \angle 2$, CP가 공통이므로, 두 삼각형 APC와 BPC는 합동이다. 그러므로 $\overline{CA} = \overline{CB}$이다.

모든 가능성을 다 조사를 하였지만 모든 삼각형이 이등변삼각형이라는 명백히 잘못된 결론을 받아들여야 한다는 것은 분명해 보인다. 그러나 조사할 가치가 있는 경우가 한 개 더 있다. 점 D, 점 F 중 한 점은 삼각형 안에 있고 다른 점은 삼각형 밖에 있는 경우는 불가능한가? 정확하게 그려진 그림은 이러한 가능성이 실제로 유일하다는 것을 보여 준다. 게다가 우리는 그것을 다음과 같이 증명할 수 있다.

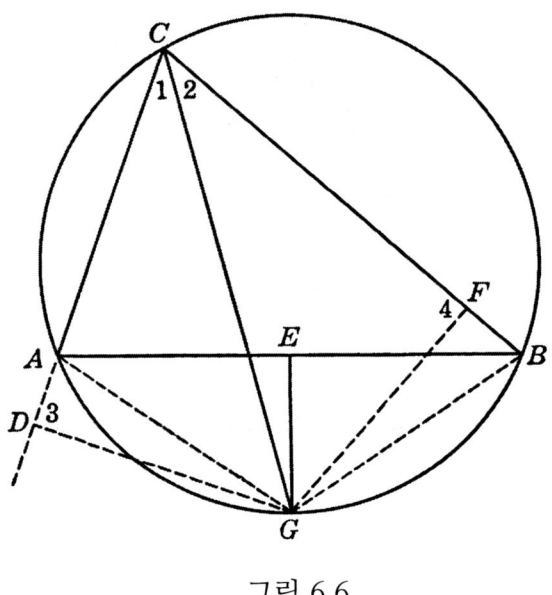

그림 6.6

[그림 6.6]과 같이 삼각형 ABC에 대한 외접원을 작도 하자. 그러면 ∠1 = ∠2이므로 선분 CG는 호 AB를 이등분한다. (∠1과 ∠2는 내각이며 두 각이 같으면 동일한 호의 길이로 잘라져야 한다.) 그러나 선분 EG 또한 호 AB를 이등분한다. 따라서 점 G는 원의 원주 위에 있고 사각형 $CAGB$는 원으로 둘려 쌓인 내접사각형이다. 이제 ∠CAG + ∠CBG = 180°이다. (내접다각형의 두 대각의 합은 180°이다.)

그러나 ∠CAG와 ∠CBG가 모두 직각이라면 두 점 D와 F는 각각 점 A와 B와 일치할 것이다. 따라서 $\overline{CD} = \overline{CF}$(첫 번째 경우의 결론)가 $\overline{CA} = \overline{CB}$로 바뀌어진 결론은 삼각형 ABC가 임의의 삼각형이라는 우리의 가설과 반하는 것이다. 따라서 각 CAG와 각 CBG 중 하나는 예각이어야 하고 다른 하나는 둔각이어야 하며, 이는 점 D와 F(그림의 점 D) 중 하나가 삼각형 외부에 있어야 하며 다른 하나는 내부에 있어야 한다는 것을 의미한다. $\overline{CD} = \overline{CF}$ 그리고 $\overline{DA} = \overline{FB}$는 다른 모든 경우에서 그랬듯이 여기에서는 사실이다. 그러나 $\overline{CB} = \overline{CF} + \overline{FB}$인 것과는 달리, $\overline{CD} + \overline{DA}$가 아니라 $\overline{CA} = \overline{CD} - \overline{DA}$이다.

위에서 살펴본 다섯 가지 오류는 모두 방금 상세하게 다룬 것과 같은 함정에 관한 것이다. 발밑을 조심하자!

직선 위에 있지 않은 점으로 부터 직선까지 수선이 2 개

패러독스 1. 직선 위에 있지 않은 점으로부터 직선까지 수선이 2 개임을 증명하시오.

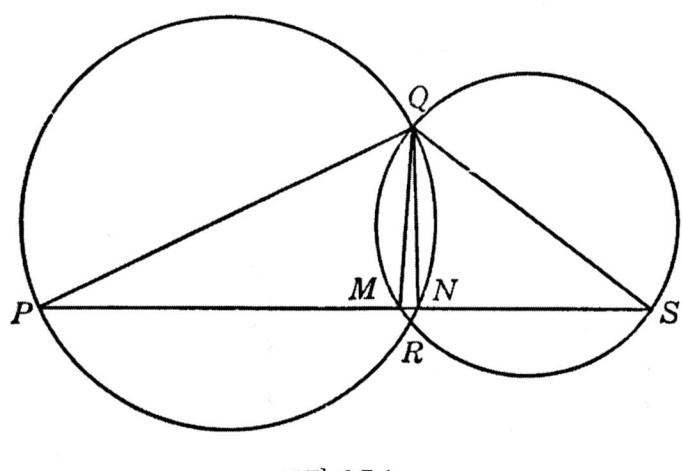

그림 6.7.1

[그림 6.7.1]처럼 두 개의 원이 점 Q와 점 R에서 교점을 갖는다. 각각 원의 지름이 선분 QP, 선분 QS가 되게 그리자. 그리고 선분 PS가 두 원과 교점을 각각 M과 N이라고 하자. 그러면 $\angle PNQ$와 $\angle SMQ$는 직각이다. (반원 위의 한 점으로부터 지름의 두 점을 이은 두 선분은 직각이다.) 따라서 두 선분 QM과 QN은 모두 선분 PS와 수직이다.

해설

지름이 올바르게 그려지면 선분 PS는 [그림 6.7.2]와 같이 두 개의 서로 다른 점 M과 N을 지나지 않고 점 R 만을 지난다. 이를 증명하기 위해 지름을 그리고 점 R과 점 P, 점 S, 점 Q를 연결하여 선분을 그린다. 각 PRQ와 각 SRQ는 반원에 결정되는 직각이다. 그리고 이 두 각의 합은 평각($180°$)이며 각 PRS는 평각이다. 마지막으로 두 점 P와 S 사이에 하나의 직선 만 그릴 수 있으며 이 선분은 점 R을 통과해야만 한다.

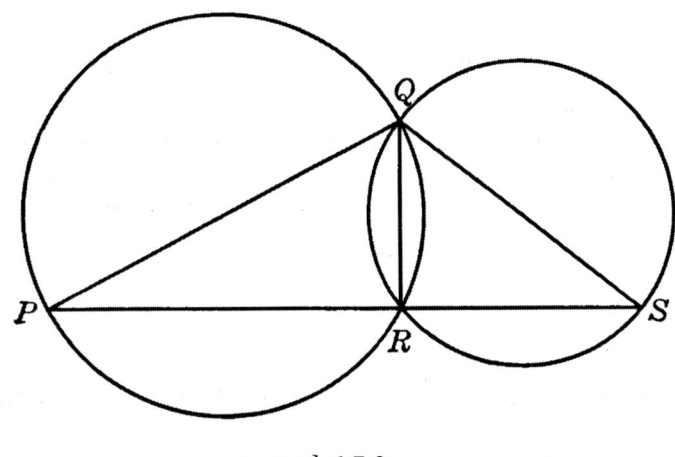

그림 6.7.2

직각은 직각보다 크다.

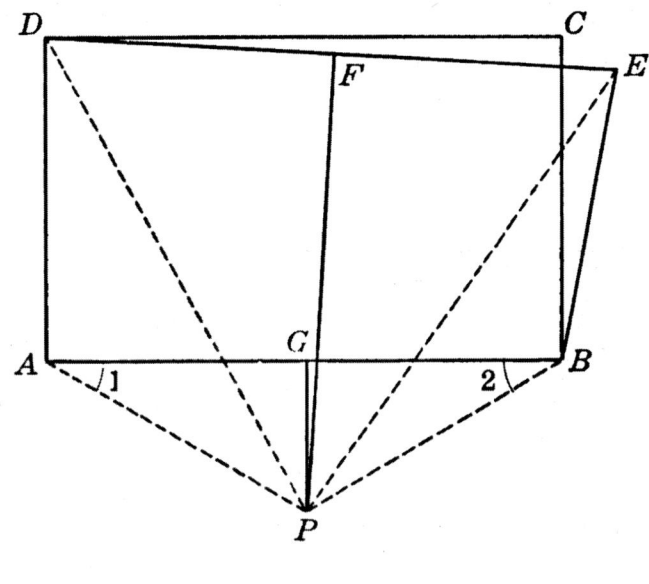

그림 6.8.1

패러독스 2. 직각이 둔각과 같음을 증명하시오.

직사각형 $ABCD$를 작도 하여라. [그림 6.8.1]과 같이 직사각형 바깥쪽에 선분 BC(선분 AD) 길이와 같게 선분 BE를 그려라. 선분 DE와 선분 AB에 수직이등분선을 그려라. 이 두 선들은 평행하지 않기 때문에 교점을 갖고 그 교점을 점 P라고 하자. 선분 AP, BP, DP, EP를 그린다. 두 삼각형 APD와 BPE에서 작도에 의해서 $\overline{AD} = \overline{BE}$이고, $\overline{AP} = \overline{BP}$ $\overline{DP} = \overline{EP}$이다. (선분의 수직이등분선에 있는 모든 점은 선분의 양 끝점까지 선분 길이가 같다.) 삼각형 APD의 세 변이 각각 삼각형 BPE의 세 변과 같기 때문에, 이 두 삼각형은 합동이다(일치한다). 따라서

$$\angle DAP = \angle EBP \tag{1}$$

그러나

$$\angle 1 = \angle 2 \tag{2}$$

이다. (이등변삼각형의 두 밑각은 같다.) (1)에서 (2)를 빼면, $\angle DAG$(직각)은 $\angle EBG$ (작도를 하여 둔각을 만들었다.)와 같다고 결론을 내릴 수 있다.

해설

[그림 6.8.2]와 같이 정확하게 그리면, 선분 PE가 직사각형 외부로 그려진 일반적인 사각형을 볼 수 있다. 우리의 증명 과정에서 각 DAP와 각 EBP 크기는 유효 하지만, 직각인 각 CBG가 더 이상 각 EBP의 일부가 아님이 분명하다.

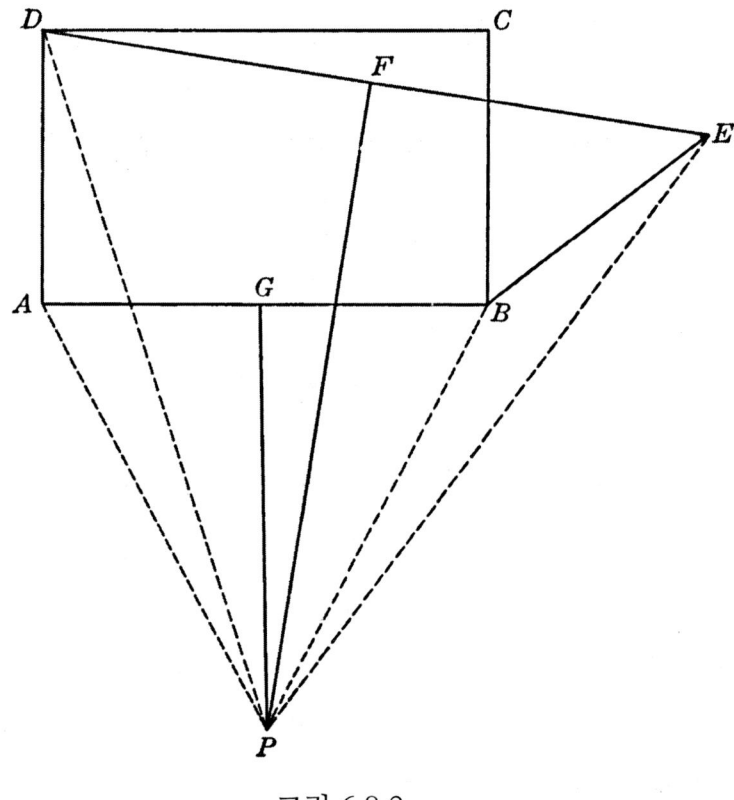

그림 6.8.2

45°는 60°와 같다.

패러독스 3. '45° = 60°' 또는 '3 = 4'를 증명하시오.

정삼각형 ABC의 변 AB를 빗변으로 하는 직각이등변삼각형 ABD를 작도 한다. 60°인 ∠ABC와 45°인 ∠ABD가 같다는 것을 증명하자.

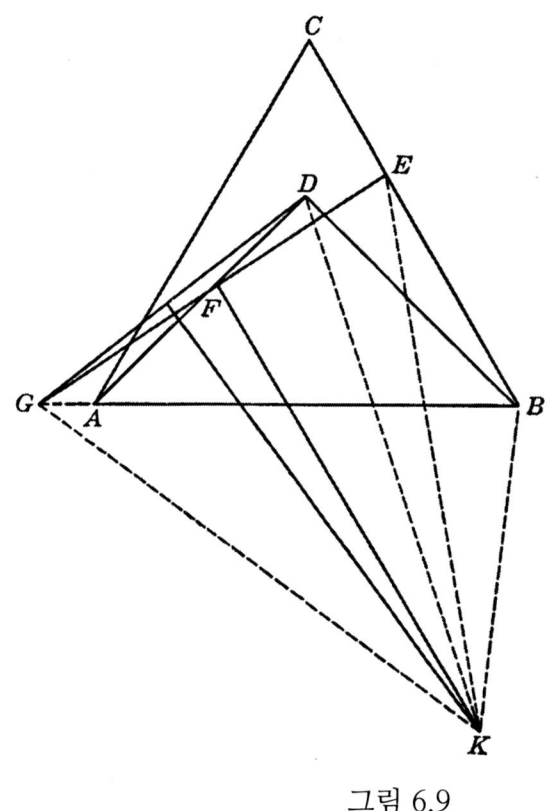

그림 6.9

두 선분 BD, BE의 길이가 같게 변 BC의 위에 점 E를 잡자. 선분 AD의 중점인 점 F라 하고, 두 점 E와 F를 이은 직선과 선분 BA을 길게 늘인 직선과의 교점을 점 G라고 하자. 선분 GD를 그려라. 다음으로 두 선분 GE와 GD의 수직이등분선을 그려라. 이 두 선분 GE와 GD는 평행하지 않으므로 한 교점에서 만나야 하고 그 교점을 점 K라고 하자. 선분 KG, KD, KE, KB를 그려라. 우리의 목표는 두 삼각형 KDB와 KEB가 합동임을(일치함을) 보여야 한다. 선분의 수직이등분선에 있는 모든 점은 선분의 끝 점까지 거리는 같으므로 $\overline{KG} = \overline{KD}, \overline{KG} = \overline{KE}$이다. 따라서 $\overline{KD} = \overline{KE}$이다. 더욱이 작도에 의해서 $\overline{BD} = \overline{BE}$, 선분 BK는 공통변이다.

따라서 두 삼각형 KDB와 KEB은 합동이다. 그러므로 $\angle KBD = \angle KBE$이고 양 변에 공통각 KBA의 크기 $\angle KBA$를 빼면 $\angle ABD = \angle ABC$(45° = 60°)이다. 양 변에 싸인을 취하면 3 = 4의 결론도 유도된다.

해설

패러독스 2와 유사하다. 그림이 올바르게 그려지면 선분 EK가 삼각형 ABC 외부에 완전히 그려지는 것을 알 수 있다. $\angle DBK$와 $\angle EBK$가 같다는 증거는 여전히 유효하지만 60°인 각 ABC는 더 이상 $\angle EBK$의 일부가 아니다.

사각형 두 대변의 길이가 같으면, 이 두 변은 평행하다.

패러독스 4. '사각형의 대변 관계인 두 변의 길이가 같으면 나머지 두 변은 평행하다.'를 증명하시오.

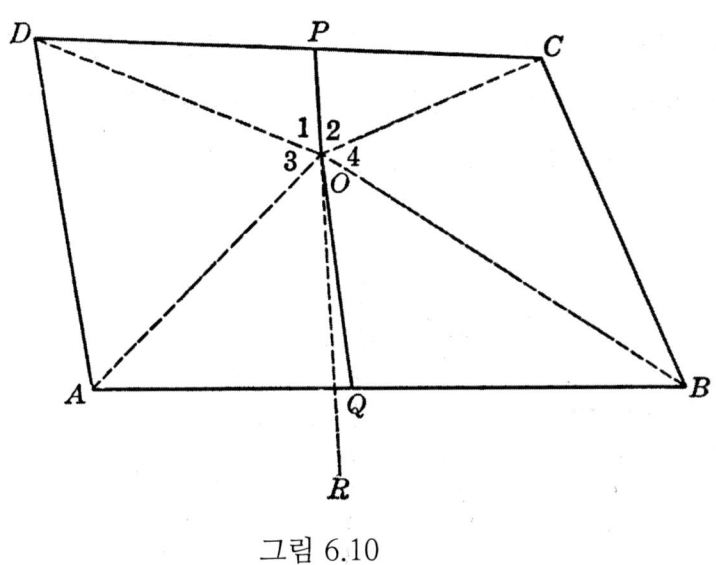

그림 6.10

[그림 6.10]과 같이 사각형 $ABCD$에서 $\overline{AD} = \overline{BC}$이라고 가정하자. '선분 AB가 선분 DC와 평행하다.'는 것을 증명하자. 두 변 AB와 DC의 수직이등분선을 그리자. (그림에서 점 P와 Q는 각각 선분 DC와 AB의 중점이다.) 수직이등분선이 일치하거나 평행하면 두 변 AB와 DC는 같은 직선에 평행하거나 평행한 직선에 평행하며, 정리가 증명된다. 그래서 이 두 수직이등분선의 교점을 점 O라 하고, 선분 OD, OC, OA, OB를 그리자.

선분 PO가 공통변, 작도에 의해서 $\overline{DP} = \overline{PC}$, $\angle DPO = \angle CPO$이기 때문에 두 삼각형 DPO와 CPO가 합동이다. (한 삼각형의 양변과 그 끼인 각이 다른 삼각형의 각각 다른 변의 양변의 길이와 그 끼인 각의 크기가 같으면 두 삼각형은 합동이다(일치한다.).) 그러므로 $\overline{DO} = \overline{CO}$이다. 같은 논리로 두 삼각형 AQO와 BQO는 합동이고 $\overline{AO} = \overline{OB}$이다. 또한 주어진 두 선분 AD는 선분 BC의 길이는 같으므로 두 삼각형 AOD와 BOC는 합동이다. (한 삼각형의 세 변이 각각 다른 삼각형의 세 변과 같으면 이 두 삼각형은 합동이다.)

두 삼각형 DPO와 CPO는 합동이어서 $\angle 1 = \angle 2$이고, 두 삼각형 AOD와 BOC는 합동이라서 $\angle 3 = \angle 4$이다. 따라서 $\angle 1 + \angle 3 = \angle 2 + \angle 4$이다. 그러나 선분 OR이 선분 PO가 한 직선 상에 있는 경우 직선으로 나누어진 각은 평면각이므로 $\angle 1 + \angle 3 + \angle AOR = \angle 2 + \angle 4 + \angle BOR$이다.

두 번째 식 $\angle AOR = \angle BOR$에서 마지막 두 식 중 첫 번째 등식을 뺀다. 즉, 직선 PO는 각 AOB의 크기인 $\angle AOB$를 각이등분한다. 반면에 두 삼각형 AQO와 BQO는 합동이므로 선분 OQ는 $\angle AOB$을 각이등분하는 것은 분명하다. 따라서 두 선분 PR과 OQ가 일치해야 하며, 이 경우 두 선분 AB와 DC는 동일한 직선에 수직이므로 평행해야 한다.

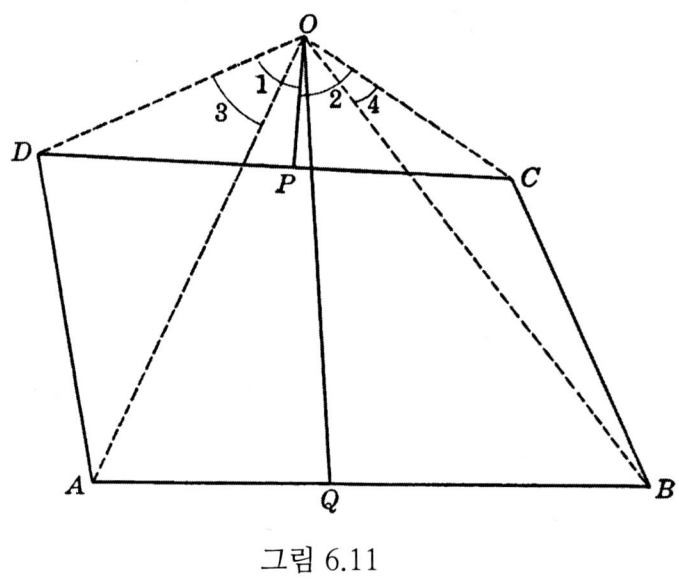

그림 6.11

[그림 6.11]과 같이 점 O가 사각형 밖에 있다고 하자. 그러면 위에서처럼 $\angle 1 = \angle 2$, $\angle 3 = \angle 4$이다. 각각의 변 변끼리 빼면 $\angle 1 - \angle 3 = \angle 2 - \angle 4$이고 이는 $\angle AOP = \angle BOP$이다. 위에서 보았던 것처럼, 따라서 선분 OP는 각 AOB의 크기 $\angle AOB$을 각이등분한다. 또한 선분 OQ도 각 AOB의 크기 $\angle AOB$을 각이등분한다. 따라서 두 선분 OP와 OQ는 한 한 직선 위에 있으므로 두 변 AB와 DC는 평행하다.

마지막으로 [그림 6.12]와 같이 점 O가 점 P와 일치한다고 하자. 위에서 했던 논리를 적용하면 $\angle 3 = \angle 4$, $\angle 5 = \angle 6$이다. 각각의 변 변끼리 더하면 $\angle 3 + \angle 5 = \angle 4 + \angle 6$이며 따라서 선분 OQ는 변 AB에 수직인 것과 같이 변 DC에 수직이다. 그러므로 변 AB와 변 DC는 평행하다. 점 O가 점 Q와 일치하는 경우도 같은 논리로 같은 결론을 이끌어 낼 수 있다.

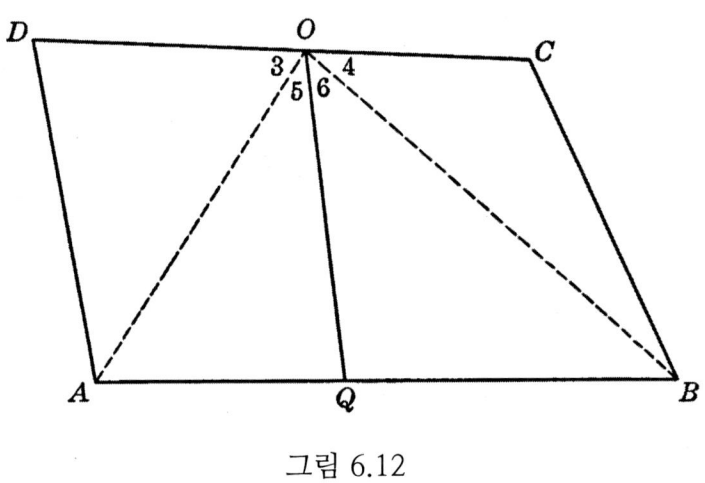

그림 6.12

해설

패러독스 2와 유사하다. 수직이등분선은 실제로 [그림 6.11]와 같이 사각형 밖에서 만나지만 선분 OB는 완전히 바깥쪽에 놓이게 된다. 따라서, $\angle AOP = \angle 1 - \angle 3$, $\angle BOP = \angle 2 + \angle 4$이지만 $\angle BOP \neq \angle 2 - \angle 4$이다.

원의 모든 내부 점은 원주 위에 있다.

패러독스 5. '원의 내부에 있는 모든 점은 원의 원주 위에 있다.'를 증명하시오.

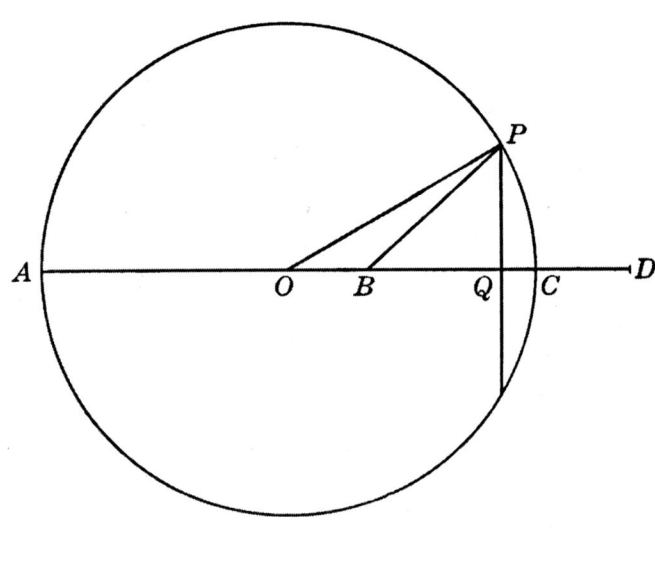

그림 6.13

[그림 6.13]과 같이 중심이 O인 원의 임의의 내부 점 B가 있다고 하자. 점 B를 지나는 지름인 선분 AC를 그리자. 그리고 선분 AC의 내분점 B가 되고 이와 같은 비율로 점 D를 선분 AC의 외분점이 되도록 잡자. 다시 말해서 점 D를 $\frac{\overline{AB}}{\overline{BC}} = \frac{\overline{AD}}{\overline{DC}}$가 성립하도록 잡는다. 선분 QP가 선분 BD에 수직이 되도록 그리고, 원주 위의 점 P를 잡고, 선분 OP, 선분 BP를 그린다.

원 반지름 길이를 r이라고 하면 $\overline{AB} = r + \overline{OB}, \overline{BC} = r - \overline{OB}, \overline{AD} = \overline{OD} + r, \overline{DC} = \overline{OD} - r$이다. 성질 $\frac{\overline{AB}}{\overline{BC}} = \frac{\overline{AD}}{\overline{DC}}$에 대입을 하면

$$\frac{r+\overline{OB}}{r-\overline{OB}} = \frac{\overline{OD}+r}{\overline{OD}-r} \tag{1}$$

이다. 식 (1)을 정리하면,

$$(r + \overline{OB})(\overline{OD} - r) = (r - \overline{OB})(\overline{OD} + r) \tag{2}$$

이다. 식 (2)의 분배법칙에 의해서 식을 전개하고 정리하면

$$\overline{OB} \cdot \overline{OD} = r^2 \tag{3}$$

이다. [그림 6.13]에서 보면,

$$\overline{OB} = \overline{OQ} - \overline{BQ} \tag{4}$$

그리고

$$\overline{OD} = \overline{OQ} + \overline{QD} \tag{5}$$

이다. 점 Q는 선분 BD의 중점이어서 $\overline{QD} = \overline{BQ}$이다. 이를 식 (5)에 대입하면

$$\overline{OD} = \overline{OQ} + \overline{BQ} \tag{6}$$

이다. 식 (4)와 식 (6)을 곱하면 왼쪽 $\overline{OB} \cdot \overline{OD} = r^2$이어서

$$r^2 = \overline{OQ}^2 - \overline{BQ}^2 \tag{7}$$

이다. 두 삼각형 OQP와 BQP에 피타고라스 정리를 적용하면 (직각삼각형에서 빗변의 제곱은 나머지 두 변의 각각의 제곱의 합과 같다.)

$$\overline{OP}^2 = \overline{OQ}^2 + \overline{QP}^2 \tag{8}$$

$$\overline{BP}^2 = \overline{BQ}^2 + \overline{QP}^2 \tag{9}$$

이다. 식 (8)에서 식 (9)를 빼면

$$\overline{OP}^2 - \overline{BP}^2 = \overline{OQ}^2 - \overline{BQ}^2 \tag{10}$$

이다. 그런데 $\overline{OP} = r$이다. 이를 식 (10)에 대입하면

$$r^2 - \overline{BP}^2 = \overline{OQ}^2 - \overline{BQ}^2 \tag{11}$$

이다. 식 (7)을 식 (11)의 우변에 대입하면

$$r^2 - \overline{BP}^2 = r^2$$

$$\overline{BP}^2 = 0$$

$$\overline{BP} = 0$$

이다. $\overline{BP} = 0$이라는 것은 점 B와 점 P가 일치한다는 것이다. 따라서 점 B는 원 내부 점이고 점 P는 원주 위의 점이므로 원의 모든 내부 점은 원주 위의 점이다.

해설

원래 비율 $\frac{\overline{AB}}{\overline{BC}} = \frac{\overline{AD}}{\overline{DC}}$를 고려하자. 점 B는 변 AC의 내분점이고 점 D는 외분점 이므로 선분 AD는 변 AB보다 길어야 한다는 것은 분명하다. 선분 DC는 변 BC보다 길어야 한다. (92 페이지 참조). 그러나 이 경우 선분 BD 의 중점 Q 는 원의 외부에 있어야 하므로 선분 BD 의 수직이등분선이 원과 교점을 갖지 않아야 한다. 다시 말해, 점 P는 나타나지 않는다. (8) 단계에서 점 P를 처음 사용할 때 부터 증명이 잘못되었다.

다시 0으로 나누기

다음 문제들은 5장에서 오랫동안 논의한 오류 유형과 관련이 있다. 오류가 발생할 때 오류를 인식할 수 있다. 다음 정리를 증명하여라.

'길이가 다른 두 선분의 길이가 같다.'를 증명하시오.

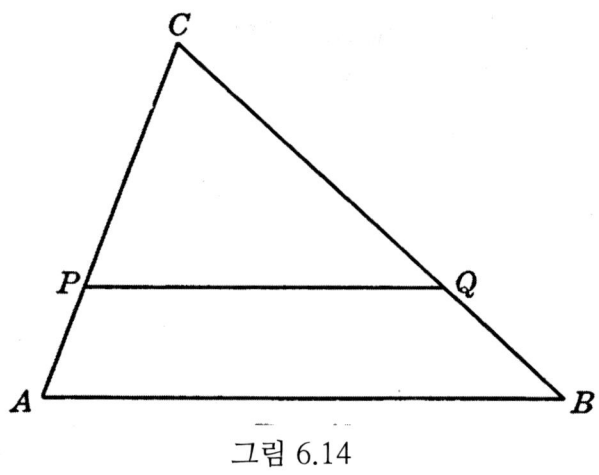

그림 6.14

[그림 6.14]와 같이 임의의 삼각형 ABC에서 변 AB에 평행한 선분 PQ를 그린다. 그러면 삼각형 ABC와 PQC는 닮음이다. (직선을 삼각형의 한 변에 평행하게 그리고 이 직선이 다른 두 변과 교차하면 이 직선이 주어진 삼각형과 닮음인 삼각형으로 만든다.)

그러므로

$$\frac{\overline{AB}}{\overline{PQ}} = \frac{\overline{AC}}{\overline{PC}} \tag{1}$$

이다. (정의에 의해서 두 개의 닮음삼각형의 대응하는 변은 비례한다.) 다시 말해

$$\overline{AB} \cdot \overline{PC} = \overline{AC} \cdot \overline{PQ} \tag{2}$$

이다. 식 (2)의 양 변에 $\overline{AB} - \overline{PQ}$를 곱하자.

$$\overline{AB}^2 \cdot \overline{PC} - \overline{AB} \cdot \overline{PC} \cdot \overline{PQ} = \overline{AB} \cdot \overline{AC} \cdot \overline{PQ} - \overline{PQ}^2 \cdot \overline{AC} \tag{3}$$

식 (3)의 양 변에 $\overline{AB} \cdot \overline{PC} \cdot \overline{PQ}$를 더하고 $\overline{AB} \cdot \overline{AC} \cdot \overline{PQ}$를 빼자.

$$\overline{AB}^2 \cdot \overline{PC} - \overline{AB} \cdot \overline{AC} \cdot \overline{PQ} = \overline{AB} \cdot \overline{PC} \cdot \overline{PQ} - \overline{PQ}^2 \cdot \overline{AC} \qquad (4)$$

식 (4)를 인수분해하여라.

$$\overline{AB}(\overline{AB} \cdot \overline{PC} - \overline{AC} \cdot \overline{PQ}) = \overline{PQ}(\overline{AB} \cdot \overline{PC} - \overline{AC} \cdot \overline{PQ}) \qquad (5)$$

식 (5)의 양 변을 $\overline{AB} \cdot \overline{PC} - \overline{AC} \cdot \overline{PQ}$ 로 나누어라.

$$\overline{AB} = \overline{PQ} \qquad (6)$$

이 증명은 조금 더 설득력이 있다. [그림 6.14]가 너무나 단순해서 방향에 대한 오류가 있을 수 없으며 논리적 증명도 간단하다. 아! 그것을 누군가 발견했겠는가? 그렇다! 그것은 0으로 나누는 패러독스로 이전에 보았던 것이다. (2) 단계에서 $\overline{AB} \cdot \overline{PC} = \overline{AC} \cdot \overline{PQ}$ 이라고 하였다. 그러나 (6) 단계에서는 이 둘의 동일한 양의 차로 방정식의 양 변을 나누었다.

우리 중 누군가는 너무 뻔한 예를 발견했을 것이다. 다음 두 예가 무엇을 말하고 있는가?

주어진 선분과 주어진 선분의 일부와 같다.

패러독스 1. '주어진 선분과 주어진 선분의 일부와 같다.'를 증명하시오.

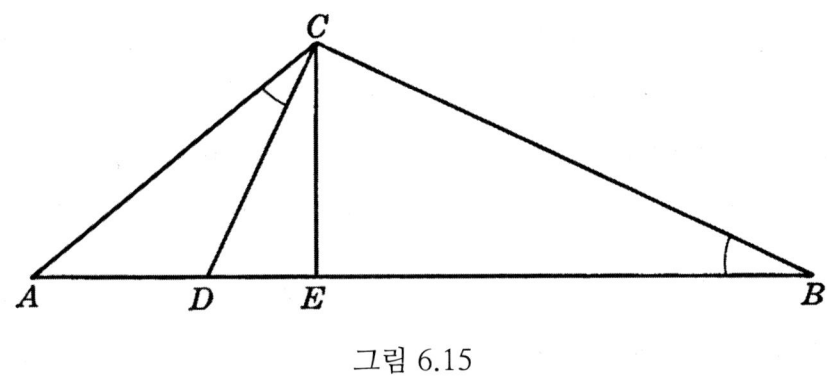

그림 6.15

삼각형 ABC에서 각 A는 예각이며 각 C가 각 B보다 크다고 가정하자(이러한 가정은 삼각형 제한하는 것이 아니라 [그림 6.15]처럼 구성하기 위한 것이다). $\angle ACD$가 각 $\angle B$와 같게 작도 하고, 선분 AB 위에 점 E를 잡아 선분 AB에 수직인 선분 CE를 그리자. 그러면 $\overline{AB} = \overline{AD}$ 임을 증명하자.

두 삼각형 ABC와 ADC에서 $\angle A$는 공통이고, 작도에 의해서 $\angle B = \angle ACD$이다. 따라서 두 삼각형은 닮음이다. (한 삼각형의 두 각이 다른 삼각형의 두 각이 각각 같으면 두 삼각형은 닮음이다.) 그러면

$$\frac{\triangle ABC}{\triangle ADC} = \frac{\overline{CB}^2}{\overline{CD}^2} \qquad (1)$$

이다. (두 개의 삼각형이 닮음이면 넓이는 두 삼각형의 대응하는 변의 길이의 제곱에 비례한다.) 또한 선분 CE는 두 삼각형의 공통인 높이이므로

$$\frac{\triangle ABC}{\triangle ADC} = \frac{\overline{AB}}{\overline{AD}} \qquad (2)$$

이 성립한다. (공통인 높이를 가지는 두 삼각형의 넓이는 밑변의 길이에 비례한다.) 식 (1)과 식 (2)로 부터

$$\frac{\overline{CB}^2}{\overline{CD}^2} = \frac{\overline{AB}}{\overline{AD}} \qquad (3)$$

이다. 식 (3)의 양 변에 $\overline{CD}^2$을 곱하고 $\overline{AB}$로 나누면

$$\frac{\overline{CB}^2}{\overline{AB}} = \frac{\overline{CD}^2}{\overline{AD}} \qquad (4)$$

이다.

다음 정리는 평면 기하학에 기본적인 내용으로 포함되어 있지는 않다. 그 정리는 다음과 같다. "주어진 삼각형에서 예각에 대응되는 대 변의 길이의 제곱은 나머지 두 변의 길이의 각각 제곱의 합에서 두 변 중 한 변의 길이에 그 변에서 다른 변에 정사영 시킨 변의 길이의 곱의 2배를 뺀 것과 같다." ([그림 6.15]에서 변 AE는 변 AC를 변 AB에 정사영 시킨 것이다. 이것은 삼각함수에서 코싸인 법칙의 기본이 되는 이론이다.) 두 삼각형 ABC와 ADC에 적용하여 식 (4)의 $\overline{CB}^2$과 $\overline{CD}^2$을 대체시키면 다음과 같은 식이 유도된다.

$$\frac{\overline{AC}^2 + \overline{AB}^2 - 2 \cdot \overline{AB} \cdot \overline{AE}}{\overline{AB}} = \frac{\overline{AC}^2 + \overline{AD}^2 - 2 \cdot \overline{AD} \cdot \overline{AE}}{\overline{AD}} \qquad (5)$$

식 (5)를 분수를 각각 분해해서 나타내어 보자.

$$\frac{\overline{AC}^2}{\overline{AB}} + \overline{AB} - 2 \cdot \overline{AE} = \frac{\overline{AC}^2}{\overline{AD}} + \overline{AD} - 2 \cdot \overline{AE} \qquad (6)$$

식 (6)에서 양 변에 $2 \cdot \overline{AE}$를 빼고, $\overline{AB}$와 $\overline{AD}$를 더하여 주자.

$$\frac{\overline{AC}^2}{\overline{AB}} - \overline{AD} = \frac{\overline{AC}^2}{\overline{AD}} - \overline{AB} \qquad (7)$$

$$\frac{\overline{AC}^2 - \overline{AB} \cdot \overline{AD}}{\overline{AB}} = \frac{\overline{AC}^2 - \overline{AB} \cdot \overline{AD}}{\overline{AD}} \qquad (8)$$

식 (8)의 분자가 같기 때문에 분모도 같아야 한다. 다시 말해, $\overline{AB} = \overline{AD}$이다.

해설

여기서 많은 사람들이 옳다고 믿는 오류는 0으로 나누는 경우이다. 식 (8)에서 '분자가 같기 때문에 분모가 같아야 한다.'는 결론을 갖는다. 그러나 분자가 0이면 이 정리는 결론을 거짓이다. (페이지 89를 보아라.) 분자가 0이 되기 위해서는 두 삼각형 ABC와 ADC가 닮음임을 보여야 한다. 따라서 $\frac{\overline{AC}}{\overline{AD}} = \frac{\overline{AB}}{\overline{AC}}$ 또는 $\overline{AC}^2 = \overline{AB} \cdot \overline{AD}$이. 다시 말해, $\overline{AC}^2 - \overline{AB} \cdot \overline{AD} = 0$이다.

두 개의 선분 길이의 합은 0 이다.

패러독스 2. '사다리꼴의 평행한 두 개의 선분 길이의 합은 0 이다.'를 증명하시오.

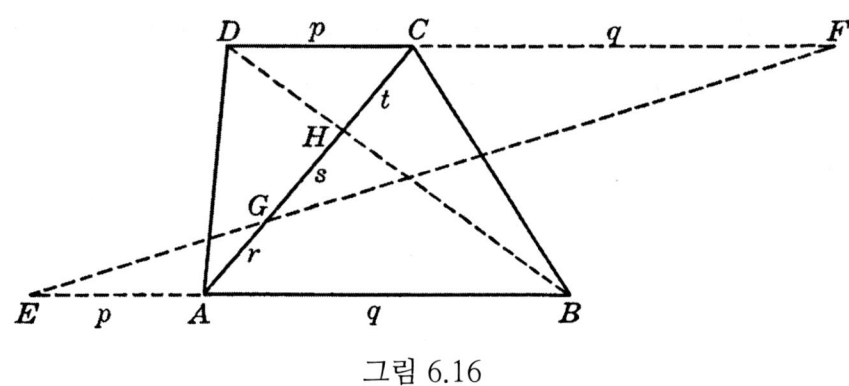

그림 6.16

[그림 6.16]과 같이 사다리꼴 $ABCD$에서 p, q를 사용하여 평행한 두 선분을 나타내자. 선분 DC를 늘려 $q = \overline{CF}$가 되도록 점 F를 잡고, 선분 BA를 늘려 $p = \overline{AE}$가 되도록 점 E를 잡자. 선분 EF, DB, AC를 그려라. 그리고 선분 AG, GH, HC의 길이를 각각 r, s, t로 나타내자.

두 삼각형 ABH와 CDH에서 $\angle HAB = \angle HCD$, $\angle HBA = \angle HDC$ 이다. (평행한 두 직선에서 이 두 직선을 지나는 직선에 의해서 생기는 두 개의 엇각은 같다.) 그러므로 두 삼각형 ABH와 CDH은 닮음이다. (삼각형에서 두 개의 각이 다른 삼각형의 두 각이 각각 같으면 이 두 삼각형은 닮음이다.) 그러므로

$$\frac{\overline{DC}}{\overline{AB}} = \frac{\overline{HC}}{\overline{HA}}$$

$$\frac{p}{q} = \frac{t}{r+s} \tag{1}$$

을 만족한다. (정의에 의해서, 두 닮은 도형의 대응하는 변의 길이의 비는 일정하다.) 같은 방법으로 삼각형 EAG와 삼각형 FCG도 닮음이다. 따라서

$$\frac{\overline{AE}}{\overline{CF}} = \frac{\overline{AG}}{\overline{GC}}$$

$$\frac{p}{q} = \frac{r}{s+t} \tag{2}$$

을 만족한다.

식 (1)과 식 (2)으로 부터 다음 식을 얻는다.

$$\frac{p}{q} = \frac{t}{r+s} = \frac{r}{s+t} \tag{3}$$

식 (3)의 가운데와 오른쪽 식으로 부터 5 장에 기술된 비례식 성질 중 하나이다. (성질 C 이다. 페이지 93 참고) 이를 계산하면

$$\frac{p}{q} = \frac{t-r}{r+s-(s+t)} = \frac{t-r}{r-t} = \frac{-(r-t)}{r-t} = -1 \tag{4}$$

이다. 식 (4)로 부터 $p = -q$ 라는 결론을 얻을 수 있고, 이는 다시 정리하면 $p + q = 0$ 이다. 다시 말해 사다리꼴 $ABCD$의 두 선분 DC와 AB의 길이의 합은 0이다.

해설

식 (1)과 식 (2)를 연립해서 풀어서 r과 t를 p, q, r로 표현된다고 가정하자. 이러한 가정에 의해서 아래의 식을 유도할 수 있다.

$$pr - qt = -ps \tag{a}$$

$$qr - pt = ps \tag{b}$$

식 (a)와 식 (b)를 더하자.

$$(p+q)r - (p+q)t = 0$$

$$(p+q)(r-t) = 0$$

두 인수 중 하나가 0 이면 마지막 방정식이 참이다. 식 (4)에서 $r - t = 0$ 일 가능성을 무시하고 $p + q = 0$ 이라고 결론을 내렸다. $p + q \neq 0$ 이므로 $r - t = 0$ 이어야 한다. 그리고, 식 (4)에서, 분수 $\frac{t-r}{r-t}$은 $\frac{0}{0}$ 꼴이 되고, 이것은 의미가 없다.

유사성에 의한 추론

불필요한 것을 생략하기 위해서 유추에 의해서 증명하는 것은 수학에서는 조심해야 한다. 바로 위에서 식 (2)에서 "같은 방법으로~"처럼 이러한 증명의 경우가 타당한 증명 과정으로 사용되었다. 그러나 이렇게 조심해야 할 경우가 식 (2)에서 적용되어 사용되었다.

$$\sqrt{a} + \sqrt{b} = \sqrt{2(a+b)}\text{을 증명하시오.}$$

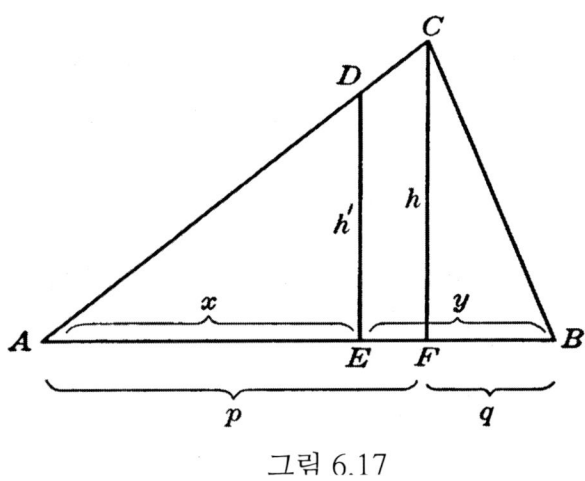

그림 6.17

[그림 6.17]와 같이 삼각형 ABC의 점 C에서 변 AB까지의 거리가 즉 높이가 $h = \overline{CF}$라고 하고, 수선의 발 F는 $p = \overline{AF}$와 $q = \overline{FB}$로 선분을 나눈다. 삼각형 ABC의 넓이를 이등분하며 선분 CF에 평행한 선분 DE를 그리고 그 길이를 $h' = \overline{DE}$이라고 하자. 점 E가 선분 AB를 나누는데 $x = \overline{AE}$, $y = \overline{EB}$이라고 하자. 그러면 아래 식을 만족한다.

$$2 \cdot \triangle AED = \triangle ABC \tag{1}$$

삼각형의 넓이는 밑변 길이와 높이의 곱에 절반이므로 식 (1)을 다시 정리하자.

$$2 \cdot \frac{1}{2}xh' = \frac{1}{2}(p+q)h \tag{2}$$

삼각형 ABC와 삼각형 AFC는 닮음이다. (주어진 삼각형의 한 변에 평행하게 직선을 그리고 그 직선과 삼각형의 다른 두 변과 교점을 가지면, 교점과 한 꼭지점으로 만들어진 삼각형과 주어진 삼각형은 닮음이다.) 결과적으로 아래 식을 얻는다.

$$\frac{h'}{h} = \frac{x}{p} \tag{3}$$

(정의에 의해서, 닮음인 두 삼각형의 대응하는 변의 길이의 비는 일정하다.) 식 (2)을 식 (3)에 적용하자.

$$\frac{x^2 h}{p} = \frac{1}{2}(p+q)h \qquad (4)$$

식 (4)의 양 변을 h로 나누고, p를 곱하고, 제곱근을 씌워서 x에 대하여 풀자.

$$x = \sqrt{\frac{p(p+1)}{2}} \qquad (5)$$

(위의 식에서 길이는 양수이므로 길이 x는 제곱근에서 양의 부호가 참이다.) x는 p를 기준으로 한 것과 같이 y는 q가 기준이다. 따라서 같은 유추에 의해서, 같은 방법으로, y를 풀자.

$$y = \sqrt{\frac{q(p+q)}{2}} \qquad (6)$$

식 (5)와 식 (6)을 더하자. 그러면 좌변 $x+y$는 $p+q$이다. (이 값은 선분 AB의 길이로 일정한 값이다. 또한 주어진 삼각형의 밑변의 길이이다.)

$$p+q = \sqrt{\frac{p(p+q)}{2}} + \sqrt{\frac{q(p+q)}{2}} \qquad (7)$$

$$= \sqrt{p+q}\left(\sqrt{\frac{p}{2}} + \sqrt{\frac{q}{2}}\right) \qquad (8)$$

식 (8)의 양 변을 $\sqrt{p+q}$로 나누자.

$$\sqrt{p+q} = \sqrt{\frac{p}{2}} + \sqrt{\frac{q}{2}} \qquad (9)$$

마지막으로 $p = 2a$, $q = 2b$로 대체하자.

$$\sqrt{2(a+b)} = \sqrt{a} + \sqrt{b}$$

물론 마지막 결론은 말도 안 된다. 식 (6)에서 오류가 있다. x에 풀었던 적용된 논리가 y에 대해서는 같은 논리가 적용할 수 없다. 식 (2)와 (3)에서 x가 삼각형 AFC의 밑변이라는 것을 이용했으며 y는 이러한 성질이 적용되지 않는다. 즉, x는 p에 대해 관계를 갖지만 y는 q와 관계를 갖지 않는다. 유추에 의한 추론은 적절하게 사용된다면 충분히 위험성이 없다. 하지만 수학의 이외에 잘못 사용된다면 불합리할 뿐만 아니라 때로는 비참한 결과를 초래할 수 있다.

입체도형을 공부를 한 사람들에게 두 가지 패러독스를 소개하고 이 장을 마치겠다.

구면 삼각형의 세 내각의 합은 180°이다.

패러독스 1. '구 면에서 삼각형의 내각의 합은 180°이다.'를 증명하시오.

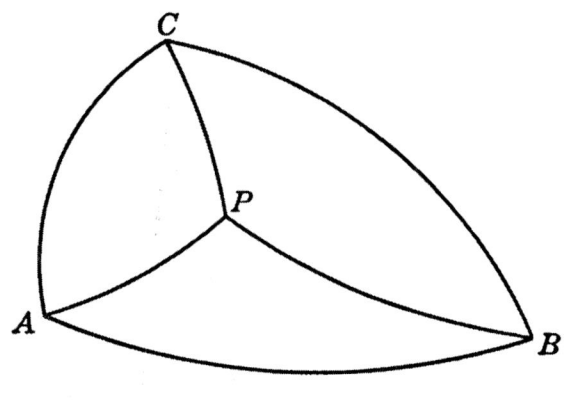

그림 6.18

구 면에 삼각형 ABC를 작도 하여라. 삼각형 내부의 점 P를 선택하고, 점 P와 점 A, 점 B, 점 C를 각각 통과하는 대 원을 작도하여 주어진 구 면 삼각형을 세 개의 작은 삼각형으로 나눈다. ([그림 6.18]를 보아라.) 이제 구면 삼각형 각의 합 x라고 하자. 그러면 나누어진 작은 삼각형의 각의 합은 $3x$이다. 이 합에는 점 P를 포함하는 각의 합 즉, $360°$도 포함되어 있다. 그래서 삼각형 ABC의 각의 합은 세 개의 작은 삼각형의 각도의 합에서 점 P를 포함하는 각의 합을 뺀 것과 같다. 즉, $x = 3x - 360°$, $2x = 360°$, $x = 180°$이다. 이 결론은 구면 삼각형의 각의 합이 $180°$와 $540°$ 사이의 값이라는 잘 알려져 있는 이론과 모순이다.

해설

구면 삼각형의 세 각의 합은 $180°$와 $540°$ 사이에 있을 수 있지만(같을 수는 없다.) 모든 삼각형의 세 각의 합이 같다(즉, 여기서는 x이다.)고 가정할 수는 없다.

평면 위의 한 점에 수직인 직선의 수가 많다.

패러독스 2. '평면 밖의 한 점에서 평면으로 무수히 많은 수선을 그을 수 있다.'를 증명하시오.

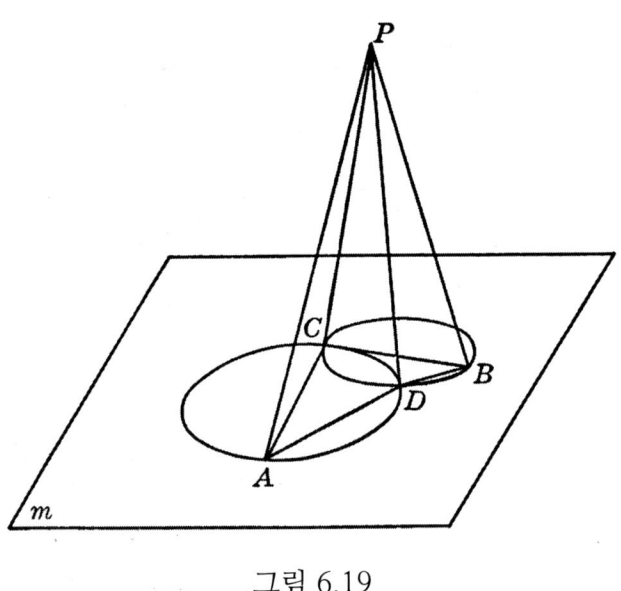

그림 6.19

　[그림 6.19]와 같이 점 P는 평면 m 밖의 임의의 점이다. 평면 m에서 서로 다른 두 점 A와 B를 잡고 구의 지름 선분 PA, PB이 되게 하자. 이 두 구와 평면 m과의 각각의 교선은 원이다. (평면과 구의 교차 교선은 원이다). 그리고 평면 m에 있는 이 두 원과 교점을 각각 점 C와 D라고 하자. 선분 PC, PD, AC, AD, BC, BD를 그리자. 이제 점 P, A, C를 지나는 평면을 생각하여라. (서로 다른 세 점은 한 평면을 결정한다.) 이 평면은 선분 PA를 지름으로 하는 구와 교선은 원이고 선분 PA는 지름이고 점 C는 반 원 위에 있으므로 각 PCA의 크기는 $\angle PCA = 90°$이다. (반 원에서 반 원 위의 점에서 지름의 양 끝 점을 이른 두 선분 사이의 각은 직각이다.) 같은 이유로 $\angle PCB = 90°$이다. 따라서 선분 PC는 두 선분 CA와 CB와 각각 수직이고 따라서 평면 m에 수직이다. (주어진 직선과 평면의 교점에서 이 교점을 지나며 평면 위의 서로 다른 두 직선과 각각 직각 인 경우 주어진 직선과 평면은 직각이다.) 같은 방법으로 선분 PD가 두 선분 DA와 DB에 수직이다. 그러므로 선분 PD도 평면 m에 수직이다. 그런데 서로 다른 두 점 A와 B는 무한히 선택을 할 수

있고 각 선택은 두 개의 선분은 평면에 수직이므로 점 P에서 평면 m까지 무한히 많은 수선을 그을 수 있다.

해설

이 역설은 다소 독창적이다. 정확한 수치로 그림을 그리기는 어렵고, 정확한 분석은 상당히 단순한 아이디어 만이 관련되지만 다소 긴 편이다. 선분 PA에 관련된 구와 원에 고정시키자. 평면과 지름 $\overline{PA}$인 구의 교선인 원의 중심을 찾으려면 [그림 6.20]과 같이 선분 PA의 중점(즉, 원의 중심으로부터)에서 평면 m에 수직인 선분 OQ를 그린다. (수선이 평면에 수직인 경우, 구의 반지름은 교선인 원의 중심을 지난다.).

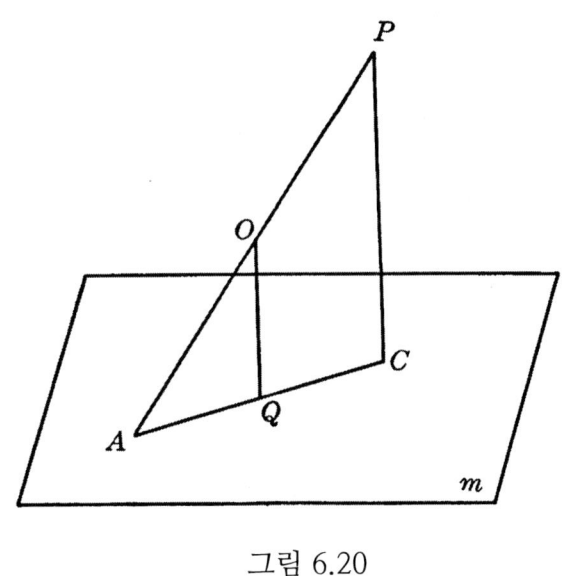

그림 6.20

그러면 점 Q를 중심으로, 선분 QA를 반지름으로 한 원을 평면 m 위에 그린다. 그러나 이제 점 P에서 평면 m에 수선의 발 C라 하고 선분 PC를 그린다. 그리고 선분 QC를 그린다. 선 AQC는 평면에 있는 선분 PA 정사영이기 때문에, 선 AQC는 선분이 된다. 더욱이 두 선분 AO와 OP는 같은 구의 반지름이므로 그 길이가 같다. 그러나 선분 OQ는 선분 PC와 평행하다. (같은 평면에 수직인 두 개의 직선은 평행이다.) 따라서 $\overline{AQ} = \overline{QC}$이다. (삼각형의 한 쪽에 평행한 직선은 다른 두 두 변을 동일한 비로 나눈다.) 그러나 이 결과는 점 C가 교선인 원 위에 있어야 하고, 선분 AQC는 지름이어야 한다는 것을 의미한다.

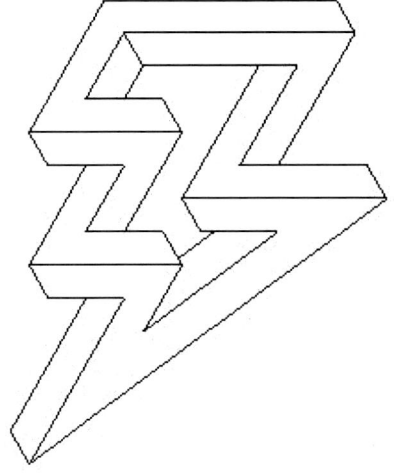

7

한계를 벗어나는
(무한 패러독스)

2천년이 훨씬 넘는 세월 동안 수학자들은 무한과 힘들게 씨름을 하여 왔다. 그들은 무한을 무시할 수가 없었다. 왜냐하면 무한은 많은 수학적 전개에서 없어서는 안 될 것이기 때문이었다. 그러나 무한을 이해하고 사용하려는 시도에서 그들은 많은 모순에 부딪쳤다. 이들 중 일부는 극복할 수 있었지만 다른 일부는 여전히 문제를 일으켰다. 실제로, 기원전 5세기에 엘레아 제노(Zeno of Elea)에 의해 제기된 패러독스는 모든 수학자들을 완전한 납득을 시킨 적이 없다.

무한은 교활한 종류의 괴물이다. 다시 말하면, 그것은 거의 예상하지 못했을 때, 말하자면 등을 돌렸을 때 나타나는 경우가 많다. 또한 괴물의 종류가 한 개 이상 있기 때문에 인식하기가 어려운 경우도 있다. 대수에서 무한, 기하학에서 무한, 작은 무한, 큰 무한 등이 있다. 다시 한번 말하지만, 무한은 하나의 무한만이 있는 것이 아니라 무한 전체에도 계층이 있다.

이 장에서 무한 패러독스 전체를 다룰 수는 없다. 일부 주목할 만한 무한 패러독스를 다루고 그 주제에 대해 깊이 생각해 볼 것이다. 가능한 여기서 다룰 다양한 주제에 대한 더 상세한 논의에 대해 언급할 것이다.

대수 속 무한

무한 집합

먼저 무한의 분류 또는 그룹 또는 특정한 모임이 무엇을 의미하는 것인가를 생각해 보자. 현재의 목적을 위해서는, 다음과 같은 직관적이고 다소 느슨한 정의가 도움이 될 것이다. "무한한 그룹은 아무리 길어도 유한한 시간에 원소들을 셀 수 없는 그룹이다." 부수적으로, 세는 것을 일정한 비율로 센다고 가정하자. 1 초에 한 개의 원소를 센다고 하기로 하자. 우리들 중 몇몇은 무한을 정의하기 위해 유한을 사용한다는 이유로 이 정의에 반대하겠지만, 우리는 모든 사람이 '유효한 시간'이 무엇을 의미하는지 알고 있다는 것에 동의해야 할 것이다.

무한과 매우 큰 유한을 혼동해서는 안 된다. 예를 들어, 어떤 특정한 순간에 지구의 거주자 수나, 어떤 순간에 지구의 모든 나무에 있는 나뭇잎의 수나, 어떤 순간에 땅에 있는 풀잎의 수를 생각해 보라. 이것들은 모두 매우 큰 수이지만, 그것들은 유한하다. 즉, 충분한 인내와 인력이 주어지면, 그 일을 끝낼 수 있다는 확신을 가지고 이 큰 집합의 원소들을 셀 수 있을 것이다. 약 21 세기 전 아르키메데스는 당시 알려진 우주를 채우는 데 필요한 모래알의 수를 추정했을 때 무한과 큰 유한을 구별할 수 있다는 것을 보여주었다.

무한의 예를 어디서 찾을 수 있을까? 결국 유한한 세계인 우리의 직접적인 경험의 세계는 확실히 아니다. 하지만 기다려라. 방금 커다란 모임의 원소를 세는 것에 대해 말하였다. 이 집합의 원소를 센다는 것은 바로 그 숫자들, 소위 '자연수'로 구성된 집합인가? 여기 우리의 정의의 요건을 충족하는 집합이 있다. 왜냐하면 우리가 자연수를 세기 시작한다면, 1, 2, 3, 4, 5, ⋯ 를 세려고 한다면 죽을 때까지 계속해서 일을 대대로 물려줄 것이라는 확신을 가진다고 해도 그렇게 할 수는 없다, 우리와 우리의 후손들이 기진맥진하지 않을까? 그러므로 자연수는 우리들에게 매우 친숙한 무한 집합을 제공한다.

저금 더 앞으로 나아가기 전에 무한 집합의 다른 몇 가지 예를 살펴보면 모두 기본적으로 자연수에서 나온다는 점에 유념하여라. 각각의 경우에 수들 즉 수열은 무한히 계속된다. 즉 끝없이 없다.

(1) 자연수 n에 대하여, 수열 n^2은 아래와 같다.

1, 4, 9, 16, 25, 36, 49, 64, ⋯

(2) 자연수 n에 대하여, 수열 $\frac{1}{n}$은 아래와 같다.

$$\frac{1}{1}, \frac{1}{2}, \frac{1}{3}, \frac{1}{4}, \frac{1}{5}, \frac{1}{6}, \frac{1}{7}, \frac{1}{8}, \cdots$$

(3) 자연수 n에 대하여, 수열 2^n은 아래와 같다.

2, 4, 8, 16, 32, 64, 128, 256, ⋯

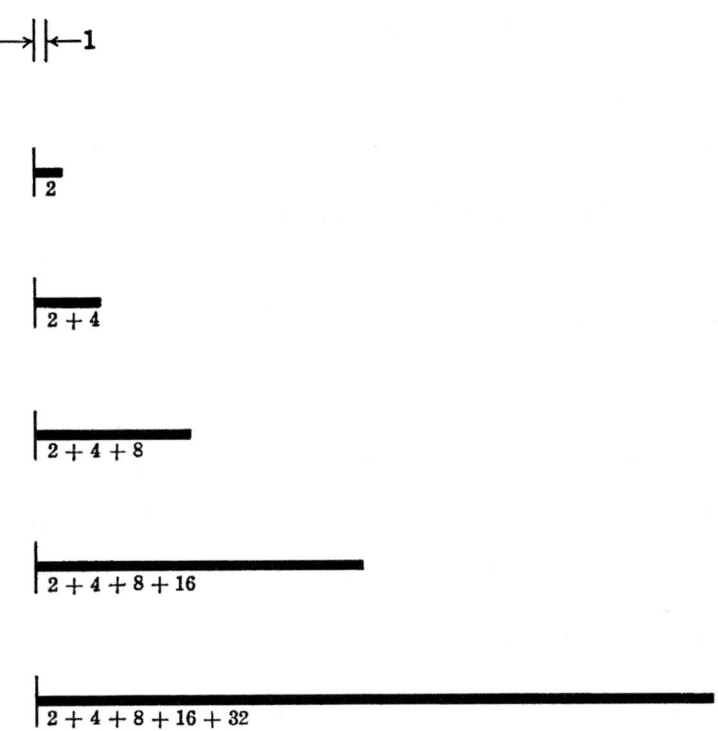

그림 7.1 2+4+8+16+32+64+128+256+⋯의 합은 수렴하지 않고 증가한다.

(4) 자연수 n에 대하여, 수열 $\frac{1}{2^n}$은 아래와 같다.

$$\frac{1}{2}, \frac{1}{4}, \frac{1}{8}, \frac{1}{16}, \frac{1}{32}, \frac{1}{64}, \frac{1}{128}, \frac{1}{256}, \cdots$$

이 모든 집합은 아무리 긴 유한한 기간에 걸쳐 세수가 없을 만큼의 원소들을 가지고 있다.

움직이는 것은 불가능하다.

이제 본 장의 시작 부분에서 간략하게 언급된 제노(Zeno)의 첫 번째 패러독스를 다룰 수 있다. '움직이는 것은 불가능 하다(움직이는 것은 멈추어 있다.).' 결론은 놀랍다. 그러나 인정해야만 한다. 그리고 그 주장은 다소 설득력이 있다. 다음을 보자.

어떤 점 P에서 다른 점 Q로 가려면, 먼저 점 P에서 점 Q까지의 거리의 절반을 이동한 다음, 그 다음 남은 거리의 절반을, 그 다음 남은 거리의 절반을, 그 다음 남은 거리의 절반을, 그 다음 남은 거리의 절반을, 그 다음 남은 거리의 절반을, 등등 이동해야 한다. '등등'은 과정이 무한 반복될 수 있고 반복되어야 한다는 것을 의미한다. 두 점 사이 거리가 얼마나 작은 지에는 관계없이, 각각의 거리는 의심의 여지없이 이동하는데 엄밀한 시간이 필요하다. 그리고 제노(Zeno)에 따르면, 무한한 수의 시간 간격의 합은 무한해야 한다. 따라서 점 P에서 점 Q로 갈 수는 없지만 점 P와 점 Q가 가까이 있을 수 있다.

이 패러독스에 대한 받아들일 수 있는 해가 많이 제시되었다. 우리가 선택할 것은 '무한한 시간 간격의 합은 무한해야 한다.'는 진술에 대한 오류의 속성이다. 이 진술은 일반적으로 항상 그런 것은 아니다. 첫 번째로 위에서 본 예제 (3)에서 무한 집합의 모든 원소들의 합계를 구하여 보자.

$$2 + 4 + 8 + 16 + 32 + 64 + 128 + 256 + \cdots$$

라고 나타내면, 연속적으로 다음 항 들을 더하는 것이고 그 합계가 순식간에 빠르게 점점 더 커지고 있다는 것을 알 수 있다. 사실, 단순히 "점점 더 커진다."라고 말하는 것만으로는 충분하지 않다. 우리는 더 정확하게 해야 한다. 이 급수는 충분히 멀리 나아가면 해당 지점(충분히 큰 항)까지 모든 항의 합이 임의의 유한한 수를 초과하도록 할 수 있다. 이 사실은 [그림 7.1]에서 그림으로 나타내었다. 예를 들어, 누군가가 유한한 수를 1,000으로 생각하면, 9 개의 항을 더하여 그 합이 1022이다. 그가 유한한 수를 1,000,000으로 올리면 19 개의 항의 더하면 그 합이 1,048,574이다. 그가 또한 유한한 수를 1,000,000,000 까지 올리면, 29 개의 항을 더하여 그 합이 1,073,741,822 가 된다. 우리의 가상의 적이 선택하기에 적합한 유한한 수에 상관없이, 충분히 큰 유한한 수의 항을 더하여 그 합이 항상 그의 수를 분명히 초과하게 할 수 있다. 이것이 수학자가 "이 무한 수열의 합은 무한하다."라고 말하는 것을 의미하는 것이다.

그러나 이제 한 지점에서 다른 지점으로 이동하는 운동 문제로 돌아가 보자. 점 P에서 점 Q까지의 거리가 100 야드(yard)이고 분 당 100 야드의 속도로 걷는다고 가정하자. 그런 다음 이동의 첫 단계 (점 P에서 점 Q까지 거리의 절반)에 필요한 시간은 $\frac{1}{2}$ 분이다. 남은 거리의 절반 동안에 필요한 시간은 $\frac{1}{4}$ 분, 또 남은 거리의 절반 동안 필요한 시간은 $\frac{1}{8}$ 분, 또 남은 거리의 절반 동안 필요한 시간은 $\frac{1}{16}$ 분, 등등. 즉, 점 P에서 점 Q로 이동하는 데 필요한 시간(분)은 아래와 같은 무한 수열의 합이다.

$$\frac{1}{2}+\frac{1}{4}+\frac{1}{8}+\frac{1}{16}+\frac{1}{32}+\frac{1}{64}+\frac{1}{128}+\frac{1}{256}+\cdots$$

(이것은 위의 예제 (4)에서 무한 집합의 모든 원소의 합이다.)이 무한 수열의 합은 무한인가? 이전 급수에서와 같이 연속 항을 더 할 때 합이 점점 커진다. 그러나 이 합이 누군가가 정한 큰 유한한 수를 초과할 수는 없다. [그림 7.2]에서 보면 합이 점점 더 1에 가까워지지만 결코 초과하지 않는다는 것을 직관적으로 보여 준다. 더 정확하게 말하면, 비록 누구든지 유한한 수를 작게 지정한다면, 충분히 많은 수의 항을 더하여 그 합과 1의 차이를 지정한 수보다 작게 만들 수 있다. 예를 들어, 누군가가 $\frac{1}{1000}$을 선택하였으면, 10 개의 항을 선택하여 그 합 [1]은 1과의 차이는 $\frac{1}{1024}$이다. 더 작게 $\frac{1}{1,000,000}$을 선택하면, 20 개의 항을 선택하여 그 합과 1과의 차이는 $\frac{1}{1,048,576}$이다. 더 더 더 작게 $\frac{1}{1,000,000,000}$을 선택하면, 30 개의 항을 선택하여 그 합과 1과의 차이는 $\frac{1}{1,073,741,824}$이다. 다시 생각해 보아도 우리는 항상 가상의 적보다 더 나은 것을 가지고 있다. 그리고 다시 이것이 수학자가 "이 무한 수열의 합은 1이다."라고 말한 의미이다.

결과적으로 점 P에서 점 Q까지 100 야드를 이동하는데 필요한 시간은 무한하지 않고 필요한 시간은 1 분이다. 우리는 약간 확실하게 알게 되었듯이 움직이는 것은

---

[1] $\frac{1}{2}+\frac{1}{4}+\frac{1}{8}+\frac{1}{16}+\cdots+\frac{1}{1024}=\frac{1+2+4+\cdots+256}{1024}=\frac{2^{10}-1}{1024}=1-\frac{1}{1024}$

불가능하지 않다(멈추어 있는 것이 아니다.). 여기서 수학은 우리에게 도움이 되고 일상적인 경험이 우리에게 가르쳐준 것을 뒷받침한다.

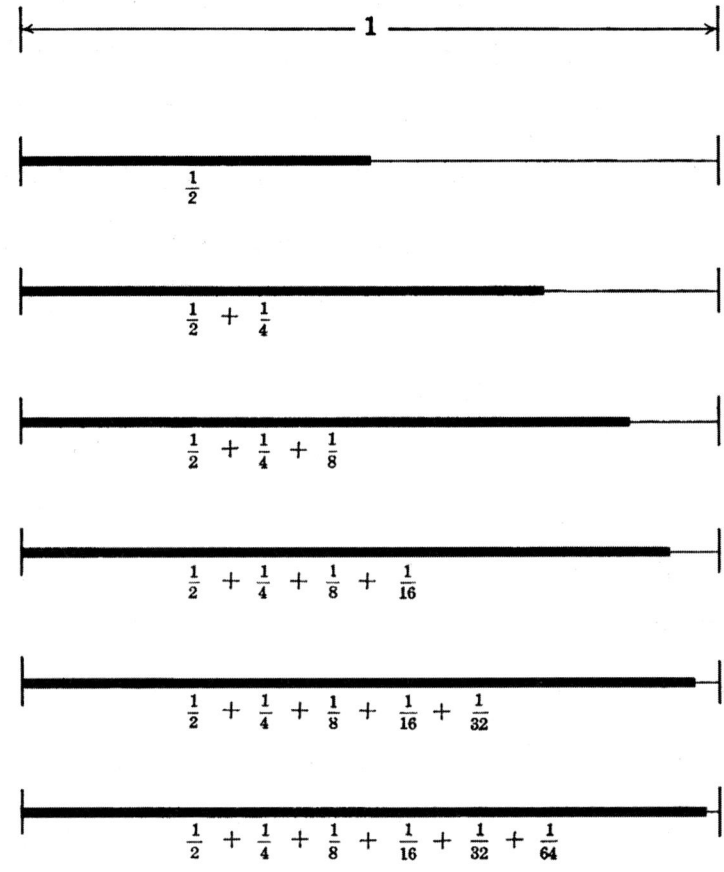

그림 7.2 $\frac{1}{2}+\frac{1}{4}+\frac{1}{8}+\frac{1}{16}+\frac{1}{32}+\frac{1}{64}+\frac{1}{128}+\frac{1}{256}+\cdots$ 의 합은 1로 수렴한다.

아킬레스와 거북이

제노의 두번째 패러독스는 아킬레스와 거북이 패러독스이다. 이 경우에는 아킬레스가 거북이에게 유리한 조건으로 일정한 거리만큼 앞에서 출발을 하게 한다면 결코 거북이를 추월할 수 없다는 취지의 주장이다. 아킬레스는 항상 먼저 거북이가 방금 떠났던 지점에 도달해야 하며, 이런 식으로 거북이가 아킬레스 보다 항상 앞서 있다.

우리의 생각을 명확히 하기 위해, 아킬레스가 거북이에게 100 야드 앞에서 출발하도록 하고, 아킬레스가 초 당 10 야드의 속도로 달리며, 거북이는 초 당 1 야드의 속도로 달린다고 하자. 그런 다음 아킬레스는 처음 100 야드를 10 초에 주파한다. 그 동안 거북이는 10 야드를 갔다. 아킬레스는 그 거리를 1 초에 주파하고 그 동안 거북이는 1 야드를 전진한다. 아킬레스는 그 거리를 $\frac{1}{10}$ 초에 주파하는데 거북이는 아직도 $\frac{1}{10}$ 야드 앞에 있다. 이 후 계속해서, 그러면 아킬레스가 거북이를 따라잡기까지 걸리는 시간(초)은 아래와 같은 무한 수열의 합이다.

$$10 + 1 + \frac{1}{10} + \frac{1}{100} + \frac{1}{1000} + \cdots$$

등비수열(Geometric progressions, 기하학적 수열)에 대한 우리의 공식을 기억하는 사람들에게는 이 합계가 무한하지 않고 이 합이 단순 계산에 불과하여 그 합이 $11 + \frac{1}{9}$ 초라는 것을 빠르게 계산을 할 수 있다.

무한 급수의 수렴과 발산

지난 수백 년 동안, 주어진 급수가 '무한으로 발산' 또는 '유한 극한으로 수렴' 하는지, 즉 급수의 합이 무한인지 유한한 수 인지를 결정하기 위한 수많은 기준이 개발되었다. 이러한 기준의 세부적인 내용의 기술에 대해서는 다루지 않고 다음 두 급수를 잠시 보자.

$$2 + 4 + 8 + 32 + 64 + 128 + \cdots$$
$$\frac{1}{2} + \frac{1}{4} + \frac{1}{8} + \frac{1}{16} + \frac{1}{32} + \frac{1}{64} + \frac{1}{128} + \cdots$$

첫 번째가 급수는 무한으로 발산하고 두 번째 급수는 1로 수렴하는 것을 보았다. 이 차이는 첫 번째 급수는 연속적인 항은 커지고 두 번째 급수는 연속적인 항이 작아지는 사실에 기인할 수 있는가? 결론은 너무 서두르지 말자. 수렴에 필요한 조건은 연속적인 항의 크기가 줄어드는 것이다. 이 조건이 충분하지 않다는 것은 아래와 같은 '조화 급수'로 쉽게 알 수 있다.

$$1 + \frac{1}{2} + \frac{1}{3} + \frac{1}{4} + \frac{1}{5} + \frac{1}{6} + \frac{1}{8} +$$
$$\frac{1}{9} + \frac{1}{10} + \frac{1}{11} + \frac{1}{12} + \frac{1}{13} + \frac{1}{14} + \frac{1}{15} + \frac{1}{16} + \cdots$$

이 급수는 괄호를 넣어서 다시 나타내어보자.

$$1 + \frac{1}{2} + \left(\frac{1}{3} + \frac{1}{4}\right) + \left(\frac{1}{5} + \frac{1}{6} + \frac{1}{8}\right) +$$

$$\left(\frac{1}{9} + \frac{1}{10} + \frac{1}{11} + \frac{1}{12} + \frac{1}{13} + \frac{1}{14} + \frac{1}{15} + \frac{1}{16}\right) + \cdots$$

$\frac{1}{3} > \frac{1}{4}$ 이므로, $\left(\frac{1}{3} + \frac{1}{4}\right) > \left(\frac{1}{4} + \frac{1}{4}\right) = \frac{2}{4} = \frac{1}{2}$ 이다.

다시, $\frac{1}{5}, \frac{1}{6}, \frac{1}{7}$ 은 $\frac{1}{8}$ 보다 각각 크기 때문에,

$\left(\frac{1}{5} + \frac{1}{6} + \frac{1}{7} + \frac{1}{8}\right) > \left(\frac{1}{8} + \frac{1}{8} + \frac{1}{8} + \frac{1}{8}\right) = \frac{4}{8} = \frac{1}{2}$ 이다.

같은 방법으로

$$\left(\frac{1}{9} + \frac{1}{10} + \frac{1}{11} + \frac{1}{12} + \frac{1}{13} + \frac{1}{14} + \frac{1}{15} + \frac{1}{16}\right) > \frac{8}{16} = \frac{1}{2}$$

이다. 같은 방법을 계속해서 적용을 하면, 조화 급수는 아래 급수 보다 크다.

$$1 + \frac{1}{2} + \frac{1}{2} + \frac{1}{2} + \frac{1}{2} + \frac{1}{2} + \frac{1}{2} + \cdots$$

바로 위의 급수는 확실히 무한을 발산하고 그 속도가 매우 느리다.

따라서 연속적인 항의 크기가 감소하는 조건은 모든 항이 양수인 급수의 합이 양수에 수렴하는 조건으로는 충분하지 않다. 한편, 이 조건은 항들이 양수와 음수를 번갈아 나타나는 '교대 급수'가 수렴하는 조건으로 충분하다. 이 명제는 증명을 하지는 않겠다. 예를 들어 다음 급수

$$1 - \frac{1}{2} + \frac{1}{3} - \frac{1}{4} + \frac{1}{5} - \frac{1}{6} + \frac{1}{7} - \frac{1}{8} + \frac{1}{9} - \cdots$$

은 교대 급수로 유한한 극한 값으로 수렴한다. 수렴하는 극한의 소수점 여섯 번째 자리 까지의 근사값은 **0.693147**이다. 정확히 $log_e 2$ 또는 $ln 2$로 수렴한다.

진동하는 급수

수학자들은 때때로 고립된 무한 급수의 특정 사례를 연구했지만 19세기가 되어서 무한 급수에 대한 일반적인 질문과 함께 무한 급수가 전체적으로 타당하고 논리적인

방식으로 다루어지기 시작했다. 1851년에《무한의 패러독스(The Paradoxes of the Infinite)》라는 작은 분량의 소책자가 출간되었다. 사후에 출간을 한 베르나르 볼자노(Bernard Bolzano)의 작품이었다. 우리는 아마도 볼자노 책에서 가져온 몇 가지 예를 살펴보면 당시에 가장 힘겹게 싸우고 있었던 것이 무엇인지 이해할 수 있을 것이다.

다음 급수를 보자.

$$S = a - a + a - a + a - a + a - a + a - a + \cdots$$

다음과 같은 방법으로 항들을 그룹화 하면,

$$S = (a - a) + (a - a) + (a - a) + (a - a) + (a - a) + \cdots$$
$$= 0 + 0 + 0 + 0 + 0 + \cdots$$
$$= 0$$

이다. 다른 방법으로 항들을 그룹화 하면,

$$S = a - (a - a) - (a - a) - (a - a) - (a - a) - (a - a) - \cdots$$
$$= a - 0 - 0 - 0 - 0 - \cdots$$
$$= a$$

이다. 또 다른 방법으로 항들을 그룹화 하면,

$$S = a - (a - a + a - a + a - a + \cdots) = a - S$$
$$2S = a$$
$$S = \frac{a}{2}$$

이다.

이 급수는 분명히 0 또는 a 또는 $\frac{a}{2}$의 세 개의 극한을 갖는 무한 급수이다.

오늘날 제노의 패러독스와 관련하여 개발한 수렴 및 발산의 정의를 사용하여 이 급수는 유한한 극한값으로 수렴하고 무한으로는 발산하지는 않는다. 그 합계가 0과 a사이를 진동한다는 점에 유의하여 간단히 '진동하는 급수'의 집합으로 분류하고 고정된 합이 없다는 데 동의한다. 그러나 볼자노의 수렴과 발산에 대한 아이디어는 명확하게 정의되지 않았고 실제로 진동하는 급수와 같은 것에 어려움을 겪었다. 심지어 17세기의 수학 분야에 대가인 미적분학의 뉴턴과 공동 발견자인 라이프니츠조차도

이 특별한 급수에 당황했다. 그는 한계 0과 a가 개연성을 가진 가능성 때문에 이 급수의 올바른 극한은 평균값인 $\frac{a}{2}$이라고 주장했다. 이 급수 합의 극한이 $\frac{a}{2}$에 수렴하는 그룹화 방법은 19세기 초의 수학자의 작품이다.

$a = 1$인 특수한 경우에 이 급수에서 얻은 결과는 매우 놀랍다. 예를 들어, 실제로 나눗셈을 하여서, 임의의 수 x에 대하여 아래 식들이 성립한다.

$$\frac{1}{1+x} = 1 - x + x^2 - x^3 + x^4 - x^5 + \cdots$$

$$\frac{1}{1+x+x^2} = 1 - x + x^3 - x^4 + x^6 - x^7 + \cdots$$

$$\frac{1}{1+x+x^2+x^3} = 1 - x + x^4 - x^5 + x^8 - x^9 + \cdots$$

$$\frac{1}{1+x+x^2+x^3+x^4} = 1 - x + x^5 - x^6 + x^{10} - x^{11} + \cdots$$

$$\vdots$$

위의 식들에 $x = 1$을 대입하면, 우변은 모두 아래와 같은 급수의 형태로 나타내어진다.

$$1 - 1 + 1 - 1 + 1 - 1 + 1 - 1 + \cdots$$

또한 좌변은 각각 $\frac{1}{2}, \frac{1}{3}, \frac{1}{4}, \frac{1}{5}, \cdots$이다. 결론적으로 $\frac{1}{2} = \frac{1}{3} = \frac{1}{4} = \frac{1}{5} = \cdots = \frac{1}{n}$이다(단, n은 자연수이다.). 이전과 마찬가지로, 올바른 주장은 급수 $1 - 1 + 1 - 1 + 1 - 1 + 1 - 1 + \cdots$은 고정된 합계가 없지만 그 합계가 0과 1 사이에서 진동한다는 것이다.

볼자노의 또 다른 예를 보자.

$$S = 1 - 2 + 4 - 8 + 16 - 32 + 64 - 128 + \cdots$$
$$S = 1 - 2(1 - 2 + 4 - 8 + 16 - 32 + 64 - \cdots) = 1 - 2S$$
$$3S = 1$$
$$S = \frac{1}{3}$$

다른 방법으로, 처음 급수는 다음과 같이 그룹화 하여 나타낼 수 있다.

$$S = 1 + (-2 + 4) + (-8 + 16) + (-32 + 64) + \cdots$$
$$= 1 + 2 + 8 + 32 + 64 + \cdots$$

이 급수 S는 양의 무한대로 발산을 한다. 그러나 다음과 같이 그룹화 하면

$$S = (1-2) + (4-8) + (16-32) + (64-128) + + \cdots$$
$$= -1 - 4 - 16 - 64 - \cdots$$

로 S는 음의 무한대로 발산한다.

이러한 모순은 다음과 같은 사실로 설명된다. 이 급수는 진동 급수일 뿐만 아니라 무한히 진동하는 급수이다. 처음 두 항의 합은 -1이다. 처음 세 항의 합은 3, 처음 네 개 항의 합은 -5, 이후로 그 합은 $11, -21, 43, -85, \cdots$ 값을 갖는다. 이 급수는 항이 점점 더 멀어 질수록 이러한 부분합은 점점 큰 양수에서 점점 큰 음수로 점프한다. 한마디로 이 급수의 합은 없다.

단순 수렴과 절대 수렴

명확한 극한으로 수렴하지 않는 급수가 여러 다른 극한으로 수렴하는 것처럼 보일 수 있다는 것은 그리 놀라운 일이 아니다. 다음 급수

$$1 - \frac{1}{2} + \frac{1}{3} - \frac{1}{4} + \frac{1}{5} - \frac{1}{6} + \frac{1}{7} - \frac{1}{8} + \cdots$$

은 이미 앞에서 보였듯이 유한한 극한 $\log_e 2$ 또는 약 0.693147로 수렴한다. 간단히 하기 위해 극한값을 L로 나타내자. 그러면

$$L = 1 - \frac{1}{2} + \frac{1}{3} - \frac{1}{4} + \frac{1}{5} - \frac{1}{6} + \frac{1}{7} - \frac{1}{8} + \frac{1}{9} -$$
$$\frac{1}{10} + \frac{1}{11} - \frac{1}{12} + \frac{1}{13} - \frac{1}{14} + \frac{1}{15} - \frac{1}{16} + \cdots$$

이다. 양 변에 2를 곱하자.

$$2L = 2 - \frac{2}{2} + \frac{2}{3} - \frac{2}{4} + \frac{2}{5} - \frac{2}{6} + \frac{2}{7} - \frac{2}{8} + \frac{2}{9} -$$
$$\frac{2}{10} + \frac{2}{11} - \frac{2}{12} + \frac{2}{13} - \frac{2}{14} + \frac{2}{15} - \frac{2}{16} + \cdots$$
$$= 2 - 1 + \frac{2}{3} - \frac{1}{2} + \frac{2}{5} - \frac{1}{3} + \frac{2}{7} - \frac{1}{4} + \frac{2}{9} -$$
$$\frac{1}{5} + \frac{2}{11} - \frac{1}{6} + \frac{2}{13} - \frac{1}{7} + \frac{2}{15} - \frac{1}{8} + \cdots$$

같은 분모인 항들끼리 결합하여 나타내자.

$$2L = (2-1) - \frac{1}{2} + \left(\frac{2}{3} - \frac{1}{3}\right) - \frac{1}{4} + \left(\frac{2}{5} - \frac{1}{5}\right) - \frac{1}{6} + \left(\frac{2}{7} - \frac{1}{7}\right) - \frac{1}{8} + \cdots$$

$$2L = 1 - \frac{1}{2} + \frac{1}{3} - \frac{1}{4} + \frac{1}{5} - \frac{1}{6} + \frac{1}{7} - \frac{1}{8} + \cdots$$

이 결과는 오른쪽의 급수는 원래 급수이며 그 극한이 더 이상 L이 아니라 $2L$이다. 또한, 2를 곱하고 같은 분모인 항을 재배열한 연산이 무한 반복되는 경우, 급수의 합이 L과 $2L$ 뿐만 아니라 $4L$, $8L$, $16L$, …로 확실히 가능하다. '이 급수의 합이 유한한 극한인 0.693147로 수렴하지만 적절한 재 배열을 통해 1.38629, 2.77259, 5.54518 등으로 수렴할 수 있는 무한급수이다!'라는 것에 딜레마가 있다.

유한에서 연산 법칙을 무한 급수에 적용하려는 시도로 인해 어려움이 발생한다. 유한에서 연산 법칙처럼 원하는 방식으로 항들을 그룹화하여 원하는 대로 소괄호를 삽입하고 제거할 수 있다고 가정하였다. 즉, $A + B + C = (A + B) + C = A + (B + C)$라고 가정하였다. 위에서 얻은 모순된 결과는 이 유한에서 연산 법칙이 일반적으로는 무한 급수에 적용될 수 없음을 보여 준다.

그러면 문제는, 극한은 변경되지 않을 것이라는 확신과 함께 수렴하는 무한 급수의 조건을 재 배열하고 그룹화 하는 것이 과연 가능한가? 대답은 '그렇다'는 것이다. 무한 급수는 급수 자체가 수렴될 뿐만 아니라 모든 음수 부호를 양수 부호로 변경하여 만들어진 급수가 수렴하는 경우 절대 수렴한다. 따라서 모든 항이 양수인 모든 수렴하는 급수는 절대적 수렴하며 기준은 음수인 항이 있는 급수에 만 적용된다.

다시 원래의 교대 급수

$$1 - \frac{1}{2} + \frac{1}{3} - \frac{1}{4} + \frac{1}{5} - \frac{1}{6} + \frac{1}{7} - \frac{1}{8} + \cdots$$

으로 잠시 되돌아가자.

위의 급수의 음수 항의 음수 부호를 양수 부호로 바꾸면, 조화 급수

$$1 + \frac{1}{2} + \frac{1}{3} + \frac{1}{4} + \frac{1}{5} + \frac{1}{6} + \frac{1}{7} + \frac{1}{8} + \cdots$$

가 되고, 페이지 132에서 보았 듯이 확실하게 매우 천천히 발산한다.

결과적으로 이 급수는 절대 수렴되지 않으므로 적절한 그룹화를 하여 $log_e 2$ 이외의 극한으로 수렴할 수 있다는 사실에 놀라지 않아야 한다.

급수가 수렴이지만 절대 수렴이 아닌 경우 '단순 수렴'이라고 한다. 1854년 독일 수학자 리만(Riemann)이 다음과 같은 놀라운 이론을 증명하는 데 성공했다. **단순 수렴하는 급수의 항을 재 정렬하여 급수의 극한이 지정된 유한한 수, 양의 무한대 또는 음의 무한대가 되도록 할 수 있다!**

어떠한 원하는 수로의 급수의 합

이 절에서는 단순 수렴하는 급수의 항을 재 정렬하고 그룹화하여 이상한 결과가 나오는 네 가지 추가 예를 통해 이 절을 마치도록 하자. 처음 두 가지는 본질적으로 우리가 자세히 논의한 역설의 다른 형태이다.

패러독스 1. 이전에 $L = log_e 2$ 이라고 하면,

$$L = 1 - \frac{1}{2} + \frac{1}{3} - \frac{1}{4} + \frac{1}{5} - \frac{1}{6} + \frac{1}{7} - \frac{1}{8} + \frac{1}{9} -$$
$$\frac{1}{10} + \frac{1}{11} - \frac{1}{12} + \frac{1}{13} - \frac{1}{14} + \frac{1}{15} - \frac{1}{16} + \cdots$$

항들을 두 항씩 또는 네 항씩 묶자.

$$L = \left(1 - \frac{1}{2}\right) + \left(\frac{1}{3} - \frac{1}{4}\right) + \left(\frac{1}{5} - \frac{1}{6}\right) +$$
$$\left(\frac{1}{7} - \frac{1}{8}\right) + \left(\frac{1}{9} - \frac{1}{10}\right) + \left(\frac{1}{11} - \frac{1}{12}\right) + \cdots \quad (1)$$

그리고,

$$L = \left(1 - \frac{1}{2} + \frac{1}{3} - \frac{1}{4}\right) + \left(\frac{1}{5} - \frac{1}{6} + \frac{1}{7} - \frac{1}{8}\right) +$$
$$\left(\frac{1}{9} - \frac{1}{10} + \frac{1}{11} - \frac{1}{12}\right) + \cdots \quad (2)$$

이다.

식 (1)의 양 변에 2로 나누자. 두 개의 항씩 묶으면,

$$\frac{1}{2}L = \left(\frac{1}{2} - \frac{1}{4}\right) + \left(\frac{1}{6} - \frac{1}{8}\right) + \left(\frac{1}{10} - \frac{1}{12}\right) + \left(\frac{1}{14} - \frac{1}{16}\right) + \cdots \quad (3)$$

이다.

식 (2)와 식 (3)의 변변끼리 각각 더하자.

$$\frac{3}{2}L = \left(1 + \frac{1}{3} - \frac{1}{2}\right) + \left(\frac{1}{5} + \frac{1}{7} - \frac{1}{4}\right) +$$
$$\left(\frac{1}{9} + \frac{1}{11} - \frac{1}{6}\right) + \left(\frac{1}{13} + \frac{1}{15} - \frac{1}{8}\right) + \cdots$$

$$= 1 - \frac{1}{2} + \frac{1}{3} - \frac{1}{4} + \frac{1}{5} - \frac{1}{6} + \frac{1}{7} - \frac{1}{8} + \frac{1}{9} - \frac{1}{10} + \frac{1}{11} + \cdots$$

그러므로 이 급수의 합은 동시에 L과 $\frac{3}{2}L$이다.

패러독스 2. 위의 예제처럼 $L = \log_e 2$ 이라고 하자. 그러면

$$L = 1 - \frac{1}{2} + \frac{1}{3} - \frac{1}{4} + \frac{1}{5} - \frac{1}{6} + \frac{1}{7} - \frac{1}{8} + \cdots$$

이다. 양 수 항 그룹과 음 수 항 그룹으로 재 배열하자.

$$L = \left(1 + \frac{1}{3} + \frac{1}{5} + \frac{1}{7} + \cdots\right) - \left(\frac{1}{2} + \frac{1}{4} + \frac{1}{6} + \frac{1}{8} + \cdots\right) \qquad (1)$$

다음 식은 항상 성립한다.

$$0 = \left(\frac{1}{2} + \frac{1}{4} + \frac{1}{6} + \frac{1}{8} + \cdots\right) - \left(\frac{1}{2} + \frac{1}{4} + \frac{1}{6} + \frac{1}{8} + \cdots\right) \qquad (2)$$

식 (1)과 (2)를 변변끼리 더하자.

$$L = \left[\left(1 + \frac{1}{3} + \frac{1}{5} + \frac{1}{7} + \cdots\right) + \left(\frac{1}{2} + \frac{1}{4} + \frac{1}{6} + \frac{1}{8} + \cdots\right)\right]$$
$$- 2\left(\frac{1}{2} + \frac{1}{4} + \frac{1}{6} + \frac{1}{8} + \cdots\right)$$
$$= \left(1 + \frac{1}{2} + \frac{1}{3} + \frac{1}{4} + \cdots\right) - \left(1 + \frac{1}{2} + \frac{1}{3} + \frac{1}{4} + \cdots\right)$$
$$= 0$$

다시 말해서, 이 교대 급수의 합은 L과 0이다.

패러독스 3. 급수

$$\frac{1}{1 \cdot 3} + \frac{1}{3 \cdot 5} + \frac{1}{5 \cdot 7} + \frac{1}{7 \cdot 9} + \cdots$$

은 수렴한다. 그 수렴하는 값을 M이라고 하자. 이 급수의 합이 동시에 1과 $\frac{1}{2}$인 것을 증명할 것이다.

첫 번째로, 아래와 같은 형태로 나타낼 수 있다.

$$M = \left(\frac{1}{1} - \frac{2}{3}\right) + \left(\frac{2}{3} - \frac{3}{5}\right) + \left(\frac{3}{5} - \frac{4}{7}\right) + \left(\frac{4}{7} - \frac{5}{9}\right) + \cdots$$

이처럼 나타내어지는 것을 증명하기 위해서는 첫 번째 그룹의 두 개의 항을 통분하면 $\frac{3-2}{1 \cdot 3} = \frac{1}{1 \cdot 3}$이다. 두 번째 그룹의 두 개의 항을 통분하면 $\frac{10-9}{3 \cdot 5} = \frac{1}{3 \cdot 5}$이다. 이후 같은 방법으로 통분을 하여 확인할 수 있다. 그러나 괄호 안에 있는 뒤의 항과 그 다음 괄호 안의 앞의 항을 연속적으로 무한히 제거할 수 있다. 그러면 $M = 1$이다.

두 번째로 아래와 같은 형태로 나타낼 수 있다.

$$M = \frac{1}{2}\left(\frac{1}{1} - \frac{2}{3}\right) + \frac{1}{2}\left(\frac{2}{3} - \frac{3}{5}\right) + \frac{1}{2}\left(\frac{3}{5} - \frac{4}{7}\right) + \frac{1}{2}\left(\frac{4}{7} - \frac{5}{9}\right) + \cdots$$

이처럼 나타내어지는 것을 증명하기 위해서는 첫 번째 항의 계산하여 보면 $\frac{1}{2} \cdot \frac{3-1}{1 \cdot 3} = \frac{1}{1 \cdot 3}$이다. 두 번째 항을 계산하여 보면 $\frac{1}{2} \cdot \frac{5-3}{1 \cdot 3} = \frac{1}{3 \cdot 5}$이다. 이후 같은 방법으로 계산을 하여 확인할 수 있다. 분배법칙에 의해서 괄호를 제거하여 나타내면

$$M = \frac{1}{2} - \frac{1}{6} + \frac{1}{6} - \frac{1}{10} + \frac{1}{10} - \frac{1}{14} + \frac{1}{14} - \cdots$$

이다. 첫 번째 항 이후로 두 개의 항이 연속적으로 무한히 제거된다. 그래서 $M = \frac{1}{2}$이다.

패러독스 4. '모든 무한 급수는 임의의 어떤 수 N으로 수렴하거나 수렴하지 않는다.'를 증명하시오.

다음 급수를 생각하자.

$$a_1 + a_2 + a_3 + a_4 + a_5 + a_6 + \cdots$$

이 급수를 아래와 같이 나타낼 수 있다.

$$a_1 = N + (a_1 - N)$$
$$a_2 = -(a_1 - N) + (a_1 + a_2 - N)$$

$$a_3 = -(a_1 + a_2 - N) + (a_1 + a_2 + a_3 - N)$$
$$a_4 = -(a_1 + a_2 + a_3 - N) + (a_1 + a_2 + a_3 + a_4 - N)$$
$$a_5 = -(a_1 + a_2 + a_3 + a_4 - N) + (a_1 + a_2 + a_3 + a_4 + a_5 - N)$$
$$\vdots$$

무한히 이러한 방식으로 나타낼 수 있다. 이들을 모두 변변끼리 더하자.

$$a_1 + a_2 + a_3 + a_4 + a_5 + \cdots$$
$$= N + (a_1 - N) - (a_1 - N)$$
$$+ (a_1 + a_2 - N) - (a_1 + a_2 - N)$$
$$+ (a_1 + a_2 + a_3 - N) - (a_1 + a_2 + a_3 - N)$$
$$+ (a_1 + a_2 + a_3 + a_4 - N) - (a_1 + a_2 + a_3 + a_4 - N)$$
$$+ \cdots$$

그러나 이제 이 방정식의 우변에서 괄호들이 첫 번째 항의 후의 모든 항이 제거된다. 결과적으로 좌변의 급수의 합은 N이다.

기하학 속 무한

한 점과 선은 같다.

다음의 패러독스는 약 300 년 전에 두 개의 새로운 과학에 관한 갈릴레오(Galileo)의 의견에서 나타났다. 그 당시 기하학 속에서 무한을 다루는 연구하려는 시도로 인해 혼란이 생기었다.

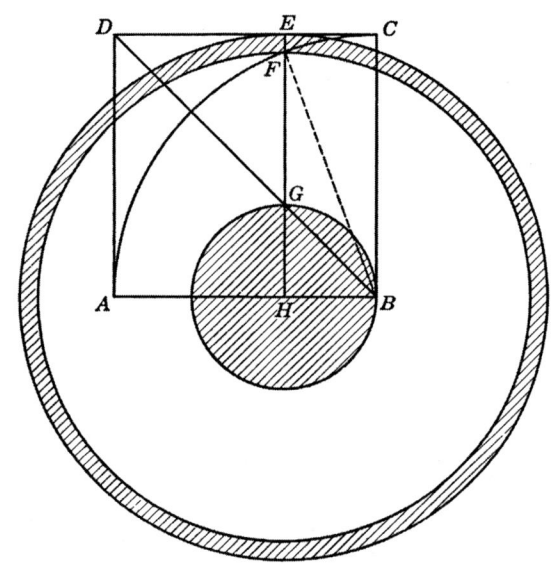

그림 7.3 HE 가 BC 에 접근함에 따라, 음영 처리된 원은 점 B 로 줄어들고 음영 처리된 링은 반지름 BC 인 원의 원주로 축소된다.

[그림 7.3]과 같이 임의의 정사각형 $ABCD$ 에 대각선 BD 를 그린다. 점 B 가 중심이고 반지름 BC 인 사분원 CFA 를 그리자. 선분 BC 의 평행한 선분 HE 를 그리고 점 F 에서 사분원과 점 G 에서 대각선과 교차한다. 점 H 를 중심으로 하고 각각 반지름을 선분 HG, HF, HE 의 원을 작도하자.

음영 처리된 원의 넓이가 음영 처리된 링의 넓이와 같다는 것을 보이는 것은 그리 어렵지 않다. 이것을 보이려면 먼저 삼각형 FBH 가 직각삼각형이라는 점을 주목하여라. 결론적으로 잘 알고 있는 피타고라스 정리에 의해서 아래 식을 만족한다.

$$\overline{BF}^2 = \overline{HB}^2 + \overline{HF}^2$$
$$\overline{HB}^2 = \overline{BF}^2 - \overline{HF}^2 \qquad (1)$$

그러나 $\overline{HE} = \overline{BC}$ 이고 두 선분 BC와 BF는 같은 사분원의 반지름이므로, $\overline{BC} = \overline{BF}$이다. 그러므로 $\overline{HE} = \overline{BF}$이다. 다시 두 선분 HB와 HG는 같은 원의 반지름이므로 $\overline{HB} = \overline{HG}$이다. 따라서 식 (1)에서 선분 HE를 선분 BF로 그리고 선분 HG를 선분 HB로 바꾸면 아래식을 얻는다.

$$\overline{HG}^2 = \overline{HE}^2 - \overline{HF}^2 \qquad (2)$$

식 (2)의 양 변에 π를 곱하자.

$$\pi \cdot \overline{HG}^2 = \pi \cdot \overline{HE}^2 - \pi \cdot \overline{HF}^2$$

이 방정식의 좌변은 음영 처리된 원의 넓이를 나타낸다. 우변은 반지름이 $\overline{HE}$와 $\overline{HF}$인 두 원의 넓이의 차이 인 음영 처리된 링의 영역을 나타낸다.

이제 선분 HE가 오른쪽으로 이동하여서 선분 BC에 위치에 접근한다고 하자. 선분 HE가 선분 BC와 일치하게 되면 음영 처리된 원은 점 B로 줄어들고 음영 처리된 링은 반지름이 선분 HE (현재 선분 BC) 인 원의 원주로 축소된다. 그러나 음영 처리된 원과 음영 처리된 링의 넓이는 선분 HE가 어떤 위치에 있던 간에 같으므로 '**한 점이 원주의 둘레와 같다!**'는 결론을 내려야 한다.

아마도 이 패러독스의 해결책은 명백하다. 우리가 최종 결론에 대해 속이지 않았다면 더 분명 할 것이다. '한 점은 원의 둘레와 넓이가 같다.'라고 주장하였다. 원의 원주는 1 차원 곡선이며, 무한한 점으로 구성되어 있음에도 불구하고 점보다 더 많은 넓이를 차지할 수 없다. 원주의 넓이와 점의 넓이는 모두 0이다.

평행 공리 증명 [2]

기하학 속의 무한은 갈릴레오 이후 오랫동안 수학적 사고를 혼란스럽게 했다. 1834 년 까지만 해도, 평면 기하학의 '평행 가설(parallel postulate)'에 대한

---

[2] 공준(postulate)이란 용어는 현대에서 잘 쓰지 않고 공리(Axiom)에 통합되어 사용된다.

흥미롭지만 잘못된 증거가 제시되었는데 이는 명백히 옳다는 신념을 가지고 제안한 것이었다.

공리는 즉, 가정은 일반적으로 다음과 같이 진술된다. **주어진 직선 밖의 주어진 점을 지나고 주어진 직선에 평행한 직선을 유일하게 그릴 수 있다.** 수세기 동안 이 가정은 다른 가정들로 증명될 수 있다고 생각되었지만, 그러한 증명에 대한 모든 시도는 성공하지 못하였다. 수학자들은 이 가정이 다른 가정들과 마찬가지로 근본적인 것을 의심하기 시작했다. 예를 들어, 두 점 사이에 단 하나의 직선 만 그릴 수 있다는 가정을 의심하기 시작했다. 19세기 초의 대담한 사람들 중 일부는 이 가정이 상당히 다른 가정으로 대체된 기하학을 실험하기 시작했으며, 이러한 개척자들의 노력으로 인해 현재 '비-유클리드'라는 기하학이 생겨났다.

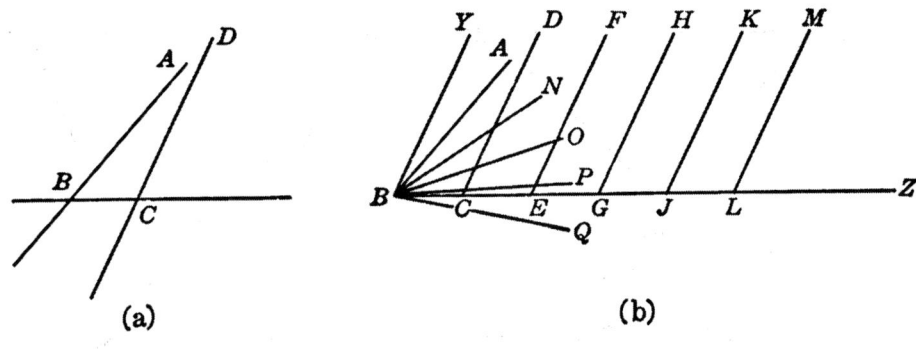

그림 7.4

평행 공리는 각각 동치 명제인 여러 가지 다른 형태로 진술될 수 있다. 우리가 설명하려는 잘못된 증명에서, 유클리드가 원래 공리를 사용해야 한다. **만약 두 직선이 세 번째 직선에 의해서 잘려지고 세 번째 직선 위에 있는 두 동측 내각의 합이 두 직각 보다 작으면, 두 직선을 무한히 늘렸을 때 동측 내각이 두 직각 보다 작은 쪽에서 만난다.** 즉, [그림 7.4](a)]에서 $\angle ABC + BCD < 2\angle R$인 경우, 두 직선 BA와 CD는 한없이 늘렸을 때 동측 내각의 합이 두 직각 보다 작은 쪽에서 결국 만날 것이다.

1834년의 희망을 품은 기하학자가 그의 증명을 설명하기 위해 [그림 7.4 (b)]의 그림을 그렸다. 점 B를 지나고 선분 CD와 평행하게 선분 BY를 그리고 각 ABN, 각 NBD, 각 DBP, 각 PBQ의 크기는 각각 각 YBA의 크기와 같게 그렸다. 그는 각 YBA의 크기에 관계없이 각 ABN, 각 NBD, ⋯ 의 충분히 많은 각들을 작도하여 결국 선분 (그림의 선분 BQ)을 선분 BZ 아래쪽에 그릴 수 있다고 주장했다. 이러한 각이 $n-1$개라고 가정하자. (그림에서는 4개이다). 그런 다음 선분 BC와 같은 길이인 $n-1$개의 선분 CE, EG, GJ, ⋯를 그려서 구분하고 분할된 점을 지나는 선분 CD와 평행한 직선 EF, GH, JK, ⋯를 그렸다.

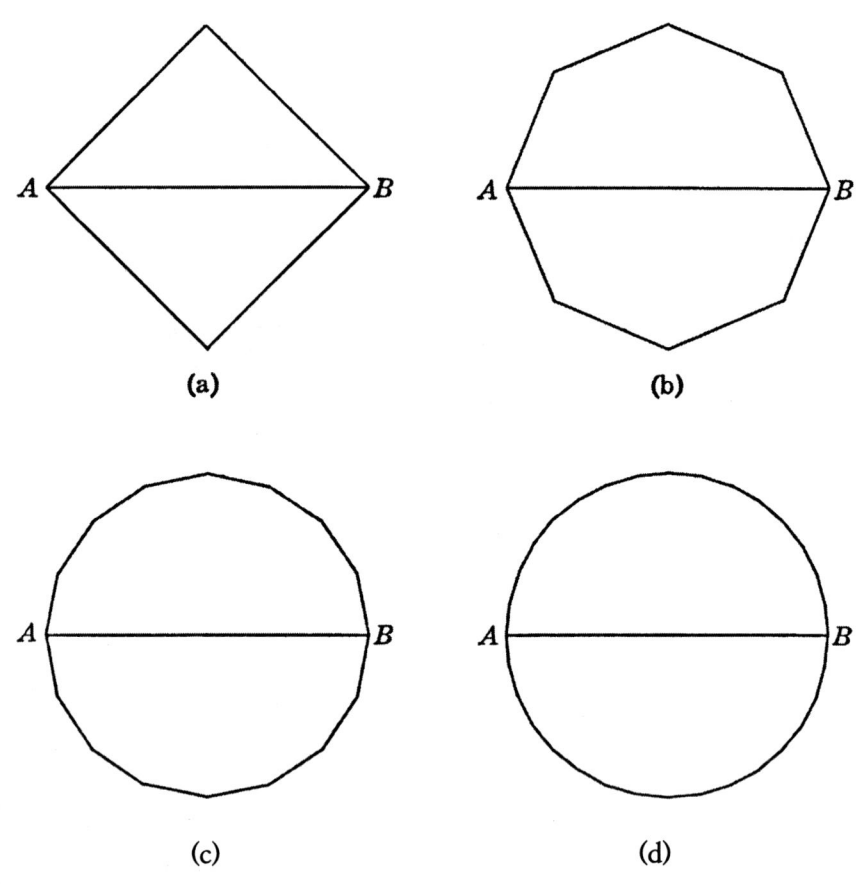

그림 7.5 정규 다각형 수열의 극한인 원

지금까지는 순조로웠다. 그러나 이 시점에서 그는 무한한 넓이를 비교하기 시작했다. 예를 들어, 무한한 두 반직선 BY와 BA를 변으로 하는 유계인 무한 영역은 두 반직선 BA와 BN을 변으로 하는 유계인 무한한 넓이와 같다는 것이 순조롭게 유지되었다. 그리고 유한한 선분 BC와 무한한 반직선 BY, CD의 세 변에 의한 유계인 무한한 넓이는 유한한 선분 CE와 무한한 반직선 CD, EF에 의한 세 변의 유계인 무한한 넓이와 같다. 또는, YBA 넓이는 ABN 넓이와 같고 $YBCD$ 넓이는 $DCEF$ 넓이와 같다.

이 주장과 무한한 넓이에 대한 비슷한 주장이 유효하다고 가정하자. 나머지 증명은 다음과 같다. $YBLM$ 넓이는 $YBCD$ 넓이의 n배와 같고, YBQ 넓이는 YBA 넓이의 n배와 같다. 그러나 $YBLM$ 넓이는 YBZ 넓이의 일부일 뿐이며 YBZ 넓이는 YBQ 넓이의 일부일 뿐이다. 따라서, $YBCD$ 넓이 n 배는 YBZ 넓이 보다 작으며, 이는 차례로 YBA 넓이 n 배 보다 작다. 즉, $n \cdot (YBCD) < n \cdot (YBA)$이거나 $(YBCD) < (YBA)$이다. 그러나 이러한 경우 선분 AB는 선분 CD와 만나야 한다. 선분 AB는 선분 CD와 만나지 않으면 $(YBCD) = (YBA) + (ABCD)$이므로 $(YBCD) > (YBA)$이다.

이 평범해 보이는 증명의 함정은 물론 관련된 넓이가 무한하다는 것에 있다. 두 개의 유한한 넓이 중 첫 번째 넓이는 두 번째 넓이 보다 작거나 또는 같거나 또는 더 크다고 말할 수 있다. 그러나 두 무한한 넓이는 비교할 수 없다. - 우리는 무한한 넓이라고 만 말할 수 있다.

걷잡을 수 없는 곡선

이 장의 나머지 부분은 대부분 '극한 곡선(limiting curve)' - 다각형의 무한 수열의 극한처럼 정의된 곡선, 즉 직선으로 구성된 그림의 무한 수열의 극한으로 정의된 곡선에 할애할 것이다. 극한 곡선의 개념은 평면 기하학을 연구한 사람 중 어느 누구도 새로운 것이 아니다. 원만큼 친숙한 곡선이 정규 다각형의 무한 수열의 극한으로 간주될 수 있는 방법을 간단히 상기해보자. ('정다각형'은 동일한 면과 동일한 각을 갖는 것이다.)

[그림 7.5 (a)]에서 선분 AB를 대각선으로 하는 정사각형이다. [그림 7.5 (b)], [그림 7.5 (c)], [그림 7.5 (d)]는 각각 $2 \cdot 4 = 8$면, $2 \cdot 8 = 16$면, $2 \cdot 16 = 32$면을 갖는 정다각형이다. 이러한 연속적인 다각형을 P_1, P_2, P_3, P_4로 나타내자. 무한히 변의

수를 두 배로 늘리면서 정다각형 수열을 $P_1, P_2, P_3, P_4, P_5, P_6, \cdots$이라고 하자. 이는 직관적으로 알 수 있으며 정다각형 수열의 극한은 선분 AB가 지름인 원으로 수렴한다는 것이 엄밀하게 증명될 수 있다.

방금 본 것처럼 직관에 호소하는 데는 주의를 기울여야 한다. 직관으로 하는 주장하는 것은 극도로 잘못된 길로 이끄는 세 가지 문제를 보도록 하자.

세 가지의 현혹된 극한 곡선

패러독스 1.

[그림 7.6 (a)]와 같이 직각이등변삼각형이 있다. 각각의 밑변과 높이의 길이는 1(인치)이어서 피타고라스 정리를 적용하면, 빗변의 길이는 $\sqrt{1^2+1^2} = \sqrt{1+1} = \sqrt{2}$(인치)이다. [그림 7.6 (b)]와 같이 왼쪽 하단 꼭지점으로 부터 위로 $\frac{1}{4}$ 인치, 오른쪽으로 $\frac{1}{2}$ 인치, 위로 $\frac{1}{2}$ 인치, 오른쪽으로 $\frac{1}{2}$ 인치, 위로 $\frac{1}{4}$ 인치만큼 점선을 그리자. 이 선을 L_1이라고 하자. [그림 7.6 (c)]와 같이 '단계' 수가 두 배가 되게 점선 L_2를 그리자. [그림 7.6 (d)]에서도 이전의 단계의 두 배가 되게 점선 L_3을 그리자. 단계 수를 두 배로 늘리는 과정을 무한히 계속하면 점선의 수열인 $L_1, L_2, L_3, L_4, L_5, L_6, \cdots$을 얻는다. 이 선들의 수열의 극한은 원래 삼각형의 빗변으로 수렴한다. 결과적으로, 극한 선의 길이는 $\sqrt{2}$ 인치이다. 참인가? 아니, 거짓이다. 길이는 얼마인가?

해설

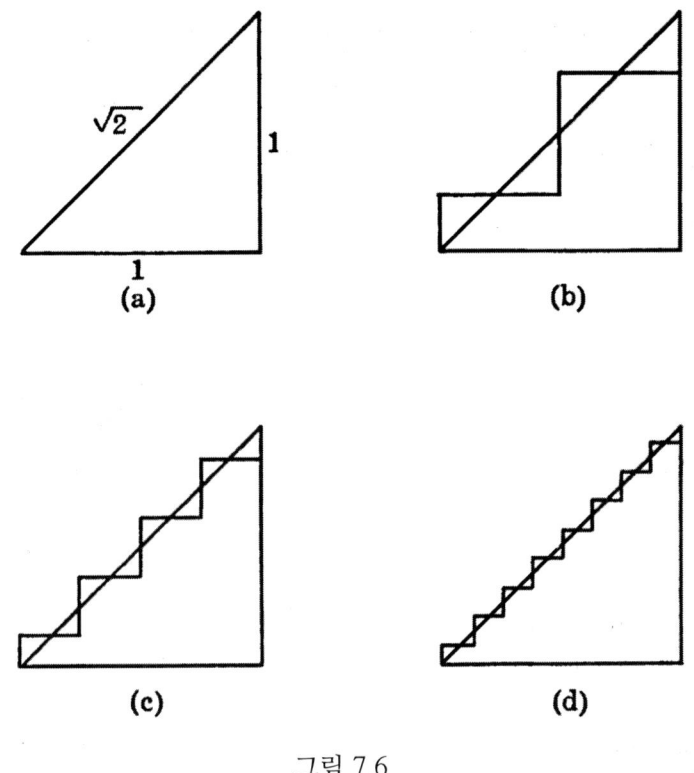

그림 7.6

극한 선은 직각 삼각형의 빗변처럼 보이므로 극한 선의 길이는 $\sqrt{2}$ 처럼 보인다. [그림 7.6 (b)]에서 표시된 점 선 L_1을 보자. 수평 선분들의 합은 1이고, 수직 선분들의 합도 1이라고 할 수 있다. 따라서 L_1의 길이는 2이다. 그러나 [그림 7.6 (c)]와 [그림 7.6 (d)]의 극한 선 L_2와 L_3에도 같은 논리가 적용된다. 즉, 이들 각각의 경우에도 마찬가지로 수평 선분들의 합과 수직 선분들의 합은 1이다. 따라서 L_1과 마찬가지로 L_2와 L_3의 길이는 각각 2이다. 이제 '단계' 수를 두 배로 늘리고 또 다시 두 배로 늘리더라도 가로 선분들의 합은 계속 1이고 세로 선분들의 합도 계속 1이다. 결과적으로, 모든 점 선 L_1, L_2, L_3, L_4, L_5, L_6, …의 길이가 2이다. 극한 선의 길이도 $\sqrt{2}$가 아닌 2 이다.

패러독스 2.

[그림 7.7 (a)]와 같이 지름이 $\overline{AB}$인 원을 만들자. 이 곡선을 C_1이라고 하자. 이제 [그림 7.7 (b)]와 같이 각각 지름이 $\frac{\overline{AB}}{2}$인 두 개의 원으로 만들어진 곡선을 작도 하자. 이 두 원은 화살표로 표시된 방향으로 그려진 단일 곡선으로 생각할 수 있다. 이 곡선을 C_2라고 하자. 곡선 C_3과 C_4는 [그림 7. 7 (c)]와 [그림 7.7 (d)]와 같다. 이들 곡선들은 각각 반지름이 $\frac{\overline{AB}}{4}$인 4개의 원과 반지름이 $\frac{\overline{AB}}{8}$인 8개의 원으로 구성되어 있다. 원의 수를 두 배로 늘리고 지름을 반으로 줄이는 과정을 무한히 계속 반복하여 보자.

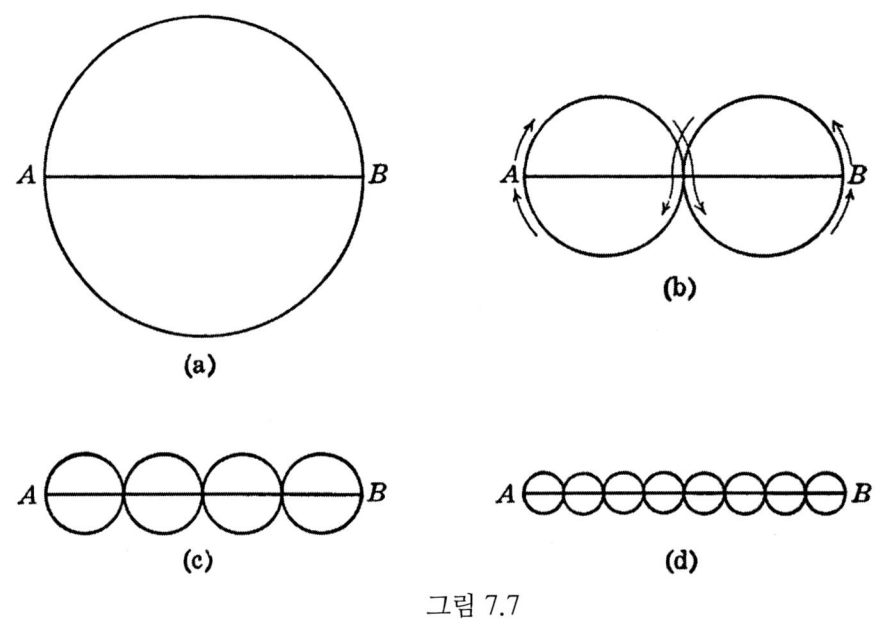

그림 7.7

결과적으로 곡선의 수열은 C_1, C_2, C_3, C_4, C_5, C_6, …이다. 무한히 작은 원으로 구성된 극한 곡선은 선분 AB와 구분할 수 없다. 이제 각 곡선은 가로지르면서 점 A에서 점 B로 다시 점 A로 그릴 수 있다. 따라서 극한 곡선의 길이는 $2 \cdot \overline{AB}$이다. 참인가? 아니 거짓이다. 길이는 얼마인가?

해설

[그림 7.7 (a)]에 그려진 곡선 C_1을 보자. 원의 둘레 길이는 원의 지름의 π배와 같기 때문에 곡선 C_1의 길이는 $\pi(AB)$이다. [그림 7.7 (b)]에서 곡선 C_2는 각각 지름이 $\frac{\overline{AB}}{2}$

인 두 개의 원으로 구성된다. 각 원의 원주 길이는 $\pi \cdot \frac{\overline{AB}}{2}$이다. 따라서 C_2의 길이는 $2 \cdot \pi \cdot \frac{\overline{AB}}{2} = \pi \cdot \overline{AB}$이다. [그림 7.7 (c)]의 곡선 C_3은 각각 원의 원주는 $\pi \cdot \frac{\overline{AB}}{4}$이다. 따라서 C_3의 길이는 $4 \cdot \pi \cdot \frac{\overline{AB}}{4} = \pi \cdot \overline{AB}$이다. 같은 방법으로, C_4의 길이는 $8 \cdot \pi \cdot \frac{\overline{AB}}{8} = \pi \cdot \overline{AB}$이다. 이후로 같은 방법으로 구한다. 결과적으로 모든 곡선 C_1, C_2, C_3, C_4, C_5, C_6, $\cdots$ 의 길이는 $\pi(AB)$ 이다. 따라서 극한 곡선의 길이는 $2 \cdot \overline{AB}$ 가 아니라 $\pi(AB)$이다.

패러독스 3.

[그림 7.8 (a)]와 같이 반지름 R인 원에 내접한 정사각형이 있다. 정사각형의 각 변을 지름으로 하는 반원을 작도 하자. 반원들로 만들어진 곡선을 C_1이라고 하자.

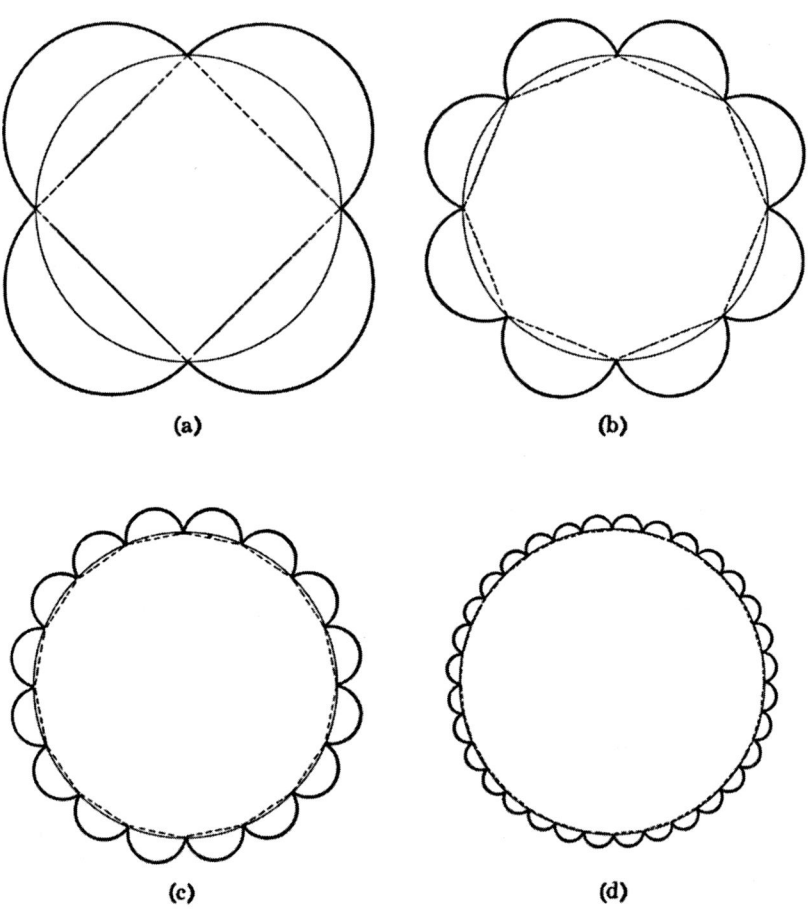

그림 7.8

[그림 7.8 (b)]와 같이 원에 내접하는 정팔각형의 각 변을 지름으로 하는 반원들의 곡선을 C_2라고 하자. 다각형의 변 수를 두 배로 늘리고 변을 지름으로 하는 반원을 만드는 과정을 무한히 계속하여서 만들자. 결과에 나온 곡선 수열을 C_1, C_2, C_3, C_4, C_5, C_6, … 이며 이 중 C_3과 C_4는 [그림 7.8 (c)]와 [그림 7.8 (d)]와 같다. 극한 곡선은 무한히 작은 반원으로 구성된다. 이 곡선은 반지름 R인 원래의 원과 구별할 수 없다. 따라서 곡선 길이는 $2\pi R$이다. 참인가? 아니 거짓이다. 곡선의 길이는 얼마인가?

해설

[그림 7.8 (a)]의 곡선 C_1을 보자. 이 곡선은 네 개의 반원으로 구성되며, 각각은 원에 내접한 정사각형의 변의 지름으로 하는 반원이다.

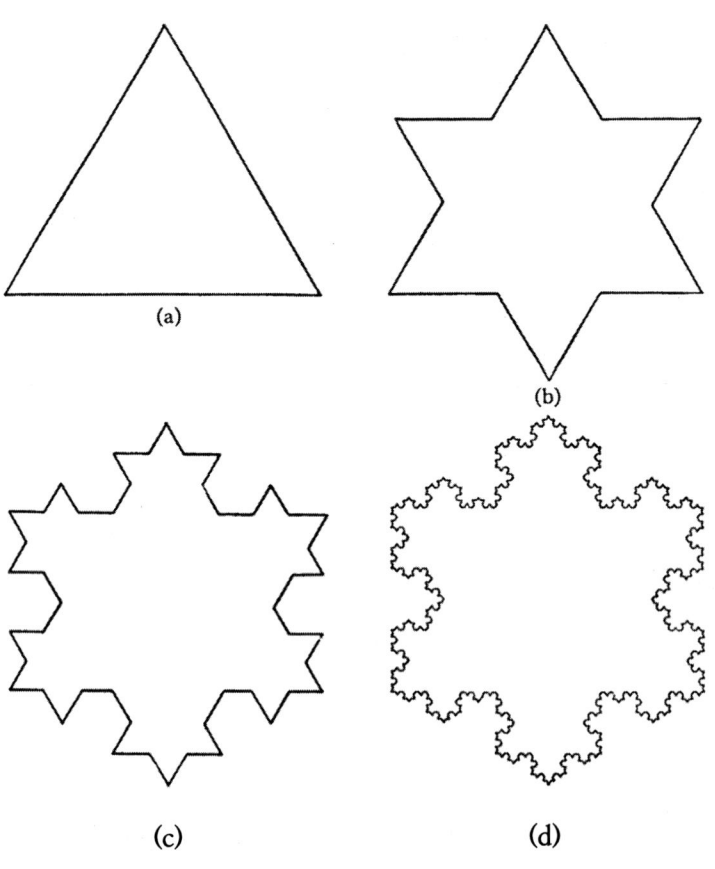

그림 7.9

원의 둘레는 원의 지름의 π 배와 같으므로, 반원의 길이는 반원의 지름의 $\frac{1}{2}\pi$ 배와 같다. 따라서 [그림 7.8]에서 각 반원의 길이는 정사각형의 한 변의 $\frac{1}{2}\pi$ 배와 같으며, 4개의 반원의 길이는 정사각형의 네 변의 합의 $\frac{1}{2}\pi$ 배와 같다. 정사각형의 둘레를 p_1이라고 하면, 곡선 C_1의 길이는 $\pi \cdot \frac{p_1}{2}$로 간단하게 표현할 수 있다. 다시, [그림 7.8 (b)]와 같이 곡선 C_2는 원에 내접한 정팔각형의 8개의 변에 각각 반원을 작도하여 만든 8개의 반원으로 구성되어 있다. 따라서 C_2의 길이는 정팔각형의 8개의 변의 합의 $\frac{1}{2}\pi$ 배이다. 또는 정팔각형의 둘레 길이를 p_2로 나타내면 C_2의 길이는 $\pi \cdot \frac{p_2}{2}$이다. 같은 방식으로, [그림 7.8 (c)], [그림 7.8 (d)]와 같이 C_3 및 C_4의 길이는 각각 $\pi \cdot \frac{p_3}{2}$, $\pi \cdot \frac{p_4}{2}$로 표현될 수 있으며, p_3 및 p_4는 각각 원에 내접한 정 16 각형과 정 32 각형의 둘레길이이다. 연속된 곡선 $C_1, C_2, C_3, C_4, C_5, C_6, \cdots$의 길이는 각각

$$p_1 \cdot \frac{\pi}{2}, p_2 \cdot \frac{\pi}{2}, p_3 \cdot \frac{\pi}{2}, p_4 \cdot \frac{\pi}{2}, p_5 \cdot \frac{\pi}{2}, p_6 \cdot \frac{\pi}{2}, \cdots$$

이다. 단 $p_1, p_2, p_3, p_4, p_5, p_6, \cdots$은 각각 원에 내접한 연속적인 내접다각형의 둘레길이를 의미한다. 그러나 일반적으로 극한 곡선의 개념을 도입할 때, 내접다각형의 수열의 극한이 원에 접근한다는 것이 엄밀히 증명될 수 있다는 것이 지적하였다. 즉, 내접 다각형 둘레 길이 $p_1, p_2, p_3, p_4, p_5, p_6, \cdots$의 수열의 극한은 원의 둘레 또는 $2\pi R$이다. 결과적으로, 극한 곡선의 길이(원의 원 둘레로 접근하는 것으로 보임)는 $2\pi R$이 아니라 $\frac{\pi}{2} \cdot 2\pi R = \pi^2 R$이다.

유한한 넓이와 무한한 길이

이제 수학자들이 특정한 직관적 생각을 증명하거나 반증하려는 시도로 구성된 곡선-수학에서 발견되는 소위 '걷잡을 수 없는 곡선'의 일부를 자세히 다룰 준비가 되어 있다. 이러한 각각의 곡선은 위에 정의된 원과 거의 동일한 방식으로 $P_1, P_2, P_3, P_4, P_5, P_6, \cdots$과 같이 정다각형의 연속 극한으로 정의된다. 그러나 현재의 어떤 경우에도 원의 경우처럼 실제로 극한 곡선을 그리는 것이 가능하지 않을 것이다. 각 수열의 처음 몇 개의 정다각형 만 구성하는 것으로 만족해야 할 것이다. 최종적인 곡선을 그리는 문제는 우리의 상상에 맡겨야 한다.

첫 번째 항목은 그것이 추정하는 모양 때문에 "눈 꽃 곡선"으로 불리 운다. P_1, 수열의 첫 번째 다각형은 [그림 7.9 (a)]와 같이 정삼각형이다. 이 삼각형의 각 변을 3등분하고, 각 변의 중간 부분에 새로운 정삼각형을 만들고, 기존 삼각형과 새로운 삼각형에 공통인 선분을 제거한다. 이러한 결과 P_2는 [그림 7.9 (b)]의 별모양 다각형이 된다. P_3를 만들려면 P_2 다각형의 각 변을 삼분하고, 각 변의 가운데 부분에 새로운 정삼각형을 만들고 다시 이전 다각형과 새로운 삼각형의 공통인 선분을 제거한다. 같은 과정을 무한번 반복한다. 그 결과는 다각형 P_1, P_2, P_3, P_4, P_5, P_6, …의 수열이며, 그 중 세 번째와 다섯 번째 다각형은 각각 [그림 7.9 (c)]와 [그림 7.9 (d)]와 같다.

이 다각형 수열의 극한은 정말로 주목할 만한 곡선으로, **그것의 길이는 무한하지만, 그것이 둘러싸고 있는 넓이는 유한하다!** 넓이가 유한하다는 것을 증명하기 위해서는 먼저 [그림 7.9 (a)]의 원래 삼각형에 대해 외접원을 생각해 보라. 그리고 [그림 7.9 (b)], [그림 7.9 (c)], [그림 7.9 (d)]와 같이 새로 만들어진 다각형의 다음 단계의 다각형의 곡선이 이 원을 넘어 확장되지 않는다는 점에 유념하여라. 이제 곡선의 길이를 생각해 보자. 원래의 정삼각형의 각 변이 길이가 1 단위라고 가정하자. 그렇다면 P_1의 둘레는 3 단위다. P_2를 구성하면서 6 개의 길이 $\frac{1}{3}$ 단위를 추가하고 길이 $\frac{1}{3}$ 단위의 3 개 선분을 제거함으로써 가감을 하여야 한다. 최종 결과는 둘레 길이에 1 단위가 추가됐다. 즉 P_2의 길이는 3 + 1이다. 같은 방법으로 P_3의 둘레 길이는 $3 + 1 + \frac{4}{3}$이고, P_4의 둘레길이는 $3 + 1 + \frac{4}{3} + \left(\frac{4}{3}\right)^2$이다. 이후 같은 방법으로 구할 수 있다. 따라서 극한 곡선의 둘레 길이는 아래와 같은 무한 급수의 합으로 나타낼 수 있다.

$$3 + 1 + \frac{4}{3} + \left(\frac{4}{3}\right)^2 + \left(\frac{4}{3}\right)^3 + \left(\frac{4}{3}\right)^4 + \cdots$$

이 급수의 연속적인 항의 값이 커지고 있어 충분히 많은 수의 항을 더함으로써 원하는 만큼의 큰 수를 만들 수 있다는 것은 분명하다. 결과적으로 무한 합(129 페이지)의 정의에 따라 극한 곡선의 길이는 무한하다.

영역을 채우는 곡선(an area-filling curve)

몇 페이지를 뒤쪽에서 하나의 선은 어떤 영역을 채울 수 없다는 것을 이야기하였다. 이 명제는 선의 길이가 유한하다면 참이다. 하지만 수학자들은 주어진 영역을 완전히 메우는 여러 개의 극한 곡선을 만드는 데 성공했다! 다음 곡선은 폴란드 수학자 바츠와프 시에르핀스키(W. Sierpiński,)에 의해 고안된 곡선이다.

수열의 첫 번째 원소는 [그림 7.10 (a)]와 같이 주어진 정사각형에 그려진 다각형 P_1이다. 그런 다음 정사각형을 네 개의 동일한 정사각형으로 나누고, P_1과 닮음의 네 개의 다각형을 결합하여 [그림 7.10 (b)]와 같이 P_2를 만든다. P_3를 얻기 위해 4개의 정사각형 각각을 4개로 더 나누고, 16개의 다각형을 다시 [그림 7.10 (c)]와 같이 결합한다. 동일한 과정을 반복하여 [그림 7.10 (d)]와 같은 다각형 P_4를 만든다. 이 과정을 무한정 계속하면 다각형 P_1, P_2, P_3, P_4, P_5, P_6, …와 같은 수열을 만들 수 있다.

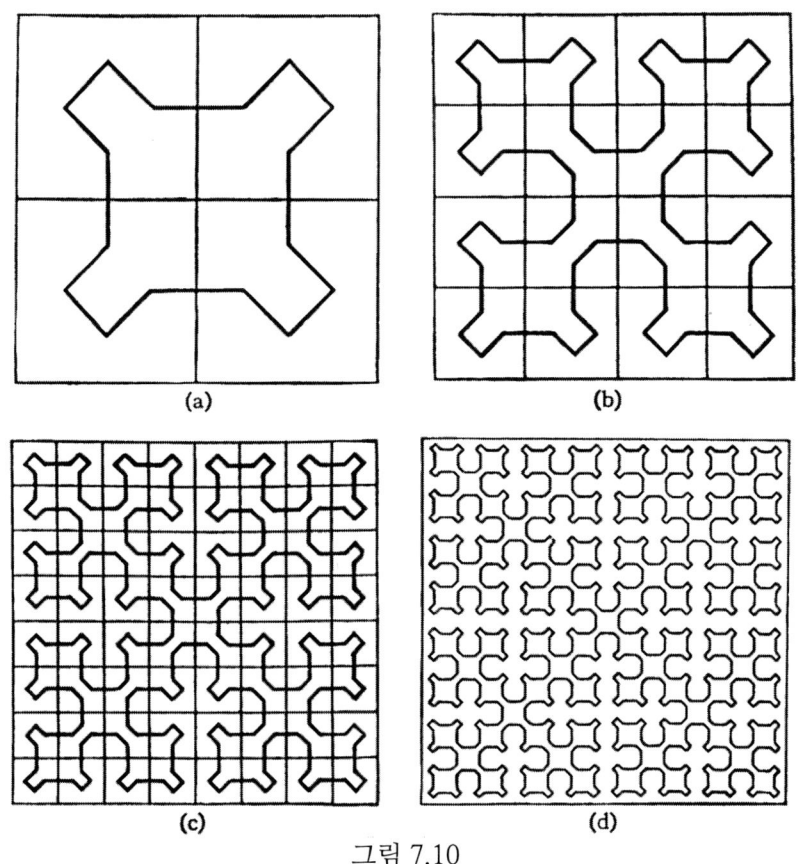

그림 7.10

이 다각형 수열의 극한은 어떤 곡선에 접근한다. 이제 이 곡선이 그려져 있는 정사각형의 특정 지점을 통과하는 것을 엄밀하게 증명할 수 있다. 결과적으로, 이것은 정사각형의 모든 지점을 통과하는 것이고 따라서 정사각형의 영역을 완전히 채우는 것이 틀림없다. 그리고 만약 2차원 정사각형을 채우는 1차원 곡선을 배우는 것이 우리의 직관에 대한 몸 풀기로 충분하지 않다면, 일반화하여 3차원 공간에서 정육면체를 완전히 채우는 1차원 곡선으로 완전히 채울 수도 있고, 또는 심지어 임의의 차원의 공간의 '정육면체'도 1차원 곡선으로 완전히 채울 수도 있다는 것에 주의를 기울이도록 말을 할 수도 있을 것이다!

모든 점은 교점이다.

다음 예를 검토하기 전에, 곡선의 '교점' 즉 곡선이 자신과 교차하는 점을 명확하게 정의하기 위해 잠시 생각을 해야 한다. 곡선 위의 주어진 점을 중심으로 한 작은 원이 항상 곡선을 한 번 자르는데, 원이 아무리 작아도 한 번 만 곡선을 자른다면 그 점은

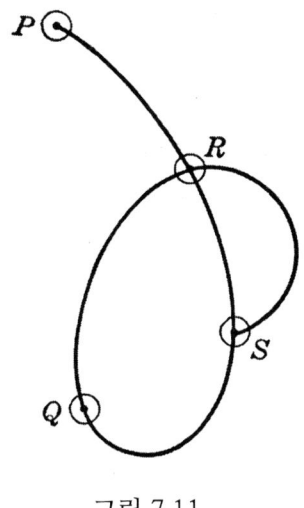

그림 7.11

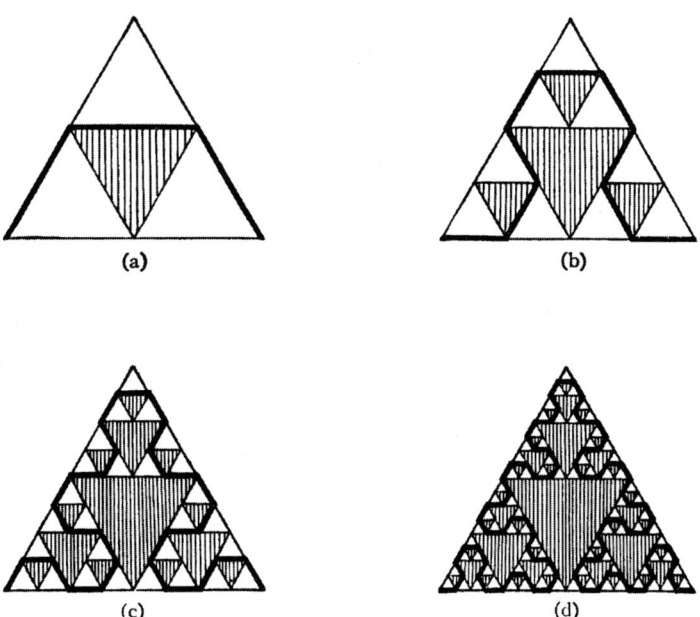

그림 7.12

곡선 p의 '끝점'이라고 한다. 곡선 위의 주어진 점을 중심으로 한 임의의 작은 원이 곡선을 두 번 자르면 이 점을 곡선의 '일반점'이라고 한다. 마지막으로, 곡선 위의 점을 중심으로 한 임의의 작은 원이 곡선을 두 번 이상 자르면 점은 곡선의 '교점'이라 한다. 따라서 [그림 7.11]의 곡선에서 점 P는 끝점, 점 Q는 일반점, 점 R과 점 S는 교차점이다. 이 정의가 직관적인 교차점 아이디어와 일치한다는 것에 동의할 수 있는가?

직관에 더 의존하면 의심의 여지없이 교점으로 구성된 곡선을 구성하는 것은 불가능하다. 1915년에 시에르핀스키(Sierpinski)는 이것이 사실이 아님을 보였다. 정삼각형을 네 개의 합동인 정삼각형으로 나누고 가운데 삼각형을 음영 처리하고 [그림 7.12 (a)]와 같이 굵은 선을 그린다. 이 굵은선을 연속된 꺾은선 수열의 첫 번째 원소인 L_1이라고 하자.

이제 음영이 없는 정삼각형을 4개의 합동인 삼각형으로 나누고 각 경우에 가운데 정삼각형을 음영 처리한 후 [그림 7.12 (b)]와 같이 굵은 선을 그린다. 이 굵은선을 꺾은선의 수열의 두 번째인 원소인 L_2라고 하자. 다시 각 단계에서 음영 처리되지 않은 삼각형을 네 개의 새로운 삼각형으로 나누고 가운데 삼각형을 음영 처리하고 적절한 굵은 선을 그린다. [그림 7.12 (c)]와 [그림 7.12 (d)]는 각각 꺾은선 수열의 세 번째 원소와 네 번째 원소이다. 이러한 꺾은선 수열을 $L_1, L_2, L_3, L_4, L_5, L_6, \cdots$ 이라 하자.

이 수열의 극한은 원래 삼각형의 꼭짓점을 제외하고 모든 점이 정의에 따른 교점이라는 것을 증명할 수 있다. 마지막으로, 만약 원래의 삼각형이 세 개의 꼭지점을 한 점으로 모으기 위해 평면을 구부린다면, **이 곡선은 모든 점에서 스스로 교차한다!**

이 곡선이 마지막 두 곡선과 같이 머리 속으로 그리기 쉽지 않다는 것을 인정해야 한다. 수학 전공자가 아니면 최종 결론은 믿음에 따라 받아들여야 할 것이다. 수학자라서 증명을 보고싶으면, 원래의 출처 논문을 보아라.[15] 이 곡선과 영역-채우기 곡선은 모두 눈송이 곡선과 같이 길이가 무한하다.

정말로 세 개의 이웃한 영역

[그림 4.41]의 지도를 잠시 보자. 이 지도에는 각각 다른 3개 나라와 이웃한 4개의 나라가 있다. 대부분, 두 나라 사이의 경계에 있는 점들은 두 나라의 공통점이다. 그림에서 보듯이 3개 나라와 공통점은 3개뿐이다. 정확성을 기하기 위해서는 '두 개 이상의 국가에 공통점'을 의미하는 바를 정의하는 것이 좋다. 바로 전에 보았던 예에서처럼 '교차점'을 정의했던 것과 유사한 방법으로 정의할 수 있다. 따라서 주어진 점의 중심으로 한 임의의 작은 원이 두 국가를 동시에 (또는 모두)의 점을 포함한다면, 그 점을 두 국가(또는 그 이상)의 공통점이라고 하자. 만약 우리가 그것을 생각하는 것을 잠시 멈춘다면 여기 다시 한번 정의가 우리의 직관적인 아이디어와 일치한다.

상식적으로 3개 나라의 공통점은, 지도에서 언급된 바와 같이, 고립된 점이다. 즉

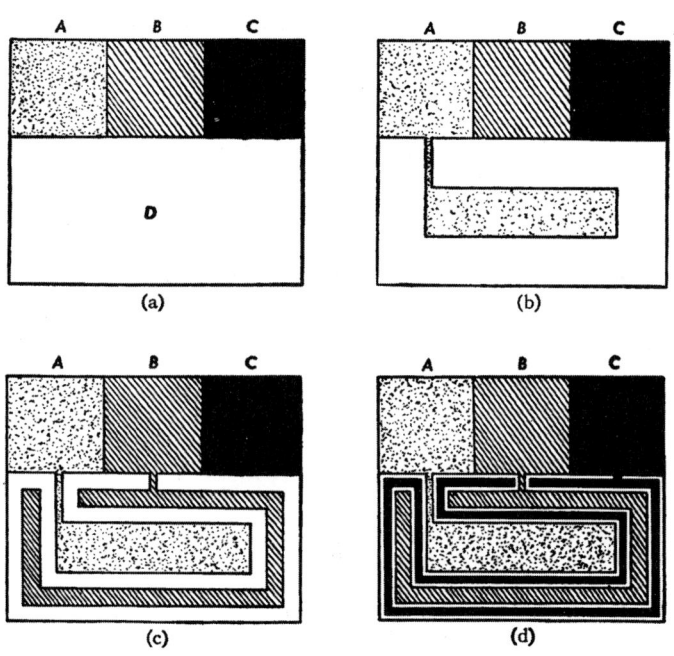

그림 7.13

3개국이 공통점의 선 전체를 갖는다는 것은 불가능하다. 이 결론이 거짓이라는 것은 1909년 네덜란드의 수학자 브로우에르(Brouwer)에 의해 증명되었다. 수학자만이 우리가 설명하려고 하는 이상한 지도를 떠올릴 것이다. 다음을 보자.

[그림 7.13 (a)]에는 주인 없는 영역 D 와 함께 잘 나누어진 나라 A, B, C 가 있다. 우리는 D 가 길이가 3마일이고 폭이 1.5마일이라고 가정하자. A는 먼저 D 의 경계에서 $\frac{1}{2}$마일 이상 떨어져 있는 D 의 모든 영역을 가져간다. [그림 7.13 (b)] 물론 좁은 길을 이용하여 새로운 영역을 모국과 연결하는 것은 합리적일 뿐 이 길의 존재는 뒤따라야 할 논쟁에는 아무런 영향을 미치지 않을 것이다. 그 후 B 은 D 의 새로운 경계에서부터 $\frac{1}{6}$마일 이상 떨어져 있는 나머지 모든 영토를 가져간다. [그림 7.13 (c)] C 는 D 의 새로운 경계선으로부터 $\frac{1}{18}$마일 이상 떨어져 있는 모든 남은 영역을 가져간다. [그림 7.13 (d)] 그러나 지금도 꽤 많은 가져갈 수 있는 영역이 남아 있어서 그들은 처음부터 다시 시작한다.

A 는 현재 D 의 경계로부터 $\frac{1}{54}$마일 이상 떨어져 있는 모든 땅을, B 는 이 새로운 경계로부터 $\frac{1}{162}$ 마일 이상 떨어진 모든 땅을, C 는 아직 더 새로운 경계로부터 $\frac{1}{486}$마일 이상 떨어진 모든 땅 등을 가져가고 이를 무한히 반복한다.

이 극한에서, 세 나라가 원래 영역 D 를 모두 나누어 가져가게 될 것이다. 나아가 첫 번째 영역을 나누어 가지는데 $\frac{1}{2}$년, 두 번째 영역을 나누어 가지는데 $\frac{1}{4}$년, 세 번째 영역을 나누어 가지는데 $\frac{1}{8}$년 만에 이루어졌다고 가정하면 유한한 기간에 이를 가져갈 수 있다. 그렇게 되면 그 영역 D 을 완전히 가져가는데 필요한 총 시간(년)이 아래 무한 급수의 합의 시간(년)만큼 필요하다.

$$\frac{1}{2}+\frac{1}{4}+\frac{1}{8}+\frac{1}{16}+\frac{1}{32}+\frac{1}{64}+\cdots(\text{년})$$

그리고 이것은 이 장의 앞부분에서 보았듯이 1 년이다.

한때 소유권이 없던 영역 D 의 새로운 지도는? 그리기는 불가능하지만, 다음과 같이 말할 수 있다. 2 개 이상의 국가에 공통되는 점에 대한 우리의 정의에 따르면, **모든 경계점은 2 개뿐 아니라 A, B, C 의 3 개 나라 모두에 공통점이다!**

무한의 연산

무한 집합의 비교

이 장의 시작 부분에서,

$$1, 2, 3, 4, 5, 6, 7, \cdots$$

으로 구성된 집합과 모든 자연수의 제곱으로 구성된 집합,

$$1, 4, 9, 16, 25, 36, 49, \cdots$$

는 무한 집합의 예로 제시되었다.

그때 우리들 중 일부는 첫 번째 집합은 두 번째 집합 보다 '더 많은' 원소가 있는지 여부를 질문을 하였는지도 모른다. 두 번째 집합의 원소는 모두 첫 번째 원소의 반면에, 첫 번째 집합의 원소는 두 번째 집합의 원소가 아닌 원소가 많다는 것은 확실히 사실이다. 그러므로 두 집합은 모두 무한정 많은 원소를 가지고 있음에도 불구하고, 첫 번째 집합의 원소의 수가 어떻게 해서 든 혹은 두 번째 집합의 원소의 수보다 더 많거나 '더 크다.' 라고 말할 수 없는가?

바로 이 문제가 1638 년 갈릴레오(Galileo)에 의해 위에서 이미 언급한 그의 대화록에서 논의되었다. 갈릴레오는 이 두 집합에 대해 우리가 말할 수 있는 것은 두 집합이 각각 무한하다는 것, 즉 작다, 같다, 크다의 관계는 유한 집합에서는 적용될 수 있지만 무한 집합에서는 적용될 수 없다는 결론에 도달했다. 1851 년 볼자노(Bolzano)의 무한의 패러독스에 관한 책이 다시 이 문제를 다시 꺼낼 때까지 그 문제는 수면 아래에 있었다. 그러나 볼자노 조차도 그의 조사를 충분히 조사를 하지 못했다. 무한의 자유도를 비교할 수 있는 가능성은 마침내 1873 년 독일 수학자 칸토르(Cantor)에 의해 실현되었다. 그의 연구에서 '집합의 이론(theory of aggregates)' 이라고 불리는 수학의 한 분야가 탄생했다. 집합 이론은 가장 놀라운 결과를 이끌어낸 이론이다.

세기와 일대일 대응

칸토르의 추론 과정을 이해하기 위해서는 우리가 꽤 친숙해야 할 연산인 세는 것부터 시작해야 한다. 가령 43 개의 원소가 있는 유한 집합의 원소를 셀 때 우리는 어떻게 해야 하는가? 각 원소를 연속해서 가리키면서 '하나, 둘, 셋, 넷, …, 마흔 둘, 마흔 셋'이라고 읽는 것만으로는 부족하다. 이 연산을 수행하기 위한 능력은 숫자 단어의 고도로 발달된 어휘를 나타낸다. 만약 우리가 실제로 관련된 근본적인 연산을 관련시키려면, 단어를 사용하여 세는 연산을 배제해야 한다.

숫자 단어의 어휘가 '1', '2', '3', '4', '많다.'로만 한정하여 사용하는 미개한 나라를 여행하는 동안, 당신이 43 명의 탐험대의 리더라고 가정해보자. (숫자 어휘가 그렇게 한정되어 있는 야만족의 존재는 잘 알려져 있다.) 더 나아가 당신이 하룻밤을 보낼 것으로 예상되는 마을로 가서, 43 명을 위해 음식을 준비하기를 원한다는 것을 마을 족장에게 이해시키려고 한다고 가정해 보자. 만약 족장이 당신이 음식을 원한다는 것을 이해한다고 가정한다면, 당신은 '43'라는 단어를 어떻게 전달할 것인가? 종이 조각이나 지면에 표시를 하여 파티의 각 구성원에 해당하는 표식을 하면 된다. 각 표식에 해당하는 음식 접시가 준비되면 파티에 참석한 각 대원들에게 음식을 줄 수 있다.

그러면 족장은 '43'이라는 숫자에 대해서는 아무 말도 하지 않고, 탐험대의 인원수와 음식 접시의 수를 헤아릴 수 있게 된다. 그 연산을 다소 정밀한 용어로 말하기 위해서, 종이 위의 표식과 탐험가 대원과 사이에 '일대일 대응'을 설정한다. 각 사람에 해당하는 표식이 하나씩 있고, 반대로 각 표식에 해당하는 사람이 있기 때문에 이 대응 관계는 '일대일 대응(one-to-one)'이다. 그런 다음 족장이 표식과 음식 접시 사이에 일대일 대응을 설정한다.

여기에 가장 간단하고 가장 근본적인 형태, 즉 두 집합의 구성원들 사이에 일대일 대응 설정으로 세기를 하고 있다. 손가락에 의지하는 아이, 주판 위에서 그의 장부를 계산하는 중국 세탁소 종업원, 점수 계산대를 이용해 점수를 기록하는 당구 선수 등 의식적이든 무의식적이든 모두 일대일 대응으로 셈하고 있다.

한 가지 더 예를 들어 보자. 극장에 특정 수의 좌석(정확한 숫자는 중요하지 않다)이 있다고 가정하고 박스 오피스 관리자가 관객의 대략적인 인원수를 알고 싶다고 가정하자. 모든 좌석이 채워져 있고, 입석자가 없다는 것을 주목한다면, 그는 인원수가 좌석수와 같다는 것을 안다. 즉 사람과 좌석 사이에 일대일 대응이 있는 것이다. 반면에, 만약 어떤 좌석이 비어 있다면 - 만약 사람들에 대응하지 않는 좌석이 있다면- 그는 관객수가 좌석 수보다 적다는 것을 안다. 마지막으로, 만약 모든 좌석이 채워져 있고 어떤 사람들이 서 있는 경우- 만약 어떤 좌석에도 대응하지 않는 사람들이 있다면- 그는 관람객 수가 좌석 수보다 더 많다는 것을 안다.

어떤 특정한 대응을 설정하는 계획은 중요하지 않다는 것을 강조해야 한다. 두 집합의 원소의 수가 같은 수를 갖는다는 결론을 내기 위해서는 두 집합의 원소 간의 일대일 대응을 설정하는 체계적인 방법만 제시하면 된다.

자연수 기수 A_1

자연수 1, 2, 3, 4, 5, …은 완전히 추상적 개념이다. 본질적으로 다음과 같은 방법으로 그것들을 생각하였을 것으로 추측해 볼 수 있다. 아주 근본적이고 친숙한 물건들로 부터 시작을 하였을 것이다. 즉, 우리의 손가락부터 시작해서, 손가락 하나와 일대일 대응시키는 집합의 원소 기호를 '1'이라고 나타낸다고 하자. (아마도 '수'라는 단어를 피하고 '많은 수'나 '기수'[3]과 같은 다른 단어를 사용하겠지만, 그렇게 함으로써 정말로 구걸하듯이 질문을 던지다.) 같은 방법으로 손가락 두 개와 일대일 대응시키는 집합의 원소 기호를 '2'로 나타내고, 한 손의 모든 손가락(5 개)와 일대일 대응을 시킬 수 있는 집합의 원소를 '5'로 나타내자. 이후 같은 방법 무한히 반복한다.

칸토르의 아이디어는 유한한 수들, 1, 2, 3, 4, 5, 6, … 에 순서를 초월 수들로 확장하려는 것이었다. 이를 A_1, A_2, A_3, A_4, A_5, A_6, … 으로 나타낼 수 있다. 유한 개수의 집합은 특정한 유한 집합 모델(우리는 손가락을 사용했다.)과 연관되어 있었기 때문에 무한 개수의 집합은 특정한 무한 집합 모델과 연관되어야 한다. 모든 무한 집합 중에서 가장 단순하고 가장 근본이 되는 집합은 모든 자연수로 구성된 집합인 것 같다. 결과적으로, A_1은 이 특정 집합과 일대일 대응에 시킬 수 있는 모든 집합의 수를

---

[3] 집합의 크기

나타낸다. 다른 A_n(n은 자연수)들에 관련된 집합을 찾기 전에 초한수(transfinite) A_1를 가지는 어떤 집합을 먼저 조사를 하자.

모든 자연수의 제곱수에 대한 우리의 원래 문제를 생각해 보자. 다음과 같은 방법으로 자연수와 제곱수 사이에 일대일 대응을 시킬 수 있다.

1	2	3	4	5	6	7	...	n	...
↕	↕	↕	↕	↕	↕	↕		↕	
1	4	9	16	25	36	49	...	n^2	...

두 개의 유한 집합의 경우에서는 각 계급의 마지막 구성원까지 일대일 대응을 볼 수 있다. 그러나 두 무한 집합의 경우에서는 첫 번째 집합의 모든 원소들과 두 번째 집합의 모든 원소들 사이의 일대일 대응 관계를 직접적으로 보여줄 수는 없는 것은 사실이다. 각 집합들의 마지막 원소가 없기 때문이다. 위에서 보았듯이 첫 번째 집합의 모든 수(n)을 두 번째 집합의 수(n^2)에 대응시킬 수 있고, 반대로 두 번째 집합의 모든 수(n^2)를 첫 번째 집합의 숫자(n)에 대응시킬 수 있다고 해도 괜찮다. 결과적으로, 두 집합 사이에 일대일 대응이 존재하기 때문에 모든 자연수의 제곱인 제곱수 집합이 초한수 A_1를 가지고 있다고 말할 수 있다.

마찬가지로 모든 짝수의 집합은 초한수 A_1을 갖는다. 이 경우 해당하는 대응 관계는 다음과 같다.

1	2	3	4	5	6	7	...	n	...
↕	↕	↕	↕	↕	↕	↕		↕	
2	4	6	8	10	12	14	...	$2n$	...

다시 모든 홀수의 집합은 초한수 A_1을 갖는다. 이 경우에도 아래와 같이 대응 관계는 다음과 같다.

1	2	3	4	5	6	7	...	n	...
↕	↕	↕	↕	↕	↕	↕		↕	
1	3	5	7	9	11	13	...	$2n-1$	...

독자 중 일부는 이미 믿기 힘든 일이 여기서 일어나고 있다는 것을 알아차렸을지도 모른다. 제시된 세 가지 예에서 각각 자연수의 집합은 자연수 일부와 일대일 대응을 시킬 수 있다. 다시 말해서, 전체 개수가 그 부분의 개수와 같다는 것을 증명하였다!

이 의견은 기하학에서 처음 접하는 익숙한 가정 즉, 전체는 그 부분의 합과 같아서 전체는 부분보다 크다. 와 정면으로 모순된다. 만약 정말로 이 가정은 유한한 규모에서만 성립한다는 점을 지적하였다면 우리가 잊고 있었다는 것은 의심할 여지가 없다. 우리는 지금 무한한 규모를 가지고 연구를 하고 있는데, 우리가 볼 수 있듯이 이러한 가정은 더 이상 일관성이 없다.

전체는 그 자신의 부분과 같다.

만약 어떤 결론이 상식을 어긴다면, 바로 다음과 같은 것이다. 그러나 이 결론으로 이어지는 주장을 다시 읽는 데 어려움을 겪는다. 논쟁 자체에는 상식에 어긋나는 것이 없다는 것을 인정해야 한다. 사실, 전체 논거가 경첩되는 원리는 보통 세기에 관련된 원리와 마찬가지로 복잡하거나 신비롭지 않다. 왜냐하면 두 원리는 동일하기 때문이다.

게다가 '전체는 그 자신의 부분과 같을 수 있다.'는 결론은 유용한 용도로 바뀔 수 있다. 이 장의 시작 부분에서 우리는 무한 집합을 '어떤 유한한 기간 안에는 기진맥진할 정도로 지체 버려 셀 수가 없는 집합' 이라고 다소 애매하게 표현을 했다. 우리는 지금, 칸토르가 정의한 것처럼, '집합 전체가 그 자신의 부분과 일대일 대응이 가능한 집합'으로 무한 집합을 정의할 수 있다.

한 가지 더 짚고 넘어가자. 인용된 세 가지 예는 자연수의 집합이 가장 작은 초한수 A_1을 연관시킬 수 있는 적절한 집합이라는 주장에 중점을 두었다. 이 예들 각각에서 자연수를 솎아 수가 줄어들지만, 결과로서 생기는 집합의 원소의 수는 그대로 유지된다는 점에 유의하자. 줄어드는 과정은 무한정 수행될 수 있으며, 항상 동일한 결과를 얻을 수 있다. 따라서 모든 집합

4, 8, 12, 16, 20, 24, $\cdots$, $4n$, $\cdots$

8, 16, 24, 32, 40, 48, $\cdots$, $8n$, $\cdots$

100, 200, 300, 400, 500, $\cdots$, $100n$, $\cdots$

100^{100}, $2 \cdot 100^{100}$, $3 \cdot 100^{100}$, $\cdots$, $n \cdot 100^{100}$, $\cdots$

는 모든 자연수의 집합과 동일한 초한수를 갖는다.

유리수의 원소 개수도 역시 A_1이다.

이제 수가 A_1보다 큰 무한 집합을 찾는 문제에 주의를 기울이자. 그 자체를 제안할 수 있는 한 가지 가능성 있는 집합은 유리수 집합이다.

대수학에서 유리수를 두 개의 정수로 분수 형태로 정의될 수 있다는 것을 기억하자. 예를 들어, $\frac{2}{3}$, $-\frac{5}{8}$, $\frac{4}{7}$은 유리수이다. 유리수 집합은 자연수의 집합을 포함한다는 것은 즉시 명백해진다. 1은 $\frac{1}{1}$, 2는 $\frac{2}{1}$, 3은 $\frac{3}{1}$로 표현할 수 있기 때문이다. 다시 말하지만, 모든 유한소수(decimal number)은 유리수인데, 예를 들어 소수 3.579는 $\frac{3579}{1000}$으로 쓸 수 있다.

마지막으로, 모든 순환 소수는 유리수이다. 예를 들어 $0.3333333\cdots = \frac{1}{3}$, $0.34545\cdots = \frac{19}{55}$, $2.42727\cdots = \frac{267}{110}$이다. 편의상, 양수인 유리수로 우리의 관심을 제안할 것이다. 따라서, $\frac{p}{q}$ 형식의 모든 수를 고려하고 있을 것이다. 단 p와 q는 자연수이다.

1	2	3	4	5	6	7	8	9	10	11	12	13	⋯
↕	↕	↕	↕	↕	↕	↕	↕	↕	↕	↕	↕	↕	
$\frac{1}{1}$	$\frac{2}{1}$	$\frac{1}{2}$	$\frac{1}{3}$	$\frac{3}{1}$	$\frac{4}{1}$	$\frac{3}{2}$	$\frac{2}{3}$	$\frac{1}{4}$	$\frac{1}{5}$	$\frac{5}{1}$	$\frac{6}{1}$	$\frac{5}{2}$	⋯

유리수의 중요한 속성은 그것들이 '조밀성'이라는 사실에 있다. 이것에 의해, 임의의 2개의 유리수 사이에는 다른 많은 유리수가 무한히 많다는 것을 의미한다. 예를 들어, 무수히 많은 유리수들이 0과 1 사이에는

$$\frac{1}{2}, \frac{2}{3}, \frac{3}{4}, \frac{4}{5}, \frac{5}{6}, \cdots, \frac{n}{n+1}, \cdots;$$

0과 $\frac{1}{2}$ 사이에는

$$\frac{1}{3}, \frac{2}{5}, \frac{3}{7}, \frac{4}{9}, \frac{5}{11}, \cdots, \frac{n}{2n+1}, \cdots;$$

0과 $\frac{1}{4}$ 사이에는

$$\frac{1}{5}, \frac{2}{9}, \frac{3}{13}, \frac{4}{17}, \frac{5}{21}, \cdots, \frac{n}{4n+1}, \cdots;$$

등등이 있다. 이 속성으로 인해, 유리수의 초한수가 A_1보다 클 것으로 예상할 수 있다. 칸토르는 이것이 사실이 아님을 보여 주었다. 그는 다음과 같이 증명하였다.

[그림 7.14]와 같이 모든 유리수들을 정렬을 하였다.

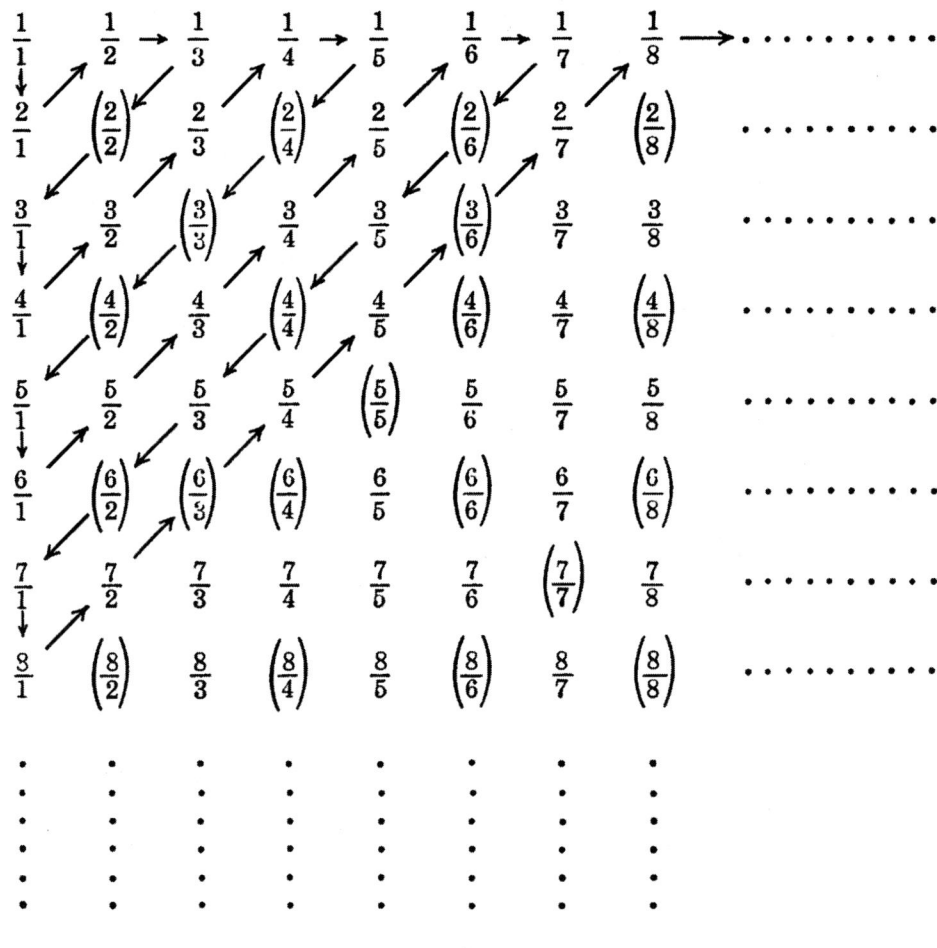

그림 7.14

각각의 수평인 행에서 연속인 분모는 1, 2, 3, 4, 5, 6, …이고, 첫 번째 행의 모든 분자는 1이며, 두 번째 행의 모든 분자는 2이며, 세 번째 행의 분모는 3이다. 또한 분자와 분모가 공통 인자를 갖는 모든 분수는 괄호로 묶었다. 이러한 특정한 분수는 삭제되면 모든 유리수는 배열에서 한 번만 나타난다. 화살표가 가리키는 경로를 따라, 자연수와 유리수 사이에 일대일 대응을 시킬 수 있다. 즉, 1은 $\frac{1}{1}$, 2는 $\frac{2}{1}$, 3은 $\frac{1}{2}$, 4는 $\frac{1}{3}$번, 5는 $\frac{3}{1}$ 등으로 일대일 대응을 시킨다.

이렇게 설정한 배열에서는 순서가 반대일 수도 있고, 오히려 순서에 결여가 있을 수도 있다.

n번째 제곱수 n^2는 n번째 자연수로 표현될 수 있다는 점에서 자연수와 그 제곱수와 대응과 관련된 예가 더 설득력이 있었다고 주장할 수 있다. 위의 예에서는 n번째 자연수와 n번째 유리수 사이에는 그렇게 단순한 관계는 없다. 당연하다. 그러나 이 이의를 제기하는 사람은 일찍이 강조되었던 중요한 점을 잊어버리고 있다. 즉, 대응을 설정하는 특정한 방법은 중요하지 않다는 것이다.

중요한 것은 단순히 두 집합의 원소들이 짝을 이룰 수 있는 일종의 체계적인 방법을 보여주는 것이다. 잠시 곰곰이 생각해 보면 이러한 방법으로 분명히 위에서 행하여졌음을 알 수 있을 것이다. 먼저 모든 유리수가 단 한 번만 나타나도록 배열했다. 그런 다음 유리수를 두 자연수의 순서쌍으로 구성하고 이들을 따라다니는 경로를 표시했다. 만약 임의로 어떤 유리수를 무작위로 잡으면, 그 수들을 체계적으로 충분히 재배열을 하여서 대응시킬 수 있는 유일한 자연수를 찾을 수 있다. 다시, 임의의 자연수를 잡으면, 같은 방법으로 그것에 대응하는 유일한 유리수를 찾을 수 있다. 모든 유리수는 각각 유일한 자연수와 대응시키고, 모든 자연수는 각각 유일한 유리수와 대응된다. 그러므로 이 대응은 일대일 대응이며 양의 유리수의 집합은 초한수 A_1이라고 할 수 있다.

실수 집합의 기수 C

A_1보다 큰 기수를 갖는 무한 집합을 찾으려는 첫 번째 시도는 헛수고였다. 의심의 여지없이 몇몇 사람들은 모든 무한 집합이 초한수 A_1인 것을 의심하기 시작하였다. 다시 칸토르는 직관에 근거한 우리의 추측이 얼마나 잘못되었는지 보여주었다. 왜냐하면 그는 모든 실수의 집합의 기수가 A_1보다 크다는 것을 증명하는 데 성공했기 때문이다.

우리의 목적을 위해, 허수가 아닌 즉, $\sqrt{-1}$을 포함하지 않는 임의의 수인 실수를 정의할 수 있다. 따라서 모든 실수의 집합은 모든 유리수의 집합뿐만 아니라 모든 무리수 집합도 포함한다. 무리수의 예로는 $\sqrt{2}, \sqrt[3]{5}, \pi, e, \log_e 10$이 있다. $\sqrt{2}$와 같은 수는 각각 다른 두 변이 길이가 1 단위인 직각 삼각형의 빗변을 측정하려고 할 때

기하학에서 발생하기 시작하였다. (페이지 147 참조). $\sqrt[3]{5}$는 대수식 $x^3 = 5$의 방정식으로 해석할 수 있다. 수 π는 미적분학 연구에서 수 e와 같이 원의 측정에서 없어서는 안 되는 것이다.

칸토르의 증명으로 들어가기 전에 세 가지 논의를 하는 것이 좋겠다. 이 중 첫 번째 것은 '보다 더 크다.'는 의미에 관한 것이며, 이를 초한수에 적용할 것이다. 극장과 관객의 유한한 문제를 떠올려 보아라. 거기서 입석자가 있으면 인원수가 좌석수보다 많다고 말할 수 있다는 것을 알게 되었다. 즉, 좌석이 없는 사람이 있다면 말이다. 그런데, 우리는 이 결론을 도출하기 위해서는 오직 한 명의 입회인 만이 필요하다. 우리는 무한 집합과 관련하여 이 같은 기준을 사용할 것이다. 우리가 두 무한 집합 사이에 일대일 대응을 설정한다고 가정해보자. 만약 첫 번째 집합의 모든 원소가 두 번째 집합의 원소와 일치하지만, 첫 번째 집합의 원소에 일치하지 않는 두 번째 집합의 일부 원소가 존재한다는 것을 발견한다면, 두 번째 집합의 초한수가 첫 번째 집합보다 크다고 결론지을 수 있다.

두 번째 논의는 모든 실수에 대해 균일한 표현을 찾는 가능성과 관련된 것이다. 이러한 표현은 무한 소수로 나타낼 수 있다. 유리수의 정의(161 페이지)와 관련하여 순환 소수는 유리수와 같다. 반대로 모든 유리수는 순환 소수와 같다. 예를 들면 $\frac{1}{3} = 0.333333333\cdots$, $\frac{10}{9} = 1.111111111\cdots$, $\frac{63}{55} = 1.145454545\cdots$, $\frac{10}{7} = 1.428571428571\cdots$ 이다. 보통 유한 소수 3과 $\frac{5}{2}$와 같은 수들도 $3 = 2.999999999\cdots$와 $\frac{5}{2} = 2.4999999\cdots$와 같이 무한 소수 형태로 쓸 수 있다. 유리수가 아닌 실수 즉, 무리수는 비순환 소수의 용어로 정의한다. 따라서 $\sqrt{2} = 1.414213562\cdots$, $\pi = 3.141592654\cdots$, $e = 2.718281828\cdots$로 표현할 수 있다. (여기서 '1828'는 반복하는 것처럼 보이지만, 소수 점 처음 9자리 이후는 그렇지 않다. 소수점 9 번째 수는 4이다.), $\log_e 10 = 2.302585093\cdots$이다.

우리의 세 번째 논의는 0과 1사이의 실수에 대하여 논의를 하자. 이 구간에 있는 수와 모든 양의 실수와 일대일 대응 관계를 어떻게 설정할 지를 후에 살펴볼 것이다.

그리고 이제 칸토르의 증명. 주장의 요지는 다음과 같다. 우리는 0부터 1까지의 자연수와 실제 숫자 사이에 일대일 교신이 성립되었다고 가정할 것이다. 그리고 나서 우리는 0과 1 사이의 숫자를 표시하는데, 이것은 다시 말해서 자연수가 일치하지 않는 실제 숫자에 포함될 수 없다.

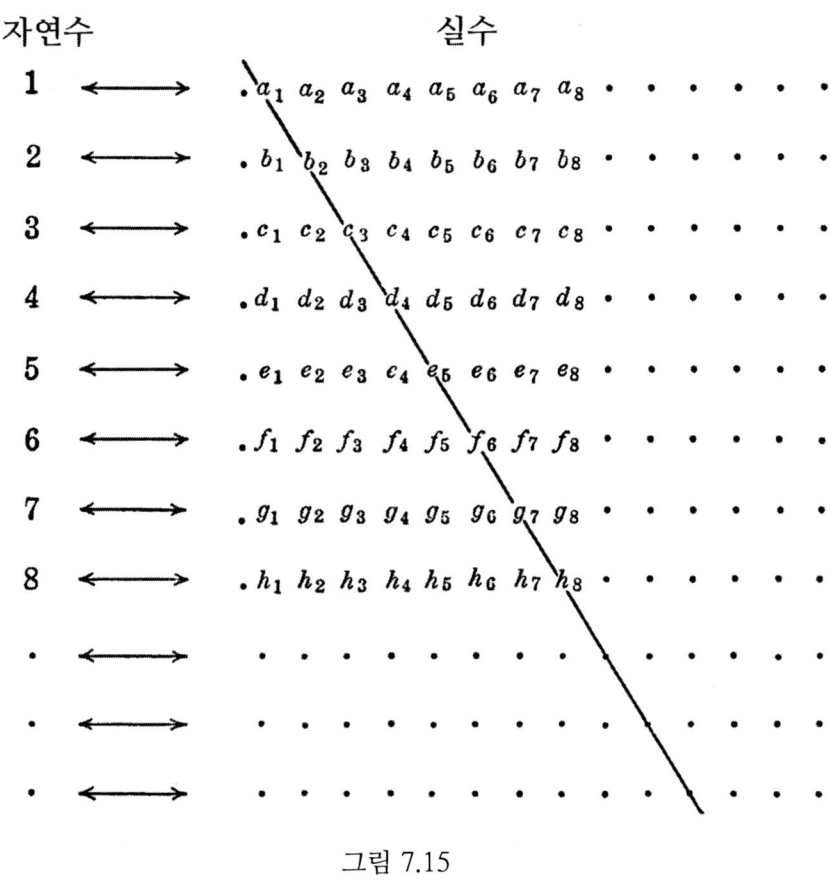

그림 7.15

가정한 것처럼 첫 번째 실수의 연속적인 소수라고 하고 첫 번째 실수의 무한 소수 표현으로 $.a_1 a_2 a_3 a_4 a_5 \cdots$라 나타내고, 두 번째 실수의 표현으로 $.b_1 b_2 b_3 b_4 b_5 \cdots$로 나타내며, 이후 같은 방법으로 나타낸다. 그러면 실수와 자연수 사이의 대응은 [그림 7.15]처럼 나타낼 수 있다. 0에서 1 사이의 모든 실수가 오른쪽의 배열에 나타난다고 가정하는 것을 기억하자. 이제 다음과 같은 방법으로 $.z_1 z_2 z_3 z_4 z_5 z_6 z_7 \cdots$로 표시된 실수를 만들자. [그림 7.15]의 대각선을 따라 진행하면서, z_1은 a_1과 다른 수이고,

z_2은 b_2과 다른 수이고, z_3은 c_3과 다른 수이고, z_4은 d_4과 다른 수이고, z_5은 e_5과 다른 수이며 이후 같은 방법으로 무한히 계속해서 반복한다.

이 새로운 수 $.z_1z_2z_3z_4z_5z_6z_7\cdots$은 분명히 0과 1 사이에 있다. 더욱이 실수의 배열에서는 어디에서도 찾아볼 수 없는데, 첫 번째 소수점에서 첫 번째 수와, 두 번째 소수점에서 두 번째 수와, 세 번째 소수점에서 세 번째 수, 등등과 다르기 때문이다. 따라서 이 새로운 수는 왼쪽 열의 고유 번호에 해당하지 않는다. 따라서 일대일 대응이 성립될 수 있다는 우리의 가정은 거짓이며 **0과 1 사이의 모든 실수의 집합의 초한수는 A_1보다 크다는 것이다.**

이 새로운 초한수의 기호를 C로 나타내자. A_1 보다 큰 수인 A_2로 인식할 수 있다. C와 A_2는 같다고 할 수 있다. 그것을 증명하여 보아라. 다시 말해, A_1보다 크고 동시에 C보다 작은 수가 있을 수 있다. 이 문제는 열린 문제이다.

해설

칸토르가 초한수 A_1과 C를 발견한 이후로, 수학자들은 초한수가 A_1보다 크고 C보다 작은 무한 집합을 찾으려고 노력해 왔다. 그러한 모든 시도는 헛된 것이었다. 그러면 A_1과 C사이에 초한수가 없다는 가정이 일관적인 것인지, 즉 그것이 모순적인 결과로 이어질 것인지 아닌지에 대한 의문이 생긴다. 오스트리아 논리학자인 K. 괴델은 다음과 같은 정리를 성공적으로 증명했다.

집합 이론의 일반적인 공리 또는 가정이 일관된다면, A_1과 C 사이에 초한수가 없다는 가정과 함께 일반 공리도 일관성을 갖는다.

괴델이 문제의 가정을 부정하는 것 또한 일관될 것이라고 추측하는 것은 더 흥미롭다. 만약 이 추측이 증명될 수 있다면, 그것은 집합 이론의 일반적인 방법에 의해, A_1보다 크고 C 보다 작은 초한수가 반드시 존재하는지 여부를 결정하는 것은 결코 불가능하다는 것을 의미하는 것이다.

1 인치는 20,000 리그 [4]와 같거나 그 이상이다.

모든 양의 실수 집합이 또한 초한수 C를 가지고 있다는 것을 보여주기 위해서, 우리는 지금까지 사용해 온 다소 추상적인 대수적 증명보다 다소 더 설득력이 있을 수 있는 기하학적 증명에 의지해야 한다.

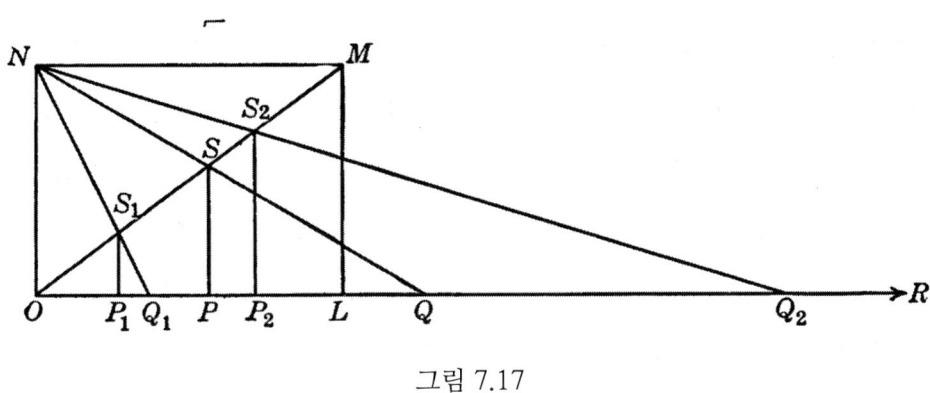

그림 7.17

수평선 그래프를 본 사람은 누구나 어떻게 직선 상의 점을 이용하여 실수를 나타낼 수 있는지 알 수 있다. 양수 만을 대상으로 하기 때문에 반직선을 사용하자. 끝점 O라 하고, 그 반 직선이 [그림 7.16]과 같이 오른쪽으로 무한히 연장되는 것으로 생각한다. 반 직선을 임의 길이의 동일한 선분으로 나누고 분할의 연속적인 점에 숫자 1, 2, 3, 4, 5, 6, 7, …로 자연수를 적는다. 분할점 사이의 중점에는 $\frac{1}{2}, \frac{3}{2}, \frac{5}{2}, \frac{7}{2}, \frac{9}{2}, \cdots$ 등으로 수를 적는다. 같은 방법으로, 어떤 임의의 실수 r을 점 O로부터 r(단위)의 거리에 있는 어떤 특정한 점의 이름과 연관시킨다. (점 O 자신은 수 0 과 연관된다.) 실제로, 이런 식으로 생각해 본 적이 있건 없건 간에, 실수와 반직선의 점 사이에 일대일 대응을 설정하는 것이다.

일단 양의 실수와 반직선 OR의 들 간의 대응이 성립되면, '**0 과 1 사이의 실수와 모든 양의 실수를 일대일 대응시킬 수 있다.**'는 것을 증명하는 문제는 '**반직선 OR의 모든 점이 0 부터 1 까지 점과 일대일 대응시킬 수 있다.**'는 것을 보여주는 문제로 바뀐다.

---

[4] 리그(leagues): 거리의 단위. 약 3 마일 또는 약 4,000 미터에 해당, 옛날식 표현

위 문제들 중 두 번째는 다음과 같은 방법으로 증명된다. [그림 7.17]과 같이 반직선 OR과 직사각형 $OLMN$을 작도 하여라. 직사각형의 선분 OL은 1(단위) 길이로 작도한다. 그 높이는 중요하지 않다. 선분 OL의 임의의 점 P를 잡자. 점 P에서 선분 OL에 수직인 직선을 그리자. 이 선분은 점 S에서 대각선 OM과 만난다. 선분 NS를 그리고 확장하여 반직선 OR과 교점을 점 Q라고 하자.

따라서 선분 OL 위의 점 P는 반직선 OR의 점 Q와 대응된다. 정확히 같은 방법으로, 각각 점 P_1과 점 Q_1, 점 P_2와 점 Q_2가 대응된다. 반대로, 반직선 OR의 점 Q이 주어졌다고 하자. 선분 QN을 그리고 선분 QN이 대각선 OM과의 교점 S에서 선분 OL에 수직이고 점 S를 지나는 직선과 선분 OL의 교점 즉, 점 S에서 선분 OL의 수선의 발 점 P를 잡을 수 있다. 선분 OL의 모든 점은 반직선 OR과 한 점씩 대응되며 반직선 OR의 모든 점은 선분 OL의 한 점씩 대응하므로 이 대응은 분명히 일대일 대응이다.

우리의 주장은 모든 양의 실수의 집합이 초한수 C를 가지고 있다는 것을 증명할 뿐만 아니라 새롭고 놀라운 역설도 만들어 냈다. 왜냐하면 우리는 방금 **무한 길이의 선에 하나의 단위 길이의 선분 보다 더 많은 점이 없다는 것을 보여주었기 때문이다!**

평면 위의 점과 전체 공간 안의 점과 단위 선분 위의 점 개수는 같다.

만약 C보다 큰 초한수를 찾기 시작한다면, 평면의 모든 점으로 구성된 집합을 조사해야 할 수도 있다. 확실히 한 평면에는 선보다 더 많은 점이 있다. 하지만 있는가? 이때쯤 직감적인 추측을 의심하는 것을 배웠어야 했다.

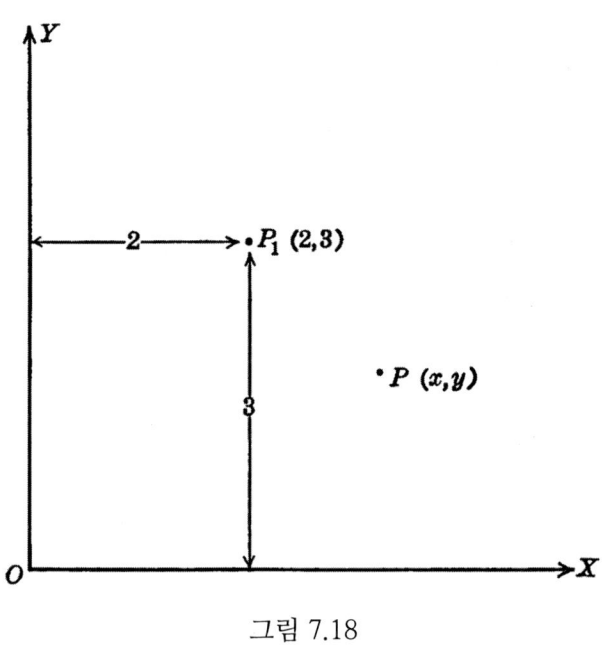

그림 7.18

평면의 점으로 작업하기 위해, 하나의 실수와 선 위의 점 사이의 관계를 실수와 평면의 점 사이의 유사한 관계까지 확장한다. 따라서 [그림 7.18]에서 반직선 OY에서 2(단위), 반직선 OX에서 3(단위)인 점 P_1은 실수의 순서쌍 $(2,3)$으로 나타낼 수 있다. 마찬가지로, 평면의 어떤 점 P는 실수의 순서쌍 (x,y)에 대응시킬 수 있는데, 여기서 첫 번째 수는 반직선 OX방향으로 반직선 OY로 부터 점 P 까지의 거리를 나타내고, 두 번째 수는 반직선 OY의 방향으로 반직선 OX로 부터 점 P 까지의 거리를 나타낸다. 이 대응은 모든 점은 수의 하나의 순서쌍에 대응하고, 모든 수의 순서쌍은 한 점에 대응하기 때문에 분명히 일대일 대응이다. (실수에 주의를 집중하기 때문에 반직선 OY의 오른쪽과 반직선 OX 위에 있는 점으로 제한된다는 점에 유의해야 한다. 평면의 다른 곳에서 점을 표시하는 것은 음수의 사용을 포함한다.)

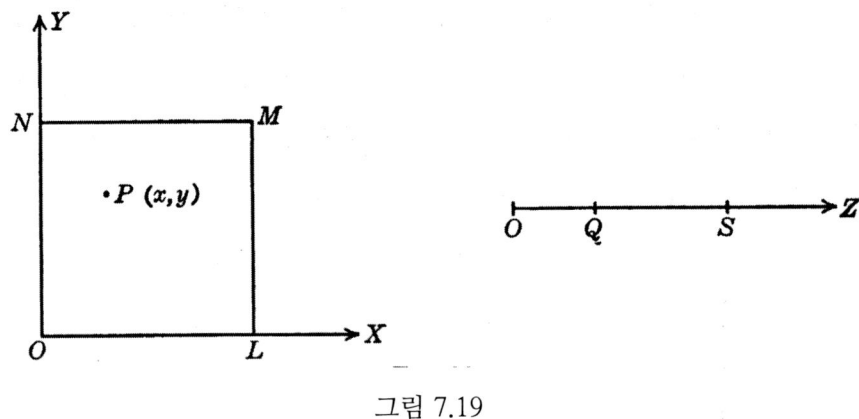

그림 7.19

이제 [그림 7.19]에서 각 변의 길이가 1 (단위)인 정사각형 $OLMN$과 1 (단위)의 길이 인 선분이 있다고 하자. 정사각형의 모든 점 P에 단위 선분 위의 점 Q가 있음을 보이자.

점 P를 순서쌍 (x, y)으로 나타내자. x와 y는 모두 1 보다 작으므로 아래와 같은 무한 소수로 표현할 수 있다(164 페이지 참조).

$$x = .x_1 x_2 x_3 x_4 x_5 x_6 x_7 x_8 \cdots$$
$$y = .y_1 y_2 y_3 y_4 y_5 y_6 y_7 y_8 \cdots$$

이제 x와 y의 무한 소수들의 수들을 가지고 연속적인 무한 소수 z를 아래와 같이 만들자.

$$z = .x_1 y_1 x_2 y_2 x_3 y_3 x_4 y_4 x_5 y_5 \cdots$$

(예를 들어 $x = .3427427427\cdots$, $y = .6129846035\cdots$, $z = .3641294876402375\cdots$)

z는 확실히 0과 1 사이의 값이므로 선분 위의 점 Q를 잡을 수 있다. 즉, 단위 정사각형의 점 P에서 x와 y를 결정할 수 있고, 따라서 z도 만들 수 있고, z는 단위 선분 위의 점 Q를 잡을 수 있다.

위 증명은 단위 정사각형에서 더 이상 단위 선분 위의 점 보다가 더 많은 점이 없음을 매우 간단하게 보여주었다. 단위 선분에서 무한 범위의 평면만큼 많은 점이 있다 보여주는 증명으로 확장할 수 있다. 실제로, 증명을 더 하고자 한다면, 모든 3 차원 공간과 같이 1 인치 길이의 선에 많은 점이 있음을 보여줄 수 있다. 마지막으로, 전혀 말도 안 되는 극단적으로 보여주고 싶다면 '4, 5, 6, ⋯, n의 공간 전체에 있는 한 10억분의 1인치의 선분에 많은 점이 그 기수가 A_1이다!'를 보일 수도 있다.

연산의 기이한 시스템

초원수 C보다 큰 집합을 찾는 문제는 지금까지 우리가 다루었던 문제들보다 다소 더 복잡하다. 그리고 이들 중 대부분은 의심할 여지없이 매우 복잡했다. 그러므로 초한수의 무한대가 존재하며 크기를 늘리는 순서로 배열할 수 있다는 것이 증명되었다는 진술에 만족해야만 한다. 마지막 또는 가장 큰 자연수가 없기 때문에 마지막 또는 가장 큰 초한수는 없다.

그러나 마지막으로 초한수에 대한 특정 산술 연산의 결과를 살펴보겠다. n이 유한한 자연수이고 A_1과 C이 우리가 알고 있는 초한수이면 보이는 것처럼 믿을 수 없을 정도로, 다음과 같은 결론이 사실임을 보일 줄 수 있다.

$$A_1 + n = A_1$$
$$A_1 + A_1 = A_1$$
$$n \cdot A_1 = A_1$$
$$A_1 \cdot A_1 = A_1$$
$$(A_1)^n = A_1$$
$$(2)^{A_1} = (A_1)^{A_1} = C$$
$$C + n = C$$
$$C + C = C$$
$$n \cdot C = C$$
$$C \cdot C = C$$
$$(C)^n = C$$
$$(C)^{A_1} = C$$
$$(2)^C = (C)^C = \text{새로운 초한수}$$
⋯

이 장을 마치면서 무한대의 마지막과 무한대의 예상 밖의 변화를 보았다고 생각할 필요성을 없다. 특히 다음 두 장에서는 무한이라는 개념은 수학자의 마음의 평안이 가장 큰 적이라는 사실에 대한 충분한 증거이다.

8

확률이란 무엇인가?
(확률 속 패러독스)

도박꾼 문제에서 확률의 탄생

1654년에 도박꾼이자 아마추어 수학자인 슈발리에 드 메어(Chevalier de Mere)는 주사위 게임에서 판돈 분리에 관한 문제를 블레즈 파스칼(Blaise Pascal)에게 문의했다. 파스칼은 그 문제를 페르마(Fermat)에게 전달했고, 이 두 사람 사이의 서신에서 현대 확률 이론이 탄생했다. 이리하여 단순한 도박꾼의 문제는 수학 통계의 기초를 구성하는 강력한 기술과 통계를 통해 경제 및 산업의 많은 수학의 기초를 구성하는 강력한 이론을 탄생시켰다.

대부분의 수학적 이론들은, 그 발전 과정에서, '성장을 위한 진통'이라고 불리는 어떤 것으로부터 심한 고통을 받아왔다. 확률론도 예외는 아니다. 수많은 모순이 생겨났고 가장 근본적인 본질의 개념에 대해 격렬한 논쟁으로 이어졌다. 이것이 우리가 걱정해야 할 모순들이다. 어떤 경우에는, 그 난관에 대한 완전히 만족스러운 해결책에 도달하지 못할 수도 있다. 그 문제들 중 몇 가지는 우리가 상세히 말할 시간이 없을 영향력이 큰 아이디어들을 포함하고 있는 반면 다른 문제들은 더 많은 수학자들 사이에서 여전히 논쟁을 하고 있다.

오류가 얼마나 쉽게 일어날 수 있는지 알기 위해, 파스칼과 페르마가 편지를 통해서 논의했던 원래의 문제를 보자. A와 B라는 두 선수가 똑같이 60달러의 돈을 걸었다고 가정해 보자. 그들은 3점을 얻은 첫 번째 선수가 전체 돈을 가져가는데 동의하였다. A가 2점, B가 1점을 받은 후, 그들은 천재지변으로 인해 중단되었다. 60달러의 돈은 어떻게 나누어야 하는가?

이 문제는 매우 간단해 보인다. A가 B보다 두 배나 많은 점수를 가지고 있기 때문에 A의 몫은 B의 두 배가 되어야 한다고 주장할 수 있다. 즉, A는 40달러, B는 20달러를 받아야 한다. 하지만 이제 다음 의견, 즉 그들이 하지 못한 게임을 다시 재게 하였다고 가정해보자. A가 이겨서 1점을 얻는다면 60달러의 지분 전부 그의 몫이 될 것이다. 만약 그가 진다면, 점수는 2 대 2가 될 것이고, 그들은 60달러를 균등하게 나누게 될 것이다. 따라서 A는 어쨌든 30달러를 받는 것이 확실하다.

그리고 그가 다음 게임에서 이길 가능성이 있다고 가정할 때, 나머지 30 달러에서 그의 몫은 그 금액의 절반이어야 한다. 즉 A는 45 달러, B는 15 달러를 받아야 한다.

A와 B가 내기의 승리에 관련해 당초의 합의를 고수한다면, 두 번째 해결책이 맞다는 것을 보이는 것은 어렵지 않다. 만약 그들이 게임의 어느 단계에서는 그들의 점수에 비례하여 지분을 나누기로 동의했다면, 정확한 해결책은 물론 첫 번째가 될 것이다. 그러나 어려운 상황에서는 너무 빨리 뛰어 들어서는 안 된다. 우리는 앞으로 일어날 문제에 대해 스스로를 준비하기 위해 몇 가지 기본적인 확률 원칙에 대해 논의하는 것이 좋다.

동전의 앞면, 뒷면 또는 가장자리?

18세기 말과 19세기 초 프랑스의 저명한 수학자인 라플라스(Laplace)는 확률 이론을 '상식을 계산으로 바꾼 것'이라고 묘사한 적이 있다. 다음의 라플라스 개인적인 이에 대한 서술이 어느 정도 정당화하는지를 보도록 하자.

대학생 두 명이 저녁 시간을 어떻게 보낼 지 결정하려고 애를 쓰고 있다. 그들은 마침내 동전 던지기로 결정을 내리기로 동의하였다. 앞면이 나오면 영화를 보러 가고, 뒷면이 나오면 그들은 맥주를 마시러 가며 그리고 만약 동전 가장자리로 서면 그들은 공부를 한다!

이 이야기는 그것으로부터 많은 것을 배울 수 있기 때문에 보이는 것만큼 하찮지 않다. 상식은 과거의 경험에 근거하여 그 소년들이 공부할 필요를 면하게 될 것이라고 말한다. 즉 우리는 동전이 가장자리로 서 있는 것은 나오지 않고 앞면이나 뒷면 둘 중 하나가 나올 것이라는 것을 본능적으로 알고 있다. 또한 동전이 공정한 동전이라면 즉 양면에 같은 그림만 아니면, 앞면일 확률과 뒷면일 확률이 같을 것이라고 사실상 확실하다.

이제 확률 이론은 다음과 같은 질문에 대해 우리가 가정하는 것을 기초로 한다. 동전이 수직으로 설 확률은? 앞면과 뒷면 중 어느 하나가 나올 확률은? 앞면이 나올 확률은? 뒷면이 나올 확률은?

이러한 문제를 수학적 용어로 토론하기 위해서는 관련된 다양한 확률에 값을 정할 필요가 있다. p값을 동전이 앞면이 나올 확률의 값이라고 가정해 보자. 동전의 뒷면이 나올 가능성도 같기 때문에, 뒷면의 확률도 p값을 가져야 한다.

그러나 우리는 동전이 앞면과 뒷면 둘 중 하나를 보여줄 것이라고 확신한다. 따라서 $2p$는 반드시 발생해야 하는 사건의 일어날 확률로 확실한 값을 가져야 한다. 따라서 원하는 모든 값을 확실하게 선택할 수 있다. 그 값 1을 선택하는 것이 관례적이고 편리하다. 즉, 우리는 $2p = 1$이라고 가정하자. 그러면 동전이 앞면이 나올 확률은 $\frac{1}{2}$이다. 또한 뒷면이 나올 확률도 $\frac{1}{2}$일 것이다. 따라서 앞면 또는 뒷면의 나올 확률은 $\frac{1}{2} + \frac{1}{2} = 1$이다.

확률의 측정

우리는 다음과 같은 방법으로 확률 측정의 정의를 일반화할 수 있다. 어떤 사건이 일어날 수 있는 방법의 수가 h이고, 일어나지 않을 수 있는 방법의 수가 f라고 가정하자. 더 나아가 사건이 일어날 수 있거나 일어나지 않을 수 있는 방법이 모두 똑같이 일어날 가능성이 있다고 가정하자. 그러면 사건이 일어날 확률은 $\frac{h}{h+f}$, 일어나지 않을 확률은 $\frac{f}{h+f}$이며 일어나거나 또는 일어나지 않을 확률은 $\frac{h}{h+f} + \frac{f}{h+f} = 1$이다.

예를 들어, 3개의 빨간 구슬과 7개의 하얀 구슬이 들어 있는 상자에서 구슬을 하나 뽑아야 한다고 가정하자. 그렇다면 붉은 구슬을 그릴 확률은 $\frac{3}{10}$이고, 하얀 구슬을 그릴 확률은 $\frac{7}{10}$이며, 빨간색 구슬이나 하얀 구슬을 뽑을 확률은 $\frac{3}{10} + \frac{7}{10} = 1$이다.

위의 동전의 예에서, 답하지 않은 유일한 것은 동전이 가장자리로 곧게 설 확률이다. 동전이 가장자리로 설 수는 없지는 않지만, 동전은 앞면이 나오는 것과 뒷면이 나오는 것 중 어느 한 쪽이 나와야 한다는 것에 동의했다. 즉, 동전이 가장자리로 설 수 있는 경우의 수는 0이고, 이 사건이 일어나지 않을 수 있는 경우의 수는 2이다. 따라서 동전이 가장자리에 설 확률은 $\frac{0}{2} = 0$이다.

빨간 구슬과 하얀 구슬 문제에도 같은 추론을 적용할 수 있다. 빨간색이나 흰색의 구슬 외의 구슬을 뽑을 경우의 수는 없기 때문에 검정색 구슬을 뽑을 확률은 0이다.

이러한 연구 결과를 간단히 요약하자면, 불가능한 사건이 일어날 확률은 0이고, 반드시 일어날 사건이 일어날 확률은 1이며 불확실하게 일어나기는 하지만 일어날 사건의 확률은 0과 1사이에 어느 값이라고 해야 한다. 이제 주사위 던지는 사건의 몇 가지 간단한 예를 생각해 보자. 이러한 예들은 방금 제시된 생각들을 마음 속에 고정시키는데 도움이 될 뿐만 아니라, 나중에 유용하다고 생각할 수도 있는 한 두 가지의 기본적인 지름길을 소개하겠다.

실증적인 예

한 개의 주사위를 던져 2의 눈이 나올 확률은 얼마인가? 주사위는 6개의 면을 가지고 있고 그 중 한 면이 나올 수 있기 때문에 원하는 사건이 발생하거나 발생하지 않는 경우의 수가 총 6가지이다. 발생할 수 있는 방법은 1가지뿐이다. 따라서 확률은 $\frac{1}{6}$이다.

주사위 한 개를 던져서 논의 수가 2 또는 3이 나올 확률은 얼마인가? 다시 제안한 사건이 발생하거나 발생하지 않는 경우의 수는 총 6가지이다. 그것이 일어날 수 있는 경우의 수는 2가지이다. 따라서 확률은 $\frac{2}{6} = \frac{1}{3}$이다. 같은 결과가 또 다른 방법으로 나올 수 있다. 2가 나올 확률은 $\frac{1}{6}$이고 3이 나올 확률은 $\frac{1}{6}$이라는 점에 주목하면, 2 또는 3의 확률은 $\frac{1}{6} + \frac{1}{6} = \frac{1}{3}$이라고 말할 수 있다. 이 주장은 다음과 같은 일반적인 원칙으로 확장할 수 있다. n가지 사건의 확률을 각각 $p_1, p_2, p_3, \cdots, p_n$라 하고 n개의 사건이 모두 서로 배반사건이라면, 전체 사건의 확률의 합은 $p_1 + p_2 + p_3 + \cdots + p_n$이다. (2의 눈이 나올 사건과 3의 눈이 나올 사건은 주사위 하나를 던져 둘이 동시에 나올 수 없기 때문에 서로 배반사건이다.)

두 개의 주사위를 동시에 던져 주사위 눈 1과 주사위 눈 1이 나올 확률은? 첫 번째 주사위 눈의 모든 수는 두 번째 주사위의 눈의 6개 수와 연관될 수 있고, 첫 번째 주사위도 6개의 수가 있기 때문에 두 개 주사위의 모든 가능한 경우의 수는 $6 \cdot 6 = 36$이다. 이 의미는 [그림 8.1]에 자세히 나타나 있다. 모든 경우의 수 36가지 중 오직 1가지 만이 일어날 사건이다. 즉, 두 개의 주사위의 눈의 쌍의 수를 만족하는 경우의 수가 1개라는 것이다.

따라서 '뱀 눈(두 개의 주사위는 눈이 1, 1인 경우)'를 던질 확률은 $\frac{1}{36}$이다. 이 같은 결과는 다음과 같은 주장에 의해 얻어질 수 있었다는 점에 유의하자. 첫 번째 주사위의 눈이 1이 나올 확률은 $\frac{1}{6}$이고, 두 번째 주사위의 눈이 1이 나올 확률도 $\frac{1}{6}$이다. 따라서 두 주사위의 눈이 모두 1일 확률은 $\frac{1}{6} \cdot \frac{1}{6} = \frac{1}{36}$이다.

일반적으로 $p_1, p_2, p_3, \cdots, p_n$이 n개의 독립 사건의 각각의 확률이라면, 모든 n개의 사건이 **한꺼번에 발생할 확률은 이러한 확률의 곱 즉, $p_1 \cdot p_2 \cdot p_3 \cdot \cdots \cdot p_n$이라고 할 수 있다.** (첫 번째 주사위를 던지는 것과 두 번째 주사위를 던지는 것은 첫 번째 주사위가 두 번째 주사위에 영향을 미치지 않기 때문에 독립 사건이다.)

한 가지 더 일반적인 의견이 있다. p가 어떤 사건이 발생할 확률이라면, 발생하지 않을 확률은 $1 - p$이다. 그러므로 마지막 문제에서 확률 $\frac{1}{36}$이 두 개의 주사위를 던져 주사위 눈이 1이 2개 나올 확률이라면, 주사위 눈 1이 2개가 나오지 않을 확률은 $1 - \frac{1}{36} = \frac{35}{36}$이다. 이 결과는 사건이 가능한 36가지 경우의 수 중 1가지 경우만 일어날 수 있다면, 총 36가지 경우 중 35가지 경우는 일어나지 않을 수 있다는 점에 주목하면 쉽게 보일 수 있다.

달랑베르(D'Alembert) 오류

이제 확률의 패러독스로의 여행을 시작할 준비가 되었다. 첫 번째 예는 18세기 프랑스의 최고의 수학자인 달랑베르(D' Alembert)[1]가 이 문제를 제대로 풀지 못했다는 점에서 역사적으로 흥미롭다.

한 개의 동전을 두 번 던졌을 때, 앞면이 한 번 이상 나올 확률은 얼마인가?

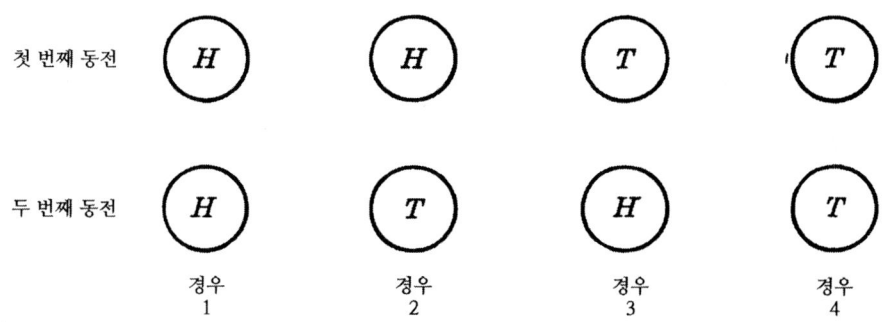

그림 8.2 두 개 동전을 던져 나올 수 있는 모든 경우의 수는 4가지이다.

동전을 두 번 던지면 그 사건은 첫 번째 던진 동전이 앞면이 나오고 두 번째 던진 동전이 앞면 또는 뒷면 나올 사건과 첫 번째 던진 동전이 뒷면이 나오고 두 번째 던진 동전이 앞면 또는 뒷면이

---

[1] 장 르 롱 달랑베르(Jean Le Rond d'Alembert) 프랑스의 수학자·물리학자·철학자. 역학의 일반화의 기초를 닦아 해석역학으로의 전개를 마련함으로써 역학발전의 한 단계를 이룩하였다

나올 사건이 있다. 가능한 경우의 수는 총 4이다. [그림 8.2]와 같이 이들 4개 중 첫 번째 3개는 1개 이상의 앞면을 포함한다는 것을 동의한다. 따라서 구하고자 하는 확률은 $\frac{3}{4}$이다.

1754년 이 문제가 제시되었을 때 달랑베르는 다음과 같이 주장하였다. 첫 번째 동전을 던져서 앞면이 나올 사건, 첫 번째 동전을 던져서 뒷면이 나오고 두 번째 동전을 던져서 앞면이 나올 사건 또는 뒷면이 나올 사건 이렇게 세 가지 경우만 있다고 하였다. 그래서 그는 이 세 사건 중 처음 두 사건 만이 조건을 만족한다. 따라서 구하고 하는 확률은 $\frac{2}{3}$이다.

이 두 번째 풀이가 왜 틀렸는지는 오래 걸리지 않는다. 달랑베르는 그의 첫 번째 사건을 [그림 8.2]의 경우 1과 경우 2를 하나의 사건으로 보았다. 즉, 달랑베르는 '첫 번째 동전을 던져 앞면이 나오면 두 번째 동전을 던져 어떤 사건이 일어나든 상관이 없다.' 그러나 이에 반해, '두 번째 동전을 던져 앞면이 나온다.'의 의미는 '첫 번째 동전을 던져 뒷면이 나오는 경우에 이어서 두 번째 동전의 앞면이 나온다.'이다. 그의 세 가지 사건 중 하나가 반드시 일어나야 하고, 그 사건이 서로 배반 사건이라는 것은 달랑베르의 풀이에 맞는 말이다. 문제는 이 사건들이 똑같이 그럴 가능성이 없다는 것이다. [그림 8.2]에서 보면 앞면이 아나 이상 나올 사건은 다음과 같다. 첫 번째 동전을 던져 앞면이 나오면 두 번째 동전은 어떤 면이 나오든 상관이 없다. (경우 1, 경우 2) 그리고 첫 번째 동전을 던져 뒷면이 나오면 두 번째 동전을 던져 앞면이 나와야 한다(경우 3).

방금 논의한 것과 유사한 어려움과 관련된 다음 두 가지 문제를 보자.

비슷한 문제들

패러독스 1. 세 개의 동전을 동시에 던진다. 모든 세 가지 모두 같은 면이 나올 확률은 얼마인가? 즉, 세 개의 동전 모두 앞면이거나 뒷면일 확률은 얼마인가?

a. 세 개의 동전을 동시에 던져 이 중 두 개의 동전이 모두 앞면이거나 뒷면이 나와야 한다고 확신을 가지고 말할 수 있다. 그럼 세 번째 동전은? 그것이 앞면일 확률은 $\frac{1}{2}$이고, 뒷면일 확률도 $\frac{1}{2}$이다. 어느 경우든 그것이 다른 두 가지와 같을 확률은 $\frac{1}{2}$이다. 따라서 세 개의 동전이 모두 같은 면일 확률은 $\frac{1}{2}$이다.

b. 그러나 이제 앞에서 논의한 곱셈과 덧셈 원리와 관련한 성질을 이용하자. 잠시 관심을 앞면에 고정시키자. 첫 번째 동전이 앞면이 나올 확률은 $\frac{1}{2}$이다. 두 번째 동전도 앞면이

나올 확률이 $\frac{1}{2}$, 세 번째는 동전도 앞면이 나올 확률이 $\frac{1}{2}$이다. 따라서 세 개 모두 앞면이 나올 확률은 $\frac{1}{2} \cdot \frac{1}{2} \cdot \frac{1}{2} = \frac{1}{8}$이다. 정확히 같은 방법으로, 세 개가 모두 뒷면일 확률은 $\frac{1}{8}$이다. 따라서 세 개의 동전이 앞면이든 뒷면이든 모두 같은 면일 확률은 $\frac{1}{8} + \frac{1}{8} = \frac{1}{4}$이다.

$\frac{1}{2}$와 $\frac{1}{4}$ 중 어느 것을 받아들여야 하는가?

해설

첫 번째 풀이는 틀렸다. 문제를 해결하는 가장 빠른 방법은 모든 가능성을 보여주는 다이어그램을 조사하는 것이다. 이러한 다이어그램은 [그림 8.3]에 나와 있으며, 3개의 동전을 던져서 나올 수 있는 모든 경우의 수는 8가지로 이 중 한 가지 경우로 던질 수 있음을 쉽게 알 수 있다. 이 8가지 경우의 수 중 첫 번째와 여덟 번째 경우가 해당된다. 따라서 올바른 확률은 $\frac{2}{8} = \frac{1}{4}$이다.

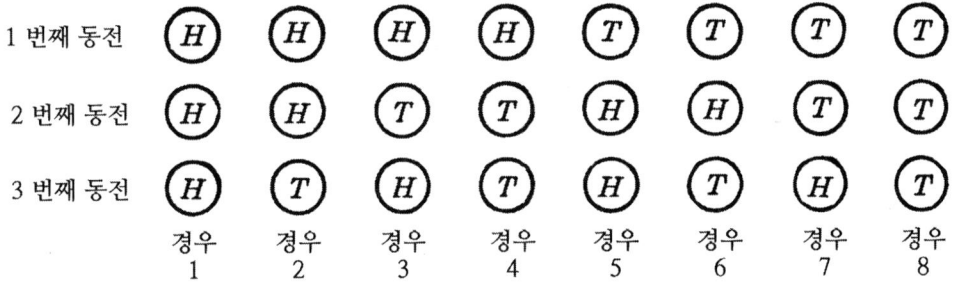

그림 8.3

잘못된 풀이에서, 우리는 동전 두 개가 똑같이 나왔다고 주장하였다. 이러한 생각을 고치기 위해 두 동전이 앞면이 나왔다고 가정하자. 그런 다음 세 번째 동전이 앞에 던졌던 두 개의 동전과는 달리 $\frac{1}{2}$의 확률로 앞면과 뒷면이 나온다고 가정했다. [그림 8.3]을 보면 이 가정이 유효하지 않다는 것을 알 수 있다. 가능한 8가지 경우 중 4가지(경우 1, 경우 2, 경우 3, 경우 5)에 두 개(또는 이상)의 앞면이 나왔다. 이 4가지 경우 중 한 가지 경우 만 세 개의 동전 모두 앞면이다. 결과적으로, 세 번째 동전이 다른 두 동전과 같을 가능성은 세 배이다.

구슬 게임

패러독스 2. 베드로(Peter)와 바울(Paul)(작가와 가능성이 많은 작가가 선호하는 캐릭터)의 구슬 게임 놀이를 하고 있다. 베드로는 두 개의 구슬, 바울은 한 개의 구슬을 가지고 있다. 그들은 어떤 고정된 점에 더 가깝게 구슬을 굴리는 게임을 하였다. 그들이 동등한 실력을 가지고 있다고 가정하면, 베드로가 이길 확률은 얼마인가?

해설

a. 두 선수가 똑같이 실력을 가지고 있기 때문에 3개의 구슬 모두 이길 확률이 같다. 그러나 3개의 구슬 중 2개는 베드로의 것이다. 따라서 베드로가 이길 확률은 $\frac{2}{3}$이다.

b. 4가지의 경우의 수가 있다. 베드로의 두 개 구슬 중에서 두 개 모두 바울의 한 개 구슬 보다 좋을 수도 있다. 또는 첫 번째 구슬이 더 좋고 두 번째 구슬이 나쁠 수 있다. 또는 두 번째가 더 좋을 수도 있고 첫 번째가 나빠질 수 있다. 또는 둘 다 나쁠 수도 있다. 이 4가지 경우 중에서, 베드로가 지는 경우는 유일하게 그의 두 구슬 모두 바울의 것보다 더 나쁜 경우이다. 따라서 베드로가 이길 확률은 $\frac{3}{4}$이다. $\frac{2}{3}$와 $\frac{3}{4}$ 중 어떤 결과를 받아들여야 하는가?

해설

[그림 8.4]과 같이 게임의 모든 경우의 수는 6가지이다. 베드로의 구슬은 왼쪽에서 첫 번째 구슬을 오른쪽에서 두 번째 구슬을 도식적으로 표시하였다. 구슬 안 수는 게임에서 구슬들이 1위, 2위, 3위를 한 것을 나타낸다. 예를 들어, 경우 4에는 베드로의 두 번째 구슬이 1등, 바울의

구슬이 2 등, 그리고 베드로의 첫 번째 구슬이 3 위이다. 바울은 전체 6 가지 경우 중 2 가지 경우를 제외하고 4 가지 경우에서 모두 이겼다. 따라서 정확한 확률은 $\frac{4}{6} = \frac{2}{3}$이며 $\frac{3}{4}$는 아니다.

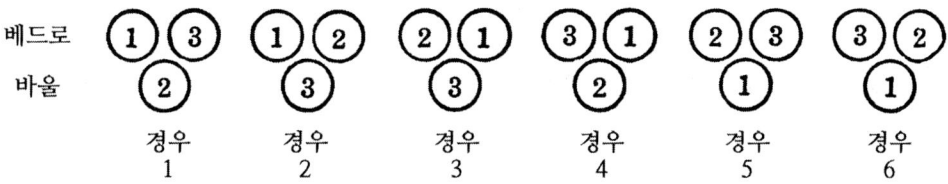

그림 8.4

제시된 두 번째 풀이에 어떤 문제가 있는지 살펴보자. 여기에서는 다음 4 가지 경우 만 가능하다고 주장했다. (i) 베드로 구슬 두 개 모두 바울 구슬 한 개 보다 좋다. (ii) 베드로는 바울 보다 첫 번째는 좋고, 두 번째는 나쁘다. (iii) 베드로구슬 한 개는 바울 구슬 보다 좋고 다른 한 개는 나쁘다. (iv) 베드로 구슬 두 개 모두 바울 구슬 한 개 보다 나쁘다. 이제 로마 숫자로 표시된 이 4 가지 경우와 아라비아 숫자로 표시된 [그림 8.4]의 6 가지 경우와 비교하여 보자. (i)은 (2)와 (3)을 포함하고, (ii)는 (1)과 동일하고, (iii)은 (4)와 동일하며, (iv)는 (5)와 (6)을 포함한다. 경우 (1)에서 경우 (6) 확률이 같지만 경우 (i)에서 경우 (iv)는 확률이 같지 않다. 경우 (iv)-베드로가 지는 유일한 경우는 (ii) 또는 (iii)의 경우 보다 확률이 더 크다.

베르트랑 상자 역설

프랑스 수학자인 제이 베르트랑(J. Bertrand)은 1889 년에 발표된 학술 논문인 《확률의 계산(Calcul des Probabilites)》에서 여러가지 패러독스를 논의했다. 특히 이들 중 하나는 이후 확률에 관한 거의 모든 교과서에서 실례·도해 등으로 예제로 제시되었다. 일반적으로 '베르트랑 상자 패러독스(Bertrand's box paradox)'로 알려져 있으며 그 내용은 다음과 같다.

세 개의 상자는 외부 모양이 모두 동일하다. 첫 번째 상자에는 두 개의 금화가 안에 들어있고 두 번째 상자에는 두 개의 은화가 들어 있으며 세 번째 상자에는 각각의 동전이 한 개씩 들어 있다. 즉 금화 한 개와 은화 한 개가 들어 있다. 상자 하나를 무작위로 선택하자. 두 번째 꺼낸 동전이 첫 번째 꺼낸 동전과 다를 상자가 선택될 확률은 얼마일까?

이 문제는 간단합니다. 금화-금화, 은화-은화, 금화-은화의 3 가지 경우가 있다. 상자 모양이 동일하기 때문에 각 상자를 선택할 확률은 동일하다. 그리고 3 가지 중 단지 상자 하나 만을 선택해야 한다. 따라서 원하는 확률은 $\frac{1}{3}$이다.

방금 풀이가 정확한 해임을 인정하면 다음과 같은 주장은 어떻게 받아들여야 하는가? 상자를 선택하고 두 개의 동전 중 하나를 꺼냈다고 가정하자. 꺼낸 동전이 금화인지 은화인지 여부에 관계없이 동전을 검사할 필요는 없다. 가능한 두 가지 경우가 있다. 꺼낸 동전은 금화 또는 은화이다. 즉, 두 번째 꺼낸 동전은 첫 번째 꺼낸 동전과 같거나 다르다. 2 가지 가능성 중에서 1 가지이다. 따라서 두 번째 동전이 첫 번째 동전과 다를 확률은 $\frac{1}{2}$이다. 따라서 상자 중 하나에서 하나의 동전을 꺼내면 원하는 확률이 $\frac{1}{3}$에서 $\frac{1}{2}$로 증가한다는 놀라운 결론에 도달한다! 단지 동전 한 개를 꺼낸다고 해서 남은 동전의 본질에 대한 지식이 늘어나지는 않기 때문에 이 두 번째 풀이는 분명히 문제가 있다.

베르트랑은 동전 한 개를 꺼내었다고 주장했으며, 이후에 명시된 확률은 똑같이 않다고 주장하였다. 즉, 첫 번째 꺼낸 동전이 금화라고 가정하면 두 번째 꺼낸 동전은 금화 보다 은화가 될 확률이 낮다. 왜일까? 간단하게, Bgg 는 금화 2 개가 들어 있는 상자, Bss 는 2 개의 은화가 들어 있는 상자, Bgs 는 금화 1 개, 은화 1 개씩 들어 있는 상자를 나타낸다. 그런 다음 첫 번째로 꺼낸 동전이 금화이면 Bgg 또는 Bgs 에서 나왔을 것이다. 그건 분명히 Bss 에서 꺼낼 수 없다. 이제 Bgg 에서 첫 번째 꺼낸 동전이 금화일 확률은 분명히 1 이다. Bgs 에서 첫 번째 꺼낸 동전이 금화일 확률은 $\frac{1}{2}$다. 따라서, 금화가 꺼내질 확률은 Bgg 보다 Bgs 에서 나올 확률이 작다. 결과적으로 두 번째 동전은 금화보다 은화가 될 확률이 작다. 마찬가지로 첫 번째 꺼낸 동전이 은화이면 Bss 보다 Bgs 에서 나올 확률이 작으므로 이 경우 두 번째 꺼낸 동전은 은화보다 금화일 확률이 작다. 따라서 첫 번째 동전이 무엇인지에 관계없이 두 번째 동전과 같은 확률보다 다른 확률이 작다. 원하는 확률은 $\frac{1}{2}$이 아니라 $\frac{1}{2}$보다 작다. 그러므로 문제의 두 번째 풀이는 올바르지 않으며, 첫 번째 풀이에 대한 믿음을 되찾게 된다.

무작위로 잡은 점

지금까지 논의된 모든 문제에서 일어날 수 있는 모든 경우의 수 -어떤 특정한 사건이 발생하거나 발생하지 않는 경우의 수-는 한정되어 있다. 다음 몇 가지 예와 같이 일어날 수 있는 경우의 수가 무한한 경우 모순이 발생한다.

주어진 선분 AB와 선분 AB 위에 임의의 점이 있다. 선분 AB 위의 점 P를 무작위로 선택하였다. 다시 선택한 점이 점 P일 확률은 얼마인가?

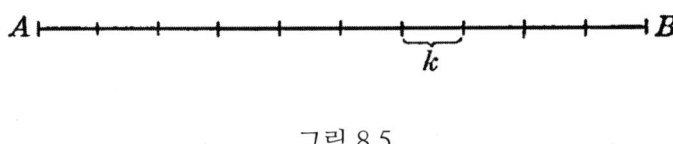

그림 8.5

7장에서 유한한 길이의 선분에는 무한히 많은 점이 있기 때문에 확률은 명백히 무한이다. 지금 당장 점 P를 무시하고 더 간단한 문제로 생각해 보자. [그림 8.5]와 같이 선분 AB를 10개의 동일한 구간으로 나누었다고 가정하자.

선분 AB 위의 점이 '무작위로 선택' 되었다고 하면, 모든 구간이 이 점을 포함할 확률은 동일하다는 것을 의미한다. 따라서 선택한 점이 길이가 일정한 구간(예: k로 표시된 간격)에 있을 확률은 $\frac{1}{10}$이다. 마찬가지로 선분 AB를 100개의 길이가 동일한 구간으로 나누면 임의의 동일한 구간에 무작위로 선택된 점을 포함될 확률은 $\frac{1}{100}$이다. 이후 계속해서 반복한다. 모든 경우에 확률은 구간의 길이 대 전체 선분 길이의 비율이다. 이 개념을 안전하게 일반화하고 다음과 같은 원리를 진술할 수 있다.

길이 L인 선분에서 임의의 점을 선택한 경우, 길이 k의 일정한 구간에 해당할 확률은 $\frac{k}{L}$이다.

이 원리를 원래 문제에 적용하려고 할 때 어떤 일이 발생하는지 보자. 간단히 하기 위해 선분 AB의 길이를 10(인치)라고 하자. 점 P는 길이가 없다. 다시 말해, 점 P는 길이가 0인 '간격'이다. 그러나 임의의 점이 길이가 0인 구간에 있을 확률은 $\frac{0}{10} = 0$이다. 이 장의 앞에서 보았듯이 확률이 0이면 사건이 발생할 수 없음을 의미한다. 따라서 임의의 점 P와 일치하는 것은 불가능하다. 점 P는 선분 AB의 주어진 점이므로 임의의 점은 선의 임의의 점과 일치할 수 없다. 따라서 임의의 점은 선분의 한 점이지만 선분의 한 점이 아니다. 어려운 딜레마이다!

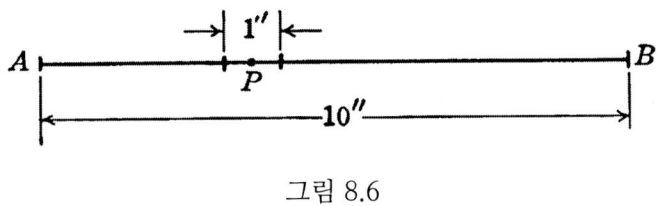

그림 8.6

여기서 이러한 어려움을 극복하려면, 무한 급수와 관련하여 논의한 개념인 극한 관점에서 문제를 공략해야 한다. 먼저 [그림 8.6]와 같이 점 P를 길이 1인치 구간의 중점이라고 가정하자. 그런 다음 임의의 점이 이 구간의 어딘가에 있을 확률은 $\frac{1}{10}$이다. 점 P를 이전과 같이 중점으로 유지하면서 간격을 0.1인치로 하면 확률은 $\frac{1}{100}$이 된다. 구간을 0.01인치로 하면 확률은 $\frac{1}{1,000}$이다. 0.001인치 인 경우로 하면 확률은 $\frac{1}{10,000}$ 이다. 이후 무한히 계속된다.

이제 좁아지는 구간의 극한은 점 P 자체이다. 결과적으로, 임의의 점이 점 P와 일치할 확률은 줄어드는 연속된 단계의 각각의 어느 구간에 있을 확률의 수열의 극한이다. 각 단계에서 이전 구간의 길이를 $\frac{1}{10}$으로 좁히면서 선택한 임의의 점이 점 P와 일치할 확률은 아래 수열의 극한이다.

$$\frac{1}{10}, \frac{1}{100}, \frac{1}{1,000}, \frac{1}{10,000}, \frac{1}{100,000}, \frac{1}{1,000,000}, \cdots.$$

이 수열의 극한은 점 P를 포함한 구간을 더 좁고 만들 때 0이다. 그러나 이 관측이 반드시 확률이 0이라는 것을 의미하지는 않는다. 그것은 단순히 P에 대한 구간을 충분히 좁게 함으로써 우리가 원하는 만큼 0에 가까운 확률을 만들 수 있다는 것을 의미한다.

명확하지 않은 문제로 혼동할 위험이 있으므로, 이것과는 다르지만 보다 구체적인 예를 살펴보자. 상자에 빨간 구슬 1 개와 흰 구슬 9 개가 들어 있고 한 개의 구슬을 꺼낸다고 하자. 그런 다음 빨간 구슬을 뽑을 확률은 $\frac{1}{10}$이다. 흰 구슬의 수를 99로 늘리면 빨간 구슬을 뽑을 확률은

$\frac{1}{100}$이다. 흰색 구슬의 수를 999로 늘리면 확률은 $\frac{1}{1,000}$이다. 이후 무한히 계속된다. 흰 구슬을 추가할 때 한 개의 빨간 구슬을 뽑을 확률은 점점 작아지고 충분한 수의 흰 구슬을 추가하여 원하는 만큼 작게 만들 수 있다. 그러나 빨간 구슬을 뽑을 확률은 절대로 0이 아니다. 빨간 구슬은 항상 있고, 값은 작지만 어떤 작은 확률이 항상 존재한다.

한마디로, 우리는 마음에서 '0'과 '작은 무한' 또는 다른 말로는 '무한소'를 구별해야 한다. 원하는 확률은 모든 실제적인 목적에 대해 0 이지만 이론적으로 말하자면 0이 아니라 무한대라고 말할 수 있다. 어떤 사건의 경우의 수가 유한하고 모든 경우의 수가 무한한 경우에도 동일하게 구별을 해야 한다.

다음 두 가지 문제에서 발생하는 모순은 방금 설명한 방식으로 처리할 수 있다.

알 수 없는 소수(prime number)?

패러독스 1.
모든 짝수는 2로 나눌 수 있기 때문에 유일한 짝수인 소수는 2 자신이다. 다시 말해 소수인 짝수는 2이다. 그러나 소수의 수는 무한하다(28 페이지 참조). 따라서 임의의 소수(prime number)는 짝수 확률은 0이다. 이 결론은 소수가 짝수 일 수 없음을 의미한다. 결과적으로 소수 2는 존재하지 않는다.

패러독스 2.
알려진 최대 소수는 $2^{127} - 1$이다(28 페이지 참조).[2] 따라서 알려진 소수는 유한개이다. 그러나 모든 소수의 개수는 무한하다. 따라서 임의의 소수가 알려진 확률은 0이다. 즉, 소수를 알 수는 없다. 따라서 소수는 알려져 있지 않다.

---

[2] 1944년도 초판이라 이때의 가장 큰 소수이다.

더 많은 무작위 점들

다음으로 모든 경우의 수가 무한일 때 발생하는 또 다른 어려움이 발생한다.

0에서 10 사이의 실수—유리수 또는 무리수—무작위로 선택하자. 5보다 큰 확률은 얼마인가?

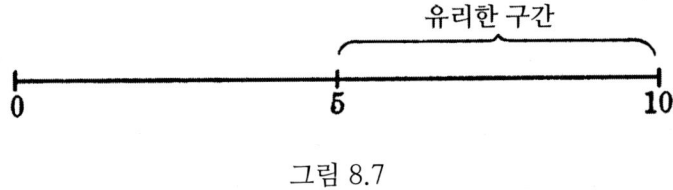

그림 8.7

선분의 임의의 점과 관련하여 개발한 기법을 사용하여 [그림 8.7]과 같이 10(단위) 길이의 선분을 길이가 5(단위)인 두 개의 구간으로 나눈다. 그러면 선택한 수가 유리한 구간에 있을 확률은 $\frac{1}{2}$ 또는 $\frac{1}{3}$이다.

잠시 다음 문제를 살펴보자.

0에서 100 사이의 실수—유리수 또는 무리수—를 무작위로 선택하자. 25보다 클 확률은 얼마인가?

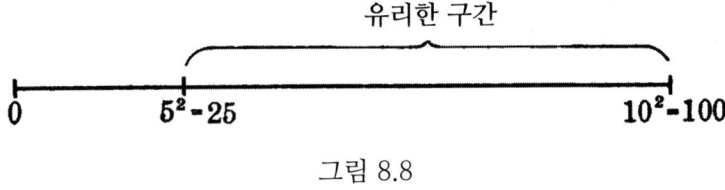

그림 8.8

이번에는 선분 100(단위) 길이를 두 개의 구간으로 나누었다. 첫 번째 구간은 25(단위), 두 번째 구간은 75(단위)이다. 이 경우 유리한 구간은 두 번째 구간이다. 그리고 임의의 실수가 25보다 클 확률은 $\frac{75}{100} = \frac{3}{4}$이다.

이제 실수 x가 $0 \leq x \leq 5$이면 $0 \leq x \leq 25$이고, 실수 x가 $5 \leq x \leq 10$이면 $25 \leq x \leq 100$라는 것을 생각하자. 따라서 두 가지 문제의 결과를 다음과 같이 해석할 수 있다. 0과 10 사이의 숫자를 임의로 선택하면 5보다 클 확률은 $\frac{1}{2}$이다. 반면 실수의 제곱을 임의로 선택하면 실수가 5보다 클 확률은 $\frac{3}{4}$이다.

무슨 일이 일어난 것일까? 실수 또는 그 실수의 제곱수를 임의로 선택했는지 여부에 관계없이 원하는 확률이 같아야 하는가? 두 가지 문제를 보다 면밀히 조사하여 보자.

첫 번째 문제에서, 아마도 두 구간이 똑같이 0과 10 사이의 실제 숫자, 말하자면 5와 10 사이의 숫자만큼 0과 5 사이의 실수가 고르게 분포되어 있다는 생각에 근거했을 것이다. 그러나 이제 그러한 실수의 제곱을 생각해 보자. [그림 8.8]의 0에서 25까지 구간에 있는 실수는 [그림 8.7]의 0부터 5까지 구간의 모든 실수에 해당하는 제곱한 수를 가지고 있으며, [그림 8.8]의 25에서 100까지 구간에 있는 실수는 [그림 8.7]의 5에서 10까지 구간의 모든 실수에 제곱한 수를 가지고 있다. 다시 말해 25에서 100까지 사이에 실수가 0에서 25까지 사이의 실수 보다

많다(이 생각은 새로운 것이 아니다. 마지막 장에서 우리는 실수에 대응하는 점들이 무한 길이의 직선과 같은 유한한 길이의 선에 대응한다는 사실을 수립하였다.) 그러므로 우리는 좋든 싫든 간에 0에서 25까지 구간과 25에서 100까지 구간은 똑같이 0에서 100 사이에 무작위로 선택된 실수를 포함할 가능성이 있다는 결론에 이르게 된다.

그러나 두 번째 문제에서는 0과 100 사이의 실수가 선분을 따라 고르게 분포되어 있고, 말하자면 0과 25 사이의 실수 보다 25와 100 사이의 실수가 세 배나 많다는 가정 하에 전개하였다. 즉 25에서 100까지 구간은 0에서 25까지 구간보다 임의의 점을 포함할 가능성이 세 배나 높다고 가정하였다. 이 구간은 결국 타당한 것이다. 그것은 우리가 첫 번째 문제에 대해 전혀 몰랐더라면 만들었 어야 할 문제지만, 단지 0에서 100 사이의 무작위로 선택한 실수에 대해 생각하고 있었다.

이 모든 혼란을 벗어날 수 있는 길이 완전히 명확하지는 않다. 이 어려움은 수학자들 스스로가 동의하지 않는, 똑같이 일어날 수 있는 일련의 사건들에 대한 적절한 선택과 관련이 있다. 베르트랑을 추종하는 그룹은 무한대가 숫자가 아니며, 유한 확률의 관점에서, 가능성의 무한함에서 무작위로 이루어진 선택을 설명할 수 없다는 것을 지적함으로써 그러한 모든 문제들을 일축하였다. 이런 태도는 정말로 탈출구를 제공하지만, 그다지 행복한 것은 아니다. 왜냐하면 그것은 매우 유용한 것으로 밝혀진 많은 결과와 기술을 낭비할 필요가 없기 때문이다.

아마도 우리가 취해야 할 가장 만족스러운 태도는 실용주의적인 태도일 것이다. 모든 경우의 수가 무한할 때, 똑같이 일어날 가능성이 있는 일련의 사건들의 선택이 자의적이라는 것을 인정하는 것은, 고려 중인 특정 문제에 대해 상식이 가장 실용적이라고 말하는 집합을 선택하자.

따라서 우리가 논의한 두 가지 문제에서, 첫 번째 문제에 사용된 설정이 두 번째 문제에 사용된 설정보다 그 문제에 대해 더 실용적인 것으로 보인다. 0과 10 사이의 무작위로 선택한 실수가 5보다 클 확률을 결정하는 문제에 직면한 거리의 어떤 사람이 무작위 실수의 제곱에 관한 계산을 해서 $\frac{3}{4}$는 답을 내놓을까? 상식적인 대답은 $\frac{1}{2}$이다.

우리는 실용적 태도가 항상 완전히 만족스럽지는 않지만, 그것에 찬성하는 큰 논쟁은 오늘날의 확률론의 상태라는 것을 곧 알게 될 것이다. 이론은 개발에 책임이 있는 사람들이 필요할 때 실용적인 가정을 할 수 있는 좋은 상식을 가진 실용적인 사람들이었기 때문이다. 그들이 일어난 모든 이론적 요점에 대해 논쟁을 멈추었더라면, 그 이론은 거의 처음 만들어졌을 때 사장되었을지도 모른다. 대신에 여러 분야에서 강력한 연구 수단으로 성장했다.

한 사건에 대해 여러 확률로 일어날 수 있는 사건들

다음 패러독스는 주어진 상황에서 한 사건에 대해 여러 확률로 일어날 수 있는 사건들에 대해 어느 확률로 결정하는 것이 얼마나 어려운 지를 보여준다.

부피와 밀도

패러독스 1. 어떤 물질이, 그 부피가 1과 3 사이에 있다는 것만 알려져 있다. 따라서 부피가 1과 2 사이에 2와 3 사이에 있다고 가정하는 것이 합리적이다.

그러나 이제 물질의 특정 밀도를 고려하자. 부피 V와 밀도 D에 관련된 공식은 $D = \frac{1}{V}$이다.

부피가 1과 3 사이에 있기 때문에 밀도는 1과 $\frac{1}{3}$ 사이에 있다. 그리고 밀도에 대해 아무것도 알지 못하기 때문에 1과 $\frac{2}{3}$ 사이에서 $\frac{2}{3}$와 $\frac{1}{3}$ 사이에 있을 가능성이 있다고 가정하는 것이 합리적이다. 결과적으로, 밀도의 역수인 부피는 $\frac{2}{3}$과 3사이에서 1과 $\frac{2}{3}$ 사이에 있을 가능성이 있다. 즉, 1과 1.5 사이는 1.5와 3 사이이다. 이 결론은 물론 그 부피가 1과 2 사이에 2와 3 사이에 있을 가능성이 높다는 첫 번째 결론과 모순된다.

원 안에 있는 현

패러독스 2. 주어진 원에서 무작위로 한 개의 현을 그린다. 원 안에 그려진 정삼각형의 한 변보다 현의 길이가 더 길 확률은 얼마인가?

a. [그림 8.9]에서 삼각형 ABC를 정삼각형으로 하고 직선 DAE를 점 A의 원에 접하게 하자. 임의의 현은 점 A와 원의 다른 점을 연결해 그려지는 것으로 생각할 수 있다. 굵은 선으로 표현된 $60°$인 각 BAC 안쪽에 있는 현은 삼각형의 한 변보다 길어서 가능한 경우이다. $60°$인 각 BAD 또는 각 CAE 중 어느 하나의 안쪽에 있는 현은 삼각형의 한 변 보다 짧다. 다시 말해서, 가능한 모든 경우는 $180°$인 각 DAE 안쪽에 있고 모든 가능한 경우는 $60°$인 각 BAC 안쪽에 있다. 결과적으로 원하는 확률은 $\frac{60°}{180°} = \frac{1}{3}$이다. 물론, 점 A는 일시적으로 고정된 점으로 점 A의 위치에 관계없이 동일한 논리를 주장할 수 있다.

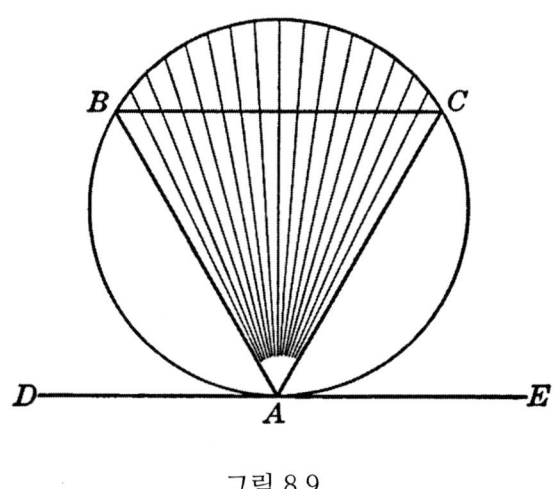

그림 8.9

b. 다음으로 [그림 8.10]과 같이 무작위로 선분 AK에 수직이고 교점을 갖도록 그린다. 원의 중심에서 삼각형의 어느 변까지의 거리가 원의 반지름과 같다는 것을 쉽게 알 수 있다. 특히 선분 OM은 반지름의 절반, 즉 지름인 선분 AK의 $\frac{1}{4}$이다. 선분 ON을 선분 OM과 동일하게 놓으면, 선분 MN의 구간의 어떤 현도 삼각형의 한 변보다 크다는 것은 명백하다. 임의의 현은 선분 AK의 임의의 점과 교점을 갖도록 그려질

수 있다. 삼각형의 한쪽 변 보다 긴 현은, 우리가 보았듯이, 선분 AK 길이의 절반인 선분 MN 구간에 있는 현이다. 따라서 구하고자 하는 확률은 $\frac{1}{2}$이다. 지름인 선분 AK는 일시적으로 고정된 것으로 임의의 다른 위치의 지름 대해서도 같은 논리가 적용된다.

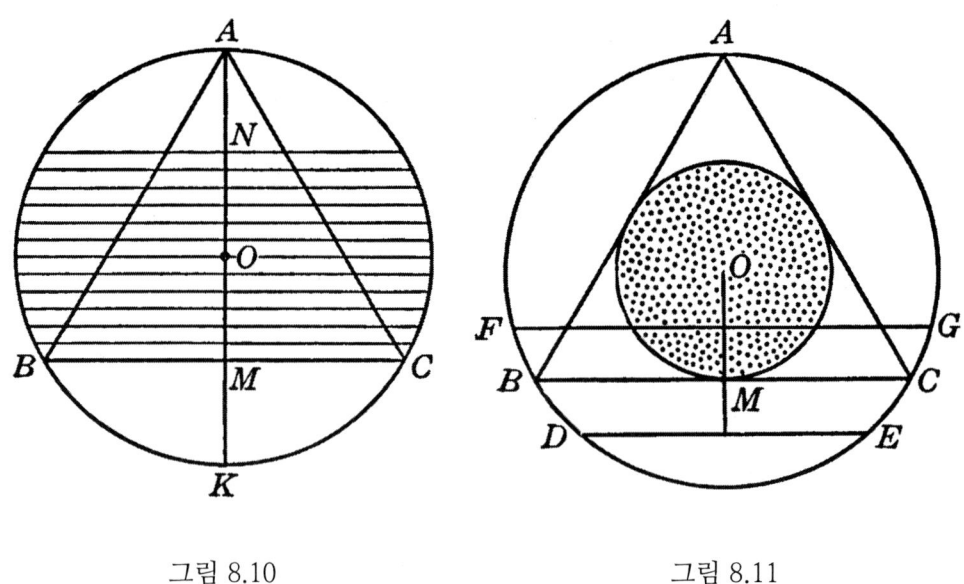

그림 8.10   그림 8.11

c. [그림 8.11]과 같이 원 안에 주어진 내접 정삼각형이 있다. (b)에서 논의한 바와 같이, 내접원 반지름인 선분 OM은 원의 지름의 절반이다. 또한, [그림 8.11]을 보면 선분 DE가 중심으로부터 거리가 선분 OM보다 크면 현 DE는 현 BC보다 짧다는 것을 보여준다. 선분 FG가 중심으로부터 거리가 선분 OM보다 작으면 현 FG는 현 BC보다 길다. 마지막으로, 원의 중심으로부터 현의 길이는 중심으로부터 현의 중점의 거리에 의해 구하여 진다. 이제 임의의 현은 큰 원 안에 있는 임의의 점을 중점으로 가질 수 있으며 원하는 성질을 가진 모든 현의 중점은 작은 원 안에 있다. 따라서 무작위로 그린 현은 정삼각형의 한 변보다 클 확률은 작은 원의 면적 대 큰 원의 면적의 비이다. 작은 원의 반지름을 r이라고 하면 큰 원의 반지름은 $2r$이므로 구하고자 하는 확률은 작은 원의 넓이 대 큰 원의 넓이의 비로 그 비는 $\frac{\pi r^2}{\pi (2r)^2} = \frac{\pi r^2}{4\pi r^2} = \frac{1}{4}$이다.

다소 긴 이 예의 결과를 간단히 요약해 보자. 원 둘레에 있는 점을 지나는 현이 접선과과 하나의 각을 만든다고 가정한다면, 그 확률은 $\frac{1}{3}$이다. 원의 지름에 수직으로 그려진 현이 지름의 한 점을 다른 점처럼 그 점을 지난다고 가정하면, 그 확률은 $\frac{1}{2}$이다. 마지막으로 현의 중점이 다른 것과 마찬가지로 원의 내부점이라 가정하면, 그 확률은 $\frac{1}{4}$이다. 한 사건에 대해 여러 확률로 일어날 수 있는 사건 중 어느 확률이 이 사건의 확률인가? 한 가지 추측은 다른 것만큼이나 좋다.

(다음 두 역설은 입체 기하학과 삼각법에 대한 지식이 포함되어 있다. 이 주제에 대해 잘 알고 있는 사람들의 편의를 위해 간단히 논의할 것이다.)

공간에서 임의의 평면, 구면 위의 임의의 점

패러독스 3. 공간에서 무작위로 평면이 선택하자. 수평면과 평면이 이루는 각이 45°보다 작을 확률은 얼마인가?

a. 임의의 평면과 수평면이 이루는 각은 0에서 90°사이의 각을 만들 수 있다. 0°와 45°사이의 각을 이룰 사건의 확률은 $\frac{45°}{90°} = \frac{1}{2} = 0.5$이다.

b. 기본이 되는 평면이 수평면이고 이 수평선들의 반지름이 r인 임의의 반 구의 중심에서 임의의 평면을 수직이 되게 작도 하자. 그런 다음 무작위로 평면을 선택하는 것은 평면에 대한 직각이 반 구와 교차하는 지점을 무작위로 선택하는 것이다. 평면이 수평면과 45°미만의 각을 이루려면 수직인 평면의 넓이가

$$2\pi r^2(1 - cos 45°) = 4\pi r^2 sin^2 22.5°$$

인 넓이의 임의의 점에서 반 구와 교차해야 한다. 그러면 구하고자 하는 확률은 영역의 넓이 대 반 구의 넓이의 비이다. 그 비는 $2sin^2 22.5° = 0.293$이다.

패러독스 4. 구 면에서 두 점을 무작위로 선택하자. 두 점을 연결한 호[3]의 거리가 10′(분)[4] 이하의 거리가 될 확률은 얼마인가?

a. 두 점 중 하나를 고정시키고 이 점을 통과하는 고정된 대 원을 그린다. (이러한 제한은 다음 논거가 오로지 누가 봐도 분명한 것으로 보인다. 첫 번째 점의 모든 선택과 해당 점을 통한 대 원의 모든 선택에 그 근거가 확실하다.) 이제 첫 번째 고정한 점을 지나는 대 원을 각각 길이가 10′인 2160 개의 동일한 호로 나눈다. 구하고자 하는 사건의 경우는 두 번째 점이 첫 번째 점에 인접한 두 개의 호 중 하나에 있는 것이다. 따라서 원하는 확률은 $\frac{2}{2160} = 0.000926$이다.

b. 첫 번째 점은 고정되었고 두 번째 점은 구 위의 임의로 잡을 수 있다. 그러나 두 점 사이의 거리가 10′ 미만인 경우 두 번째 점은 넓이가

$$2\pi r^2 (1 - \cos 10') = 4\pi r^2 \sin^2 5'$$

인 영역에 있어야 한다. 여기서 r은 구의 반지름이다. 따라서 구하고자 하는 확률은 이 영역의 넓이 대 구의 넓이의 비율, 즉 $\sin^2 5' = 0.00000212$이다.

이것은 첫 번째 결과가 두 번째 결과보다 400 배 이상 크다는 점에서 주목할 만하다!

마지막 그룹의 패러독스는 한 사건에 대해 여러 확률로 일어날 수 있는 사건에 대해 어느 것이 확률인지를 결정하는 것이 얼마나 어려운지 보여 주었다.

더욱 근본적인 문제는 '한 사건에 대해 여러 확률로 일어날 수 있는 사건'의 정확한 의미 즉 본질적으로 직관적이고 정의하기 어려운 개념에 관한 것이다. 실제로, '한 사건에 대해 여러 확률로 일어날 수 있는 사건'에 대한 적절한 정의는 수학자들을 두 개의 반대 진영으로 갈라 놓았다. 한편으론 '불충분한 이성주의자'가 있는데, 그들은 다른 생각을 할 이유가 없다면 두 사건이 똑같이 일어날 가능성이 있다고 주장한다. 반면, '설득력이 있는 이성주의자'가 있는데, 그들은 그렇게 생각할 확실한 이유가 있어야만 두 사건이 똑같이 일어날 가능성이 있다고 주장한다. 그 구별은 어떤 면에서는 꽤 괜찮은 것이다. 사실, 불충분한 이성주의자는 그에게 두

---

[3] 대원을 통과하는 호 중 거리가 짧은 호
[4] 각 단위

가지를 똑같이 생각하는 가장 설득력 있는 이유는 다른 생각을 할 수 있는 어떤 이유의 부재라는 점에서 설득력 있는 이성주의자로 분류될 수 있을 것이다!

이 장의 논의를 따라온 우리는 아마도 불충분한 이성주의자로 분류되어야 할 것이다. 왜냐하면 우리는 두 개 이상의 사례가 똑같이 일어날 가능성이 있다고 가정해야 하는 충분한 이유를 찾는데 거의 시간을 소비하지 않았기 때문이다. 예를 들어, 마지막으로 논의된 네 가지 역설 중 첫 번째 것, 즉 부피와 밀도에 관한 것을 생각해 보자. 우리는 그 부피가 1과 3 사이에 어느 값이 있다는 것 외에는 어떤 물질에 대해서도 아는 것이 없다고 말하였다. 다른 모든 정보가 없는 경우, 우리는 그 양이 2와 3 사이만큼 1과 2 사이에 있을 가능성이 있다고 가정했다. 설득력이 있는 이성주의자는 우리가 이 문제에서 마주친 어려움 때문에 결코 자신을 들여보내지 않았을 것이다. 왜냐하면 그는 처음에 그 문제를 단순히 토론할 수 없는 것으로 치부했을 것이기 때문이다.

불충분한 이성 주의자를 혼란시키기 위해 설득력이 있는 이성주의자가 사용하는 전형적인 예는 소위 '화성에서의 삶의 패러독스'이 있다.

우리는 이 패러독스를 설득력이 있는 이성주의자(C.R)과 불충분한 이성주의자(I.R) 사이의 대화 형태로 제시할 것이다.

화성에서의 살아남는 패러독스

C. R.: I. R. 이야기를 봅시다. 행성인 화성에서 어떤 형태로든 생명의 살아남을 확률은 얼마입니까?

    I. R.: 흠. 어디봅시다. 내가 그 해답을 완전히 모르기 때문에, 나는 살아남을 사건과 살아남지 않을 사건이 똑같이 가능성이 있다고 가정해야 할 것 같다. 그래서 나의 답은 $\frac{1}{2}$ 입니다.

C. R: 좋습니다. 그러나 이제 그 문제를 다른 각도에서 봅시다. 화성에서 말이 없을 확률이 얼마나 된다고 생각하십니까?

    I. R.: 다시 또 나의 완전한 무지를 고백합니다. 그래서 다시 한번 나는 $\frac{1}{2}$로 결론짓지 않으면 안 된다.

    C. R.: 그리고 소가 없을 확률은 얼마입니까?

I. R: 또 $\frac{1}{2}$ 입니다.

C. R.: 그리고 개가 없을 확률은 얼마입니까?

I. R.: 그것도 $\frac{1}{2}$ 입니다.

[이런 일은 몇 분 동안 계속되었고 C.R. 계속해서 17 가지의 더 구체적인 동물의 생명체가 없을 확률을 질문하였다.]

C. R.: 좋습니다. 그러면 이제 우리는 이 모든 일들이 한꺼번에 일어날 확률 – 말도 없고 소도 없고 개도 없고 그리고 내가 말한 다른 17 가지 동물들도 – 즉, 각각 확률의 곱인 $\underbrace{\frac{1}{2} \cdot \frac{1}{2} \cdot \frac{1}{2} \cdots \cdots \frac{1}{2}}_{20 \text{ 개}}$ 으로 결론지어야 한다. [독자가 여기에 관련된 원리를 잊어버렸다면, 173 쪽을 다시 참고하여라.] 즉, 이 20 가지의 동물 중 어느 것도 존재하지 않을 확률은 $\left(\frac{1}{2}\right)^{20} = \frac{1}{1,048,576}$ 입니다. 내 말이 맞습니까?

I. R.: (그가 겪고 있는 문제를 이해하기 시작했다.) 하여튼, 네 맞습니다!

C.R.: 감사합니다. 그러나 이러한 동물들이 존재하지 않을 확률이 $\frac{1}{1,048,576}$ 이라면, 적어도 하나의 동물이 존재할 확률은 얼마입니까?

I. R.: 불행히도, 이 확률은 1 과 당신 말한 확률값과의 차이, 즉 $\frac{1,048,575}{1,048,576}$ 이라고 말할 수 밖에 없군요.

C. R .: 그래서 I. R 씨, 우리는 화성의 생명 확률에 관한 두 가지 결과를 이끌어 냈습니다. 이 중 하나는 0.5이고 다른 하나는 약 0.999999입니다. 반드시 두 가지 중 하나가 틀려야 합니다. 불충분 한 이유에 대한 당신의 원칙이 잘못되었다고 할 수 있습니까?

불쌍한 I. R! 물론 우리는 C. R이 썼을지도 모르는 대화 내용을 제시했다. 아마도 우리는 I.R 을 옹호하는 말을 찾을 수 있을 것이다. 역설은 두 가지 가정을 기반으로 한다. 두 가지 해결책 모두, 우리가 화성에 생명체가 존재하는지 존재하지 않는지에 대한 정보를 절대적으로 가지고 있지 않다고 가정할 필요가 있다. 그리고 두 번째 해에서 한 가지 동물이 있다는 것이 다른 동물이 있다는 것과는 완전히 독립적이라고 가정할 필요가 있다. 그렇지 않으면 이론에 사용된 곱셈 원리가 적용되지 않는다. 이 두 가지 가정 모두 순전히 가상의 우주에서 유효할 수도 있다는 것은 사실이지만, 우리가 가지고 있는 우리 자신의 우주에 대한 지식은 그들을 우스꽝스럽게 만든다. 다시 한번 그 질문은 실현 가능한 것중 하나이다. 우리는 화성 행성에 대해 알고 있으며 한 형태의 생명이 다른 것에 의존하는 것을 알고 있다. 이 두 가지 사실은 설득력이 있는 이성주의자 주장을 무효화하기에 충분하다.

기상 케스터

날씨 예측과 관련하여 베르트랑이 제기 문제에도 거의 같은 종류의 어려움이 개입되어 있다. 한 기상 케스터가 내일 날씨가 맑을 것이라고 예측하고, 그가 틀릴 확률은 $\frac{1}{5}$라고 가정해보자. 두 번째 기상 케스터도 내일 날씨가 맑을 것으로 예측하고, 그가 틀릴 확률도 $\frac{1}{5}$라고 가정해 보자. 그러면 둘 다 틀릴 확률은 $\frac{1}{5} \cdot \frac{1}{5} = \frac{1}{25}$이다.

그러나 두 기상 케스터는 독립적인가? 두 기상 케스터가 같은 학교에서 교육을 받았으며 동일한 원칙을 채택했으며 예측을 동일한 데이터를 기반으로 하고 있다고 가정하자. 그런 다음 하나가 틀리면 다른 것도 틀리다. 그래서 위의 곱의 두 번째 수는 $\frac{1}{5}$가 아니라 1이다. 즉, 두 기상 케스터의 일치는 오류 가능성을 줄이지 못한다.

논쟁을 막기 위해, 한 명은 '비'를 예측하고 다른 한 명은 '맑음'을 예측한다고 가정하자. '비'는 '하루 종일 비가 내린다.'를 의미하고 '맑음'도 '하루 종일 맑다.'를 의미한다고 가정하면, 둘 다 옳을 확률은 $\frac{4}{5} \cdot \frac{4}{5}$가 아니다. 이 사건의 발생은 불가능하기 때문에, 확률은 0 이다.

아마도 이런 종류의 뉴스를 내보내서는 안 될 것이다. 희귀한 질병에 시달리는 부유한 사람들은 그들이 들으면 3~4 명의 저명한 의사 전문가들의 일치된 의견에 대해 평소보다 신뢰가 떨어질 수 있다.

상트 페테르부르크(St. Petersburg) 패러독스

모든 확률의 패러독스 중 가장 유명한 것 중 이 장에서 소개된 문제인 도박 문제이다. 이것은 원래 니콜라스 베르누이가 1713 년 9 월 일자 편지에서 제안한 '상트 페테르부르크 패러독스'이다.

원래 문제는 니콜라스(Nicolaus)의 조카 다니엘 베르누이(Daniel Bernoulli)에 의해 수정되었으며, 상트 페테르부르크 대학교 회보에서 오랫동안 논의되었다.

여기에서 그 명성과 패러독스 이름이 지어졌다. (베르누이 가족은 3 대에 걸쳐 8 명의 수학자를 낳았다는 사실은 언급할 가치는 있다!)

플레이어는 동전이 앞면이 나올 때까지 동전 던지기 게임을 한다. 만약 첫 번째 게임에서 앞면이 나왔다면, 게임 은행은 플레이어에게 1 달러를 지불한다. 만약 두 번째 게임에서 처음으로 동전 앞면이 나오면, 게임 은행은 플레이어에게 2 달러를 지불한다. 세 번째 게임에서 처음으로 동전 앞면이 나오면, 게임 은행은 플레이어에게 4 달러를 지불한다. 이후 계속해서 은행은 플레이어에게 네 번째 게임에서 처음으로 동전 앞면이 나왔다면 8 달러, 다섯 번째 게임에서 처음으로 동전 앞면이 나왔다면 16 달러를 지불한다. 플레이어가 한 게임 당 게임을 하는 데 필요한 비용을 지불하고, 플레이어가 게임을 실패한다고 말하는 경우 또는 플레이어가 얼마나 오래 지속되는 지에 대한 예측이 필요한 경우, 플레이어는 얼마의 금액을 지불해야 하는가? 플레이어는 게임을 공정한 게임을 하기 위해 플레이어가 게임 은행에 한 게임을 하기 위해 지불해야 하는 돈은 얼마로 하여야 하는가? 다시 말해서, 플레이어나 게임 은행 모두 개의치 않고 무한히 게임을 진행하기 위해서는 얼마의 돈이 필요한가?

우선, '공정한 게임'이 무엇을 의미하는지 확실히 하자. 다음의 간단한 예를 보자. 한 플레이어는 한 개의 주사위를 던져 4 의 눈이 나오면 이기는 게임에서 성공하면 게임 은행은 그에게 1 달러를 지불하기로 동의하였다. 공정한 게임이 되려면 플레이어가 얼마의 돈을 지불하고 게임에 임해야 하는가?

한 개의 주사위를 한 번 던지면 4 의 눈이 나올 확률은 분명히 $\frac{1}{6}$ 이다.

이제 우리는 플레이어가 한 개 주사위를 6 번 던져 4 의 눈이 1 번 나온다 라고 유추할 수는 없다. 그러나, 그러나 주사위를 많이 던져서, 한 6000 번, 4 의 눈이 나오는 횟수가 약 1000 번 정도 일어날 것이며, 주사위를 던지는 횟수를 증가시킬수록, 총 던진 횟수에 대한 사건이 일어난 횟수(4 의 눈이 나온 횟수)의 비율은 점점 더 $\frac{1}{6}$ 에 근접할 것이라는 것을 유추할 수 있다. (이것은 니콜라우스의 동생 야곱 베르누이가 밝힌 정리의 응용이다.) 따라서 플레이어의 '기대값'은 게임

당 1 달러의 $\frac{1}{6}$인데, 이 액수는 본인이나 은행이 모두 이익이 없다면 은행에 지불해야 하는 금액이다.

하나 예를 더 들어 보자. 게임 은행이 한 개의 주사위를 첫 번째 던지기에서 주사위 눈 4 가 나오면 1 달러를 지불하기로 하였다고 가정하자. 그가 실패하면, 두 번째 던지기에서 처음으로 주사위 눈 4 가 나오면 1 달러를 지불한다. 이 경우 플레이어는 은행에 얼마를 지불해야 하는가? 이전과 마찬가지로, 첫 번째 던지기에서 플레이어의 기댓값은 1 달러의 $\frac{1}{6}$이다. 그러나 두 번째 던지기에서 플레이어의 기댓값은 1 달러의 $\frac{1}{6}$이 아니다. 플레이어가 첫 번째 던지기에서 주사위 눈 4 가 나오지 않는 경우만 두 번째 던지기를 하여야 한다. 이제 첫 번째 던지기에서 주사위 눈 4 가 나오지 않을 확률은 $\frac{5}{6}$이고 두 번째 던지기에서 주사위 눈 4 가 나올 확률은 $\frac{1}{6}$이다. 따라서 그가 첫 번째로 실패하고 두 번째에서 성공할 확률은 $\frac{5}{6} \cdot \frac{1}{6} = \frac{5}{36}$이다. 즉, 이 던지기에 대한 그의 기댓값은 1 달러의 $\frac{5}{36}$이다. 마지막으로, 플레이어가 첫 번째 던지기 또는 두 번째 던지기에서 이길 확률은 $\frac{1}{6} + \frac{5}{36} = \frac{11}{36}$이다. 따라서 이 게임에 대한 그의 기댓값은 1 달러의 $\frac{11}{36}$이다. - 게임이 공정해야 한다면 이 금액만큼 플레이어가 게임 은행에 지불해야 하는 금액이다. 여기서는 이런 종류의 게임에서와 마찬가지로 총 기댓값은 게임의 각 단계에서의 기댓값의 총합이다.

그리고 이제 원 문제로 돌아가자. 처음 동전 던지기를 생각해 보자. 첫 번째 동전 던지기에서 앞면이 나와야 이긴다. 따라서 동전의 앞면이 나올 확률은 $\frac{1}{2}$이다. 게임을 위해 지불한 돈은 1 달러이다. 그러므로 이 게임에 대한 기댓값은 1 달러의 $\frac{1}{2}$ 또는 $\frac{1}{2}$달러이다. 두 번째 던지기를 생각해 보자. 플레이어는 첫 번째 동전 던지기에서 뒷면이 나오고 두 번째 던지기에서 앞면이 나와야 이긴다. 이것이 사건이 발생할 확률은 $\frac{1}{2} \cdot \frac{1}{2} = \frac{1}{4}$이다. 게임을 위해 은행이 지불한 돈은 2 달러이다. 따라서 이 게임에 대한 기댓값은 2 달러의 $\frac{1}{4}$인 $\frac{1}{2}$달러이다. 세 번째 던지기를 생각해 보자. 플레이어는 첫 번째와 두 번째 던지기에서 동전이 뒷면이 나오고 세 번째 던지기에서 앞면이 나올 경우에 이긴다. 이 사건이 발생할 확률은 $\frac{1}{2} \cdot \frac{1}{2} \cdot \frac{1}{2} = \frac{1}{8}$이다. 이 게임을 위해 지불한 금액은 4 달러이다. 따라서 이 게임에 대한 기댓값은 4 달러의 $\frac{1}{8}$인 $\frac{1}{2}$ 달러이다.

모든 던지기에 대한 기대가 $\frac{1}{2}$달러라는 것을 보여주기 위해, n번째 던지기를 생각해 보자. 플레이어는 첫 번째부터 $n-1$번째까지 던지기에서 모두 동전 뒷면이 나오고, n번째 던지기에서 동전 앞면이 나오면 이긴다.

이 사건이 발생할 확률은 $\frac{1}{2} \cdot \frac{1}{2} \cdot \frac{1}{2} \cdot \cdots \cdot \underbrace{\frac{1}{2}}_{n개} = \left(\frac{1}{2}\right)^n$ 이다.

이제 첫 번째 동전 던지기에서 플레이어가 게임 은행에 내어 놓아야 하는 돈은 $1 = 2^0$ 달러이다. 두 번째 던지기지를 하기 위해서 내어 놓아야 하는 돈은 $2 = 2^1$ 달러이다. 세 번째 던지기를 하기 위해서 내어 놓아야 하는 돈은 $4 = 2^2$ 달러이다. 네 번째 던지기를 하기 위해서 내어 놓아야 하는 돈은 $8 = 2^3$ 달러이다. 이후 계속해서 돈을 내어 놓아야 한다. 내어 놓아야 하는 돈의 수는 2의 거듭 제곱이고 항상 던지기는 수 보다 1 작은 거듭 제곱이다. 따라서 n 번째 던지기를 하기 위해서 플레이어가 내어 놓아야 할 돈은 각 게임 당 2^{n-1} 달러이다. 마지막으로, n번째 던지기에서 기댓값은 $\left(\frac{1}{2}\right)^n \cdot \left(2^{n-1}\right) = \frac{2^n}{2^{n-1}} = \frac{1}{2}$ 달러이다.

총 기대치는 항상 게임의 각 단계에 대한 기댓값의 합이므로 이 사건의 총 기댓값의 돈은 아래와 같다.

$$\frac{1}{2} + \frac{1}{2} + \frac{1}{2} + \frac{1}{2} + \frac{1}{2} + \cdots \text{(달러)}$$

이제 플레이어는 앞면이 나타날 때까지 계속된다는 것을 생각하자. 이론적으로, 처음으로 동전이 앞면이 나타나기 전에는 동전 뒷면이 나오는 횟수에는 제한이 없으며, 이는 위의 급수의 합이 무한이라는 것을 의미한다.

그러나 이 급수의 항이 무한 개이어서 급수의 합은 분명히 무한이다. 플레이어는 한 게임을 하기 위해 게임 은행에 무한한 돈을 지불해야 한다!

이 결과는 터무니없다. 이러한 기회를 얻기 위해 무한인 많은 돈을 지불할 사람은 아무도 없을 것이다. 그러나 수학적을 계산은 맞다. 그렇다면 무엇이 잘못되었을까? 이 질문은 약 200 년 동안 수학자들을 귀찮게 해왔지만, 아직 아무도 모든 관련자들에게 받아들일만한 답을 찾지 못했다. 그러나 여러 가지 해결책이 제시되었다. 아래에 소개된 것이 아마도 가장 상식적으로 받아들일 만하다.

무한한 돈을 가진 게임 은행이 있고, 그 은행이 결과적으로 경기에서 큰 수의 게임을 하고 마지막에 처음으로 동전의 앞면이 나올 때 플레이어에게 지불할 능력이 있다면 우리가 도달한 결과에는 아무런 문제가 없다. 그러나 그러한 은행은 분명히 존재하지 않는다. 그러므로 자산이 1,000,000 달러로 제한된 은행의 경우에 대한 기대를 조사한다고 가정하자.

이전과 마찬가지로 동전을 n번째 던지기에서 처음으로 앞면이 나올 확률은 $\left(\frac{1}{2}\right)^n$이다. 이 동전 던지기에 앞면이 나타나면, 이 금액이 1,000,000 달러 미만이면 은행은 2^{n-1} 달러를 지불한다. 그렇지 않으면 1,000,000 달러를 지불한다. 다시 말해, p_n이 n번째 던지기에 처음으로 앞면이 나올 확률이고, a_n이 동전 던지기에서 n번째에 플레이어가 이겨서 은행이 지불한 돈이라고 하면, n번째 던지기에 대한 기댓값은 $p_n \cdot a_n$이다. 단, p_n, a_n은

$2^{n-1} < 1,000,000$이면 $\begin{cases} p_n = \frac{1}{2^n} \\ a_n = 2^{n-1} \end{cases}$ 이고,

$2^{n-1} \geq 1,000,000$이면 $\begin{cases} p_n = \frac{1}{2^n} \\ a_n = 1,000,000 \end{cases}$ 이다.

이제 $2^{19} < 1,000,000$이고 $2^{20} > 1,000,000$이다. n이 20 보다 작거나 같을 때 왼쪽 식이 적용되고 n이 20 보다 클 때 오른쪽 식이 적용된다. 따라서 총 기댓값은 아래와 같이 나타낼 수 있다.

$$\frac{1}{2} \cdot (1) + \frac{1}{2^2} \cdot (2) + \frac{1}{2^3} \cdot \left(2^2\right) + \frac{1}{2^4} \cdot \left(2^3\right) + \cdots + \frac{1}{2^{20}} \cdot \left(2^{19}\right)$$
$$+ \frac{1}{2^{21}} \cdot (1,000,000) + \frac{1}{2^{22}} \cdot (1,000,000) + \cdots.$$

이 수열의 처음 20 개 항은 각각 $\frac{1}{2}$의 값을 가지므로 수열의 앞부분의 부분 합은 10이다. 뒷부분은 무한등비급수(기하급수)이며, 그 합은 기본 대수 공식으로 얻을 수 있다. 이 합계는 $\frac{\frac{1,000,000}{2^{21}}}{1-\frac{1}{2}} \approx 0.9536$ 이다. 따라서 1,000,000 달러 자본금을 가진 게임 은행의 경우 총 기댓값은 10.95 달러로, 이 돈은 게임을 하기 위해 지불하는 것에 무리가 가지 않는다.

룰렛에서 이기는 두 가지 힌트

우리가 도박을 하는 동안, 룰렛에서 이기는 방법에 대한 두 가지 힌트가 있다. 그들은 10 달러를 얻기 위해, 그것을 얻기를 원하는 사람들의 이득도 포함되어 있다. 저자는 그 둘 중 어느 한 쪽과 관련해서도 아무런 책임도 지지 않는다!

패러독스 1.

만약 당신이 10 달러를 잃는 것을 기꺼이 감수한다면, 10 달러 이하로 다음과 같이 진행하라. 첫날에 빨간색(또는 검은색)에 10 달러를 건다. 만약 둘째 날에 이기면 빨간색에 20 달러를 건다. 만약 세째 날에 이기면 빨간색에 30 달러를 건다. 네가 이기는 한 계속한다. 지면 즉시 멈추고 다시는 게임을 하지 않는다. 그리고 만약 당신이 지게 되면, 10 달러 이하로 돈을 잃는다. 그러나 계속 이기면 1 일, 2 일, 3 일, …, n일 이후 멈춘다면 각각 10, 20, 30, …, $10n$ 달러를 얻게 된다.

패러독스 2.

만약 당신이 항상 은행보다 시대에 앞서고 싶다면, 한 차례 선회를 고수하고 다음과 같이 연속해서 게임을 하여라. 빨간색에 1 달러를 베팅한다. 이기면, 괜찮기는 하다. 진다면, 빨간색에 2 달러를 베팅한다. 만약 이기면, 당신은 1 달러가 많다. 지면 빨간색에 4 달러를 걸어라. 이기면, 다시 1 달러가 많다. 지면, 빨간색에 8 달러를 걸어라. 계속해서 이길 때까지 계속 베팅한다. 물론 이론적으로 은행은 당신을 재정적으로 소멸시킬 수 있습니다. 그러나 실제로 10 번 또는 12 번 이상 연속적인 빨간색 또는 검은색이 연속되는 경우는 극히 드물며, 12 번째 경기까지 자본금은 2,048 달러에 불과하다. 당신이 이길 때, 당신은 이전과 같이 게임 은행보다 1 달러 많게 될 것이다. 그런 다음 다시 시작할 수 있다. 간단 않은가?

검은색 또는 흰색?

확률의 눈에 잘 안 띄는 위험에 대한 마지막 예로서, 루이스 캐롤(Lewis Carroll)이 제안한 재미있는 패러독스를 보자.

가방에는 검은색 또는 흰색인 두 개의 주머니가 들어있으며, 어떤 색깔의 주머니인지는 알지 못한다. 가방을 열지 않고 해당 주머니의 색상을 맞추어 보아라.

캐롤은 다음과 같은 주장에 의해 답이 '하나는 흰색, 하나는 검은색' 이라고 주장했다. 가방에 세 개의 주머니가 있다고 하자. 이때 두 개의 주머니는 검은색, 한 개의 주머니는 흰색 인 경우 주머니가 검은 색이 선택될 확률은 $\frac{2}{3}$이고, 그리고 이외의 다른 어떤 상황도 이러한 확률을 주지 않을 것이라는 것을 알고 있다.

이제 두 개의 주머니가 있다고 하면, 동일한 확률을 가진 4가지 사건이 있다. 두 주머니 모두 검은색이거나 첫 번째 주머니는 검은색과 두 번째 주머니는 흰색이거나 첫 번째 주머니는 흰색과 두 번째 주머니는 검은 색이거나 모두 흰색 일 수 있다. 간결하게 하기 위해 이러한 경우를 각각 BB, BW, WB 및 WW로 나타내자. 둘 중 중 하나가 선택될 경우의 확률이 $\frac{1}{2}$이므로, 이들은 모두 같은 확률이며 각각의 확률은 $\frac{1}{4}$이다.

검은색 주머니를 추가하자. 그렇다면 전과 같이 BBB, BWB, WBB, WWB의 확률은 각각 $\frac{1}{4}$이다. 이제 BBB의 경우 검정색 주머니를 선택할 확률은 1이고, BWB의 경우 검은색 주머니를 선택할 확률은 $\frac{2}{3}$이고, WBB의 경우에 검은색 주머니를 선택할 확률은 $\frac{2}{3}$이고, WWB의 경우에 검은색 주머니를 선택할 확률은 $\frac{1}{3}$이다. 따라서 가방에서 검은색 주머니를 선택할 확률은 아래와 같다.

$$1 \cdot \frac{1}{4} + \frac{2}{3} \cdot \frac{1}{4} + \frac{2}{3} \cdot \frac{1}{4} + \frac{1}{3} \cdot \frac{1}{4} = \frac{3}{12} + \frac{2}{12} + \frac{2}{12} + \frac{1}{12} = \frac{8}{12} = \frac{2}{3}$$

그러나 앞에서 말하였듯이, 검은색 주머니를 선택할 확률은 가방에 두 개의 검은색 주머니와 하나의 흰색 주머니가 있는 경우에만 $\frac{2}{3}$이다. 따라서 검은색 주머니를 추가하기 전에 가방에 흰색 하나, 검은 색 하나가 들어 있어야 한다!

검은색 주머니를 추가하는 것이 독자를 혼동하도록 고안된 두서없는 글이라는 것을 알아차리는 데는 그리 오래 걸리지 않는다. 가방 안에 두 개의 주머니 만 있는 원래 상황으로 돌아가자. 가능한 모든 경우는

$$\text{BB, BW, WB, WW}$$

이고, 이들 중 하나가 실제의 상태를 나타내기 때문에 각각의 경우의 확률은

$$\frac{1}{4}, \frac{1}{4}, \frac{1}{4}, \frac{1}{4}$$

이며, 그리고 각각의 경우에서 검은색 주머니를 선택할 확률은

$$1, \frac{1}{2}, \frac{1}{2}, 0$$

이다. 이전의 문제의 동일한 주장에 따라 검은색 주머니를 선택할 확률은

$$1 \cdot \frac{1}{4} + \frac{1}{2} \cdot \frac{1}{4} + \frac{1}{2} \cdot \frac{1}{4} + 0 \cdot \frac{1}{4} = \frac{2}{8} + \frac{1}{8} + \frac{1}{8} + \frac{0}{8} = \frac{4}{8} = \frac{1}{2}$$

이다. 그러나 검은색 주머니를 선택할 확률이 $\frac{1}{2}$이고 가방에 주머니가 두 개 있으면 틀림없이 하나는 흰색이고 다른 하나는 검은색이어야 한다.

그러므로 이 패러독스의 결론은 세 번째 주머니를 추가하는 것에 종속되지 않는다. 오류는 세 번째 단계 즉, 각각의 경우에서 검은색 주머니를 선택할 확률이 단일 확률을 구하기 위한 단계에 있다. 아마도 이 사실을 확인시키는 가장 쉬운 방법은 세 개의 주머니가 있는 가방에 대한 논의를 하자.

각 주머니가 검은색 또는 흰색인 세 개의 주머니가 있는 경우에 모든 경우는

$$BBB, BBW, BWB, WBB, BWW, WBW, WWB, WWW$$

이다. 8가지 모두 같은 확률을 가지기 때문에 그 중 하나가 실제 상태를 나타내야 하기 때문에 각각의 확률은

$$\frac{1}{8}, \frac{1}{8}, \frac{1}{8}, \frac{1}{8}, \frac{1}{8}, \frac{1}{8}, \frac{1}{8}, \frac{1}{8}$$

이다. 이들 각각의 경우에 검은색 주머니를 선택할 확률은 각각

$$1, \frac{2}{3}, \frac{2}{3}, \frac{2}{3}, \frac{1}{3}, \frac{1}{3}, \frac{1}{3}, 0$$

이다. 이러한 확률을 이전 사건과 같이 결합하면 검은색 주머니를 선택할 확률은

$$1 \cdot \frac{1}{8} + \frac{2}{3} \cdot \frac{1}{8} + \frac{2}{3} \cdot \frac{1}{8} + \frac{2}{3} \cdot \frac{1}{8} + \frac{1}{3} \cdot \frac{1}{8} + \frac{1}{3} \cdot \frac{1}{8} + \frac{1}{3} \cdot \frac{1}{8} + 0 \cdot \frac{1}{8}$$
$$= \frac{3}{24} + \frac{2}{24} + \frac{2}{24} + \frac{2}{24} + \frac{1}{24} + \frac{1}{24} + \frac{1}{24} + \frac{0}{24} = \frac{12}{24} = \frac{1}{2}$$

이다.

그러나 검은색 주머니를 선택할 확률이 $\frac{1}{2}$이라면, 검은색 주머니의 수는 흰색 주머니의 수와 같아야 하는데, 이는 세 개의 주머니의 경우에서는 도저히 존재할 수 없는 상황이다. 임의의 주머니 수에 적용되는 동일한 논리는 항상 동일한 결과 $\frac{1}{2}$이다. 결과적으로, 그의 주장은 타당하지 않다.

이 장에서는 적어도 두 번은 확률 이론이 다른 분야의 적용 가능성에 관한 언급을 하였다. 물리학 및 화학과 같은 이론 과학에서 확률에 의해 수행되는 역할에 대한 논의는 우리를 너무

기술적 문제에 빠뜨릴 수 있다. 그러나 응용 과학과의 관계에 대한 몇 마디는 일상 활동에서 그 중요성에 대한 아이디어를 생각해 내는데 도움이 될 수 있다.

예를 들어, 경제학에서 통계적 방법과 통계와 확률은 분리할 수 없는 것으로 밝혀졌는데, 보험, 급여 및 연금 제도, 시장 조사, 수요 및 가격 변동 연구에 필수 불가결한 것으로 밝혀졌다. 산업은 대량 생산으로 제조된 품목의 검사 및 후속 제조 공정 개선과 같은 문제에 통계를 광범위하게 사용한다. 심지어 군인들 조차도 현대전에서 총과 대포의 정확성과 효과를 높이려는 확률과 통계의 도움을 받아 이를 시도하고 있다.

18 세기 초에 수학자이자 프랑스 최대 천문학자이자 물리학자인 라플라스 (Laplace)는 확률론을 '인간 지식의 가장 중요한 대상'으로 묘사하였다.

이 평가는 당시에는 무모해 보였지만 요즈음은 다소 더 타당해 보이기 시작하고 있다.

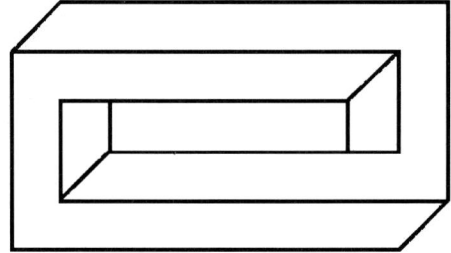

9

악순환
(논리 패러독스)

"역사적으로 말하자면, 수학과 논리는 완전히 별개의 학문이었다. 수학은 과학, 논리학 특히 그리스의 논리학과 연관되어 있다. 그러나 두 가지 모두 현대에 이르러 발전을 하였다. 논리는 수학적으로, 수학은 더 논리적으로 되었다. 그 결과 이제 그 둘 사이에 선을 긋는 것이 완전히 불가능해지게 되었다. 사실, 그 둘은 하나이다. 그들의 정체성의 증명은 물론 세부 사항이다. 보편적으로 논리에 속한다고 인정하는 전제를 시작으로, 명백히 수학에 속하는 결과에 추론에 의해 도달하면, 우리는 왼쪽에는 논리가 있고 오른쪽에는 수학이 그려져 있는 분명한 선을 그릴 수 있는 지점이 없다는 것을 알게 된다."

수학과 논리에 관한 러셀

그래서 1919 년에 버트란트 러셀(Bertrand Russell)은 다음과 같이 주장을 하였다. 러셀이 지적한 것처럼, 많은 수학자들이 여전히 수학과 논리의 정체성을 인정하는 것을 거부하고 있음에도 불구하고, 두 과목 사이에 밀접한 관계가 존재한다는 사실에 대한 충분한 증거가 있다. 대부분의 초등학교 과정에서 이러한 문제가 애석하게도 도외시되지만 제대로 된 실력을 갖춘 교사 밑에서 평면 기하학을 배운 운이 좋은 사람은 적어도 이 관계를 약간 알고 있다. 확실히, 수학과 논리의 연관성은 충분히 가깝다. 논리의 모순이 수학에 불쾌한 영향을 미친다는 것이다.

논리의 역설에 의해 제기된 귀찮은 문제는 대부분 하나의 기본 이유에 의한 것으로 거슬러 올라갈 수 있다. 더욱이 패러독스는 재미 있지 않더라도, 적어도 스스로 생각을 하게 끔 한다. 결과적으로 그들의 수학적 중요성에 대해 거의 고려하지 않은 채 먼저 그들을 점검하고, 그 후에 그들을 더 세심하게 조사를 다시 할 것이다.

에피메니데스와 거짓말쟁이

이 장에서 처음으로 소개할 이 패러독스는 가장 간단한 형태이면서 논리적인 역설 중 가장 오래된 것이다. 기원전 6세기로 거슬러 올라간다. 유명한 시인이자 크레타의 선지자 인 에피메니데스(Epimenides)가 "크레타 인은 모두 거짓말쟁이이다." 우리가 이 말에서 역설적인 것을 발견하려면, "크레타 인의 모든 진술은 거짓이다."라는 형식으로 다시 써야 한다.

지금 당장 이것은 특별히 위험한 진술로는 보이지 않는다. 그것은 "오늘 밤 별들이 다 나왔다", "이 계절에 출판된 모든 책들은 가치가 없다", "이 마을의 모든 가게 주인들은 도둑이다."와 같이 마음대로 지껄여 대는 허황되고 과장된 말들과 흡사하다. 그러나 "크레타 인의 모든 진술은 거짓이다."는 쓸데없는 과장 이상의 것이다. 마치 멋진 후프 뱀[1]처럼, 그것은 갑자기 방향을 바꾸어 자신의 꼬리부터 삼키기 시작한다. 문제는 이 진술을 한 에피메니데스가 그 자신이 크레타 인이라는 사실을 고려할 때부터 시작된다. 그 경우 에피메니데스가 한 진술은 모두 거짓이다. 특히 "크레타 인의 진술은 모두 거짓이다" 라는 그의 진술은 거짓이므로 크레타 인의 진술은 모두 거짓이 아니다.

우리는 지금 우리가 어디에 있는지 모를 정도로 말 속에 빠져 있을 것이다. 불행하게도, 그것은 우리가 이 모든 패러독스에서 마주치는 어려움 들 중 하나이다. 그들의 중요성은 처음 읽을 때 거의 드러나지 않으며 명확해질 때까지 읽고 또 읽어야 한다. 여기에서는 그 주장을 단계 별로 정리하는 것이 아마도 도움이 될 것이다. 함께 시도해 보자.

(1) 크레타인의 진술은 모두 거짓이다.

(2) 진술(1)은 크레타인이 만들었다.

(3) 따라서 (1)은 거짓이다.

(4) 그러므로 크레타인의 모든 진술은 거짓이 아니다.

이제 (1)과 (4)는 명백히 둘 다 참일 수 없지만, (4)는 문장 (1)에서 논리적으로 따르게 된다. 결과적으로 진술(1)은 자기 모순이다.

---

[1] 후프 뱀(hoop snake): 미국 남부 산(産) 독 없는 뱀

모든 규칙에는 예외가 있다.

"모든 규칙에는 예외가 있다."의 잘 알려진 격언을 언제, 혹은 다른 때에 사용하지 않은 사람은 거의 없다. 그러나 그것이 자기 모순이라는 사실을 알고 있는 사람은 아마 거의 없을 것이다. 이 진술은 모든 의미와 목적에 있어서 모든 것이 예외를 갖는다는 취지의 규칙이다. 만약 모든 규칙들이 예외를 가지고 있다면, 이 특별한 규칙-"모든 규칙들은 예외를 가지고 있다."-은 반드시 예외를 가지고 있어야 한다. 그리고 이 규칙의 예외는 무엇인가? 왜 그것이 예외 없는 규칙일 수 있는가? 그리고 예외 없는 규칙이 존재한다면, 모든 규칙에는 예외가 없다.

그러나 아마도 우리는 단계 별 논쟁에 다시 한번 의지하는 것이 좋을 것이다.

(1) 모든 규칙에는 예외가 있다.

(2) 진술(1)은 규칙이다.

(3) 따라서 (1)에는 예외가 있다. (4) 모든 규칙에는 예외가 없다.

골치 아픈 법률 문제

또 다른 역설은 기원전 5세기에 살고 가르쳤던 소피스트 [2]인 프로타고라스(Protagoras)에 관한 것이다. 프로타고라스는 그의 제자 중 한 명과 그의 첫 번째 소송에서 승소한 후에 그의 지도에 대한 비용을 지불하기로 합의를 했다고 한다. 그 학생은 진로를 마치고 전통적인 간판을 달고 의뢰인을 기다렸다. 아무도 나타나지 않았다. 프로타고라스는 참을성이 없어졌고, 자신의 빚(비용)에 대해 그의 제자를 고소하기로 결정했다.

프로타고라스는 "내가 이 소송을 이기거나, 네가 이긴다."라고 주장했다. 내가 이기면 재판부의 판단에 따라 돈을 내거라. 만약 네가 이기면, 너는 우리의 합의에 따라 나에게 돈을 지불한다. 어느 경우든 나는 반드시 돈을 받게 된다."

"그렇지 않습니다."라고 젊은이가 대답했다. "내가 이기면 법원의 판단으로 당신에게 돈을 줄 필요가 없습니다. 만약 네가 이긴다면, 우리의 합의로 나는 당신에게 돈을 지불할 필요가 없습니다. 어느 경우든 나는 반드시 당신에게 돈을 지불하지 않을 것입니다."

---

[2] 궤변가(sophist)

누구의 주장이 옳은가? 누가 알겠는가?

이발사를 정의하여라.

언젠가 마을의 한 낯선 사람이 이발사에게 많은 경쟁자가 있는지 물었다. "아무도 없다."라고 이발사가 대답하였다. 그리고 "마을 안의 모든 남성들 중에서, 나는 스스로 면도하는 사람들을 면도하지 않지만, 스스로 면도하지 않는 모든 사람들을 면도합니다."라고 하였다.

이 말은 이발사의 곤경을 생각하기 전까지는 결백해 보인다. 그는 자신을 면도합니까, 그렇지 않습니까? 그 자신이 스스로 면도를 한다고 가정하자. 그러면 그는 스스로 면도를 하는 자들과 함께 해야 한다. 그러나 이발사는 스스로 면도를 하는 사람은 면도를 하지 않는다. 그러므로 그는 면도를 하지 않는다. 좋다, 그럼, 그가 면도를 하지 않는다고 가정해 보자. 그러면 그는 스스로 면도를 하지 않는 자들과 함께해야 한다. 그러나 이발사는 면도를 하지 않는 사람은 모두 면도한다. 그러므로 그는 스스로 면도를 한다.

여기에 견딜 수 없는 상황이 있다. 이 불쌍한 이발사가 스스로 면도하면, 스스로 면도를 하지 않는다. 그리고 면도를 하지 않는다면, 그는 스스로 면도를 한다. 수염을 기르더라도 도움이 되지 않는다!

최소 정수 문제

만약 우리가 그렇게 하려고 한다면, 우리는 수 기호를 사용하지 않고 모든 정수를 간단한 영어로 표현할 수 있다. 예를 들어 7은 'seven(칠)' 또는 'the seventh integer(일곱번째 정수)' 또는 'the third odd prime(세 번째 홀수인 소수)'로 표현할 수 있다. 다시 63은 'sixty-three(육십삼)' 또는 'seven times nine(칠 곱하기 구)'로 표현할 수 있다. 그리고 7396은 'seven thousand three hundred ninety-six(칠천 삼백 구십육)' 또는 'seventy-three hundred ninety-six(칠십삼백 구십육)' 또는 '팔십육 제곱'으로 표현할 수 있다.

각 정수를 표현하려면 일정 수의 음절을 사용해야 한다는 것이 즉시 명백하다. 일반적으로 숫자가 많을수록 더 많은 음절이 필요하다. 그러나 이러한 일반화가 항상 사실인 것은 아니다.

예를 들어, 28 페이지의 39 자리 수를 'the largest known prime. (알고 있는 가장 큰 소수)'으로 5 음절로 표현할 수 있다. 중요한 것은 모든 정수에는 일정한 최소 음절 수가 필요하다는 것이다.

이제 모든 정수를 두 개의 그룹으로 나누자. 첫 번째는 최소 18 음절 이하를 필요로 하는 정수를 모두 포함하는 집합이고, 둘 번째는 최소 19 음절 이상이 필요한 정수를 모두 포함하는 집합이다. 두 번째 집합을 보자. 이 집합의 모든 원소들 중에서, 확실히 가장 작은 원소가 있다. 이 가장 작은 원소를 구성하는 정수가 바로 점 옆에 있다. '19 음절 미만으로 명명할 수 없는 최소 정수'는 어느 정도 특정한 수라는 점에 주의하는 것으로도 충분하다.

하지만 인용 부호(따옴표)의 문구는? 그것은 확실히 두 번째 집합 중 가장 작은 원소를 영어로 표현하는 한 가지 방법이다. 그리고 이 문구는 18 음절만 있으면 된다. 즉, 열아홉 음절 미만으로 이름을 지을 수 없는 최소한의 정수는 열여덟 음절로 명명할 수 있다!

자기술어적 그리고 비자기술어적

다음은 영어의 모든 형용사를 생각해 보자. 형용사마다 일정한 의미가 있다. 어떤 형용사에서는 의미가 형용사 자체에 적용되고, 다른 형용사에서는 그렇지 않다. 예를 들어, 'short(짧은)'은 짧은 단어지만 'long(긴)'은 긴 단어가 아니다. 'English(영어)'는 영어 단어지만 '(French)프랑스어'는 프랑스어가 아니다.

'싱글(Single)'은 한 단어지만, 'hyphenated(하이픈)'은 하이픈으로 연결된 단어가 아니다. 'Polysyllabic(다음절의)'는 다음절어이지만 'monosyllabic(단음절로 된)'는 단음절어가 아니다. 다른 예들도 많다.

형용사의 의미는 그 자체에 적용되거나 적용되지 않아야 하므로, 모든 형용사를 두 그룹으로 나눌 수 있다.

주어진 형용사의 의미 자체에 적용되는 경우 '자기술어적(autological)'로 분류하자.

그리고 그 의미가 그 자체에 적용되지 않는다면, 우리는 그것을 비자기술어적(heterological)'으로 분류하자.

이제 '비자기술어적'이라는 단어를 생각해 보자.

이 단어는 확실히 형용사이므로 자기술어적 이거나 비자기술어적 이어야 합니다.

그러나 비자기술어적 이 비자기술어적이라면,

이 주장 (즉, 비자기술어적 은 비자기술어이다.) 은 바로 이 비자기술어적 가 그 단어 자체에 적용되는 주장하는 이 말은 비자기술어적이라고 주장하는 것이다. 그리고 그것이 그 자체에 적용된다면, '자기술어적' 이라는 단어의 정의에 따르면, 그것은 자기술어적 이어야 한다. 다른 한편으로, 만약 '비자기술어적'이 자기술어적이면, 바로 이 '자기술어적' 이라는 말은, 이 주장 - 즉, '비자기술어적'이 자기술어적이다. - 은 '비자기술어적'은 자기술어적이고 비자기술어적 이지 않으며, 이 그 자체에는 적용되지 않는다라고 주장하는 것이다. 그리고 만약 그것이 그 자체에 적용되지 않는다면, '비자기술어적' 이라는 단어의 우리의 정의에 따르면 그것은 반드시 비자기술어적 이어야 한다,

지금 대면하고 있는 이 상황은 끔찍하다. 주어진 형용사는 분명히 자기술어적 이거나 비자기술어적 이어야 한다. 주어진 형용사는 자기술어적 이거나 비자기술어적 일 수 없다. 그러나 우리는 방금 '비자기술어적' 이라는 형용사가 비자기술어적이라면, 그것은 비자기술어적이 아니라 자기술어적인 것을 보였다. 그리고 그것이 자기술어적이라면, 그것은 자기술어적 아니라 비자기술어적인 것을 보였다!

악순환인 자연수

그러나 현재로서는 예가 충분하다. 이제 어려움과 관련된 어려움의 본질에 대해 생각하고 수학에 어떤 영향을 미치는지 살펴보아야 할 때이다.

먼저 이러한 패러독스에는 공통적인 특징이 하나 있다.

그들은 어떤 사물의 집합의 원소에 대한 '모든(all)'에 관한 진술에 관심이 있으며, 그 진술들을 언급하는 진술 또는 그 진술들이 그들 스스로가 그러한 집합의 원소라는 것에 관심이 있다.

이 공통된 특징은 어떤 경우에는 다른 경우와 같이 분명하지 않다. 이러한 이유로 각 예의 문자를 인식하기 위해 눈으로 예를 간단히 검토하는 것이 좋다.

"크레타인의 진술은 모두 거짓이다." 이것은 크레타 인이 한 진술이기 때문에, 그 자체가 크레타인이 한 모든 진술의 집합의 원소이다. 여기서 특성은 '모든 규칙에는 예외가 있다.'의 경우와 같이 명백하다.

프로타고라스와 그의 제자의 문제는 제자가 법정에서 주장해야 할 모든 사건의 집합과 관련이 있다. 이 집합에는 집합 자체를 중심으로 만들어진 경우가 포함된다.

마을 이발사의 진퇴양난은 면도를 하거나 면도를 하지 않는 마을의 모든 남자들의 집합과 관계가 있다. 이발사는 수염을 면도하거나 면도하지 않기 때문에 분명히 이 집합의 원소이다.

'최소 정수' 문제는 정수를 나타내는 모든 영어 식 표현의 집합을 포함한다. '19 음절 미만으로 이름을 지을 수 없는 최소한의 정수' 라는 구절은 정수를 나타내는 영어 표현이며, 해당 집합의 원소도 마찬가지이다.

마지막으로 논의한 마지막 패러독스에서, 자기술어적이든 비자기술어적이든 모든 형용사의 집합은 분명히 비자기술어적 인 형용사를 포함한다.

논리적 유형 이론

특정 집합의 원소에 관하여 '모든'에 대해 진술할 때, 진술이나 진술이 언급한 것이 그 집합의 원소인 경우에 발생하는 악순환은 피하기 어렵다. 베르트랑 러셀(Bertrand Russell)은 1906 년 초 '논리적 유형의 이론(theory of logical types.)'이라고 불리는 것을 통해 어려움을 극복하려고 했다. 그는 논리적인 독립체들 - 진술, 규칙, 사물 등은 모두 하나의 유형이 아니라 근본적으로 다른 유형의 계층 구조에 속하지만 유사하게 보일 수 있다고 주장했다. 더욱이, 어떤 원소를 가지는 특정 집합의 '모든'을 포함하는 것은 원소 자체와 같은 유형이 아니다. '크레타 인의 모든 진술은 거짓이다.'의 경우를 보자. 그 '진술'은 원소에 대해 관련된 진술에 대해 언급했다. 진술 자체는 원소에 대한 진술이 아니라 원소에 대한 진술에 관한 진술이다. 따라서 다른 유형의 문장이어서 자체를 참조할 수 없다. 따라서 모순되지 않을 수 있다. 마찬가지로 규칙에서 '모든 규칙에는 예외가 있다.'라고 하는 '규칙'은 원소에 대한 규칙이지만 규칙 자체는 원소에 대한 규칙이 아니라 원소에 대한 규칙에 대한 규칙이다.

유형의 이론은, 진술한 바와 같이, 성가신 악순환에서 탈출하려는 안전하고 매우 간단한 방법이 될 것으로 보인다. 하지만 사실, 역설과 관련된 어려움은 우리가 역설적으로 보이게 만든 것보다 훨씬 더 미묘하다. 그러나 유형 이론의 효능에 대한 더 깊이 토론하기 보다는, 우리 중 많은 사람들이 참을성 있게 대답하기를 기다려온 다음의 질문에 대해 더 이상 생각하지 말자. 논리적 패러독스가 수학과 어떤 관련이 있는가? 우리는 3 개 이상의 패러독스를 통해 이 질문에 답을 하려고 노력을 할 것이다. 그것들은 수학에 직접적으로 의존한다는 점에서 우리가 논의해 온 것과는 다르지만, 본질적으로 같은 기초적인 근원에서 관련되는 모순이 발생한다는 점에서 동일하다.

가장 큰 무한수 또는 가장 크지 않은 무한수

세 가지 역설 중 첫 번째는 7장의 마지막 절에서 논의한 주제인 무한한 수와 관련이 있다. A_1(자연수)와 C(실수)를 자세히 살펴보았다. 칸토르가 가장 큰 자연수가 없기 때문에 가장 큰 무한수가 없다는 것을 의심할 여지가 없게 증명했다는 말을 더 상기하라. 그의 증명은 본질적으로 165 페이지에 기재된 무한수의 속성 중 하나에 전적으로 달려 있다. 즉, 어떤 무한의 힘으로 끌어올린 숫자 2는 항상 새롭고 더 큰 무한수를 생성한다. 예를 들어, $2^{A_1} = C$, $2^C =$ 훨씬 더 큰 무한수, 등이다.

그러나 이제 모든 집합의 집합을 생각해 보자. 그리고 우리는 모든 집합, 즉 모든 학습, 모든 의자, 모든 식물, 모든 동물, 모든 수(유한수 또는 무한수, 실수 또는 허수, 유리수 또는 무리수!), 이 전체 집합이나 다른 전체 집합에 존재했던 모든 원소들, 당신이나 다른 누군가, 살아있든 죽었든 간에 상상할 수 있는 모든 것이 이 집합 안으로 들어갈 수 있다는 것을 의미한다. 이제 확실히 어떤 집합도 이것보다 더 많은 원소를 가질 수 없다. 모든 집합의 집합. 그러나 만약 그렇다면, 이 집합의 무한수는 의심할 여지없이 가장 큰 무한수이다. 하지만, 우리가 말했듯이, 칸토르는 최대 무한수라는 것은 존재하지 않는다는 것을 증명했다!

이 패러독스는 1897년 이탈리아의 수학자 부랄리-포르티(Burali-Forti)에 의해 밝혀졌다. 처음에 구상하고 기술한 바와 같이, 그것은 많은 기술적 용어와 아이디어를 포함한 7장은 공간이 부족하여 전개를 소홀히 하였다. 위에서 제시한 비기술적 설명은 결과적으로 그렇게 정확해야 할 만큼 정확하지는 않다. 이 모든 것이 오히려 골치아픈 경우처럼 보일지 모르지만 수학에 대한 중요성은 그것이 처음 등장했을 때 전반적인 집합 이론이 거의 붕괴되었다는 사실에 의해 알 수 있다.

자기 자신의 원소가 아닌 모든 집합의 집합

우리의 두 번째 패러독스에 수반되는 어려움은 우리가 자기서술적-비자기서술적 논란에서 겪었던 것과 유사하다.

먼저 집합이 자신의 원소인지 아닌지에 유의하여라. 예를 들어, 모든 독립적인 원소들의 집합이 독립적인 자신이 원소인 반면, 모든 사람의 집합은 사람이 아니다. 모든 아이디어의 집합 자체는 아이디어이며, 모든 별의 집합은 별이 아니다. 우리가 마지막 패러독스 내에서 다루었던 모든 집합의 집합은 그 자체가 집합이지만 모든 책의 집합은 책이 아니다. 이것 외에 더 많은 예들이 있다.

어떤 주어진 집합은 반드시 그 자신의 원소이거나 그 원소가 아니기 때문에, 따라서 모든 집합들을 두 개의 그룹으로 나눌 수 있다. S는 모든 자기-원소 집합(self-membered class), 즉 집합 자신을 원소로 하는 집합을 나타낸다. 그리고 N은 모든 비-자기-원소 집합(non-self-membered class), 즉 집합 자신이 그 집합의 원소가 아닌 집합을 나타낸다.

이제 N에 주의를 집중하자. N은 집합이기 때문에 자기-원소 집합이거나 비-자기-원소 집합이어야 한다. 즉, N은 반드시 자기-원소 집합 S이거나 비-자기-원소 집합 N의 원소이어야 한다. 만약 N이 N의 원소라면, 바로 이 주장-N이 N의 원소이다. - N이 N 자신의 원소라는 것을 말하는 것이다. 그리고 N이 자신의 원소라고 하면, 반드시 자기-원소 집합 S의 원소이어야 한다. 반면에, 만약 N이 S의 원소라면, 바로 이 주장-N은 S의 원소이다. -은 S의 원소인 N이 자기 N의 원소가 아니다. 그리고 만약 N이 자기 자신의 원소가 아니라면, 그것은 반드시 N의 원소이어야 하며, 모든 비-자기 원소 집합이다.

이제 분명히 주어진 집합은 자기-원소 집합 또는 비-자기-원소 집합이어야 한다. 둘 다일 수는 없다. 다시 말해, 주어진 집합은 S 또는 N의 원소이어야 한다. 두 집합 S와 N에 동시에 원소 일 수는 없다. 그러나 집합 N이 N의 원소인 경우 N의 원소가 아니라 S의 원소라는 것을 증명하였다. N이 S의 원소이면 S의 원소가 아니라 N의 원소이다!

이 같은 주장은 보통 수학자와 논리학자가 훨씬 더 간결한 형태로 제시하였다. 이 형태는 위에 제시된 논쟁의 말로 혼란스러워했던 사람들에게 호소할 수 있다. 다음을 보자.

X를 임의의 집합이라고 하고, 이전과 마찬가지로 모든 비-자기 원소 집합을 N이라고 하자. 그러면 다음 주장은 참이다.

'X가 N의 원소이다.'라는 것은' X가 N의 원소가 아니다.'라는 것과 서로 동치 명제이다.

다시 말해, 'X는 모든 비-지기-원소 집합의 원소이다.'라는 것과 'X는 자기 자신의 원소가 아니다.'는 서로 동치 명제이다. X는 임의의 집합이며, X도 집합이기 때문에, X는 N의 부분집합이다. 이 주장은

'N이 N의 원소이다.'라는 것은 'N이 N의 원소가 아니다.'라는 것과 서로 동치 명제이다.

로 적는다.

다시 말하지만, 수학에 관한 한 골치 아프게 하는 주장인 것처럼 보일지도 모른다. 그러나 그 중요성은 다음과 같은 역사적으로 유명인 의해 분명해졌다. 독일 수학자 고틀로프 프레게(Gottlob Frege)는 수학을 논리적으로 타당한 기초로 삼기 위해 몇 년을 보냈다. 그의 주요 저서는 산술 기초에 관한 2 개의 논문으로, 그가 일정한 성질을 가진 모든 집합의 개념을 자유롭게 사용하였다. 그 당시의 논란에 대한 첫 번째 논문이 1893 년에 출판되었고, 1903 년에 두 번째 논문이 출판되었다. 두 번째 논문이 막 출판하려고 할 때, 버트랜드 러셀은 우리가 방금 논의한 패러독스를 프레게에게 보냈다. 프레게는 두 번째 논문이 끝날 때 다음과 같이 거의 의견에 대해서 인정했다.

"과학자는 논문을 끝내자마자 기초를 다지는 것보다 더 바람직하지 않은 곤란한 것과 맞닥뜨릴 수 있다. 이 시점에서, 나의 연구가 거의 언론을 통해 알려졌기 때문에 버트랜드 러셀 씨로부터 편지를 받았다."

덧붙여서, 프레게는 "바람직하지 않은(undesirable)"이라는 단어를 사용한 것은 그의 말이 역사상 가장 큰 밑거름이다!

리처드 패러독스

우리가 토론하기 위해 시작한 세 가지 역설 중 세 번째 것은 프랑스의 수학자인 J. 리처드(J. Richard)의 이름을 딴 소위 리처드 패러독스이다.

주요 논쟁에 들어가기 전에 간단한 비유를 생각해 보자. 우리의 영어 어휘가 '(see)보다', 'the' 그리고 'cat(고양이)'이라는 단어의 세 단어로 구성되어 있다고 가정해보자. 이제 그런 한계로 우리는 세 단어 이상을 필요로 하는 어떤 아이디어도 결코 토론할 수 없다는 것이 이치에 맞다.

예를 들어, 지금 우리가 고려하고 있는 어떤 아이디어도 개발할 수 없었다. 이 결론은 유치하고 단순해 보일 수도 있지만, 다음과 같은 주장을 분명히 할 수 있다.

모든 기호 논리 또는 수학 시스템은 수학 공식의 집합으로 구성되어 있다. 여기서 우리는 '공식'이라는 단어를 제한된 수학적 의미가 아니라 가장 넓은 의미로 사용한다. 다시 말해, 공식은 알파벳 (알파벳, 숫자, 문장 부호 등의 문자 포함)이나 단어, 정의, 진술 또는 정리, 아이디어를 표현하는 모든 것을 의미한다. 이제 우리는 무한수와 관련하여 개발한 일대일 대응 개념을 사용하여 주어진 모든 공식의 집합과 자연수 집합 사이에 일대일 대응을 설정할 수 있음을 보여주는 것은 어렵지 않다. 따라서 모든 공식의 집합의 무한수는 자연수 집합의 무한수 A_1을 갖는다.

리차드 패러독스는 다음과 같은 문제로 구성된다. 모든 공식의 집합의 무한수 A_1를 갖는 기호 논리의 어떤 시스템이 어떻게 A_1보다 큰 무한수를 가진 집합을 다루는 수학의 어떤 분야의 토론과 발전에 적합할 수 있는가? 특히 무한수 C가 A_1보다 더 큰 것으로 판명된 실수 집합까지 어떻게 말할 수 있을까?

수학 기초의 최근 동향 [3]

논리의 역설은 철학적으로 시간을 허비하면서 마음먹은 어리석은 문제가 아니라는 점을 다시 한번 강조해야 한다. 그들이 수백 년 동안 그렇게 존재했을지도 모른다는 것은 사실이다. 그러나 현세기 초에 부랄리-포르티, 러셀, 리처드가 그것들을 차려 입고 수학적인 복장으로 퍼레이드를 벌였을 때, 그들은 여전히 많이 진행 중인 혁명을 일으켰다. 이 혁명에서 무슨 일이 일어나고 있는지, 즉 간략하게 그리고 비기술적인 용어로 논하는 것은 거의 불가능하다. 그러나 적어도 현재의 유행에 대한 어떤 생각을 우리에게 주기에 충분하다고 말할 수 있다.

수학의 새로운 토대를 세우는 일에 종사하는 사람들은 대략 영국인 버트란드 러셀(Bertrand Russell)이 이끄는 기호 논리학자 그룹, 독일인 데이비드 힐버트(David Hilbert)가 이끄는 공리론자 그룹, 네덜란드인 L. E. J. 브루워(L. E. J. Brouwer)가 이끄는 직관론자 그룹의 세 그룹으로 나눌 수 있다.

---

[3] 이 글이 작성될 시기는 1944년이다.

10

초보자가 아니다.
(고등 수학 속 패러독스)

이전 9장에 포함된 수학은 대부분 중고등학교 과정들에서 다루어질 수 있는 유형이었다. 예를 들어, 마지막 세 장에서와 같이, 그러한 경우가 아닐 때마다 당면한 문제를 이해하는 데 필요한 만큼 수학적인 배경을 전개시키려는 시도를 하였다.

이 마지막 장은 전문 수학자를 위해 설계되었으며, 기초적인 수준을 넘어서 확장된 내용이다. 그것은 주로 삼각법, 해석 기하학, 미적분학의 주제와 관련된 약 20개의 패러독스로 구성되어 있다. 이러한 주제에 대한 지식이 갖추었다고 가정할 것이며, 필요한 개념이나 전개를 하려는 어떠한 시도도 하지 않을 것이다. 게다가, 다양한 문제에 대한 해결책은 본문에서 다루지 않을 것이다. 따라서 독자는 자신이 장에서 최대한의 즐거움과 이익을 얻고자 한다면 따라야 할 절차인 어려움을 진단할 수 있는 기회가 주어질 것이다. 그러나 이러한 절차는 아마도 불면증, 신경과민, 전반적인 과민성을 유발할 수 있다.

기하학과 삼각법

패러독스 1. '평행하지 않은 서로 다른 두 직선은 결코 만나지 않는다.'를 증명하시오.

[그림 10.1]와 같이 평행하지 않은 서로 다른 두 직선 a, b가 있다. 세 번째 직선 AB를 두 직선 a, b와 교점을 갖고 만들어지는 두 각이 같도록 그리자. 각도 1과 2가 둔각이기 때문에 a, b는 가로지르는 직선 AB의 왼쪽에서는 교점이 생기지 않는다. 그러므로 직선 AB의 오른쪽에 교점을 갖는 상황만 생각하면 된다.

$\overline{AC} = \overline{BD} = \frac{\overline{AB}}{2}$가 되도록 점 C와 점 D를 잡자. [그림 10.2]처럼 점 C와 점 D는 일치하지는 않는다. 만약에 점 C와 점 D가 일치시키면 이 세 변들을 가지고 만든 삼각형은 만들어지지 않고 두 변의 길이의 합이 세 번째 변의 길이와 같다.

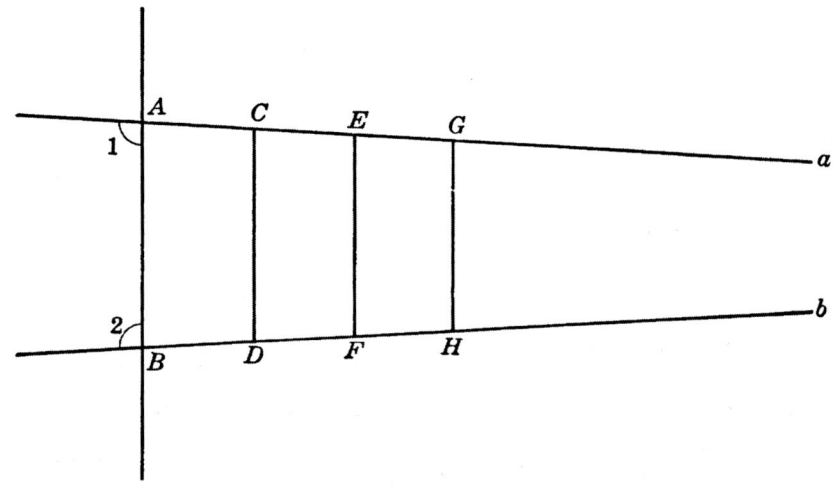

그림 10.1

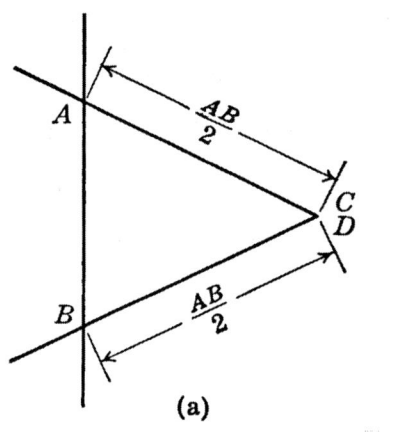 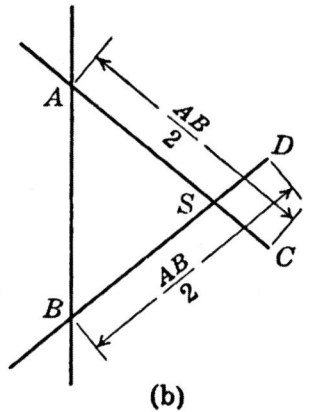

그림 10.2

두 선분 AC와 BD는 [그림 10.2(b)]처럼 점 S와 같은 다른 교점을 가질 수 있는 가능성이 더 낮다. 따라서 삼각형 ABS의 두 변의 합은 세 번째 변 보다 작다.

이제 선분 CD를 그리고 $\overline{CE} = \overline{DF} = \dfrac{\overline{CD}}{2}$인 점 E와 점 F를 잡자. 이전과 똑같이 논리로, 두 선분 CE와 DF는 교점이 없음을 알 수 있다. 따라서 EF를 그리고 $\overline{EG} = \overline{FH} = \dfrac{\overline{EF}}{2}$인 점 E와 점 F를 잡자. 두 선분 EG와 FH가 교점이 없음을 보여줄 수 있다. 이후 같은 논리로 반복한다. 이 같은 주장은 무한정 반복될 수 있기 때문에 두 직선 a, b는 절대로 만나지 않을 것이라고 결론 내려야 한다.

해설

'두 직선 a, b가 반드시 만난다.'의 명제가 틀렸다. 주어진 문제의 그림에서 $\overline{AB}=1$이라고 가정하자. $\angle ABD = \angle BAC = \theta$ 라고 하자. $\overline{AC}=\overline{BD}=\frac{1}{2}$이기 때문에 두 선분 AC와 BD의 선분 AB에 내린 각각의 정사영 길이는 $\frac{1}{2}cos\theta$로 같다. 선분 CD가 선분 AB와 평행하고 정사영 길이가 같다. 따라서 $\overline{CD}=1-cos\theta$을 쉽게 보일 수 있다. 같은 방법으로 $\overline{EF}=(1-cos\theta)^2, \overline{FG}=(1-cos\theta)^3, \cdots$. 일반적으로 두 직선 a, b에 평행한 n 번째 선분의 길이는 $(1-cos\theta)^n$이다. n이 무한히 커짐에 따라 선분도 무한히 작도할 수 있다. 그리고 $0 < cos\theta < 1$이므로,

$$\lim_{n\to\infty}(1-cos\theta)^n = 0$$

이다. 결과적으로 두 직선 a, b은 결국엔 만난다.

패러독스 2. '모든 삼각형은 이등변삼각형이다.'를 증명하시오.

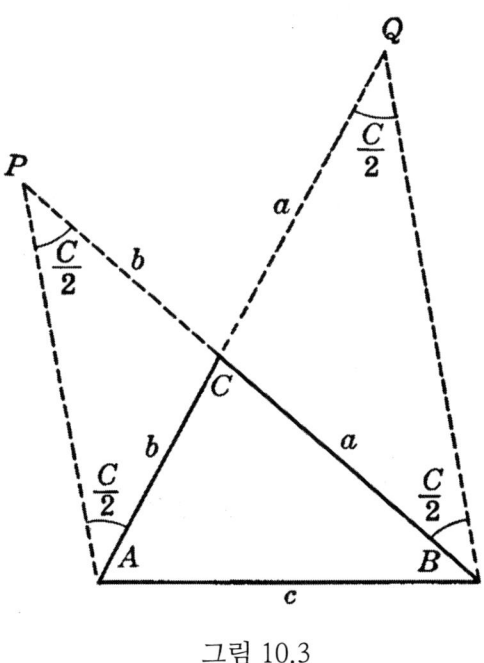

그림 10.3

[그림 10.3]처럼 삼각형 ABC가 주어졌다고 하자. 변 a, b, c는 각각 각 A, B, C의 반대쪽에 있는 변 즉, 대변이다. 변 BC를 연장하여 그 위의 점 P가 $\overline{PC}=b$가 되도록 잡자. 또한 선분 AC를 연장하여 그 위의 점 Q가 $\overline{QC}=a$가 되도록 잡자. 두 선분 AP와 BQ를 그리자.

삼각형 APC에서 $\overline{AC} = \overline{CP}$ 이므로 $\angle CAP = \angle CPA$이다. 뿐만 아니라 삼각형 ABC의 $\angle C$는 삼각형 APC의 외각이다. 따라서 $\angle CAP = \angle CPA = \frac{1}{2}\angle C$이다. 같은 논리로, $\angle CQB = \angle CBQ = \frac{1}{2}\angle C$이다. 두 삼각형 ABP와 ABQ에 싸인 법칙을 적용하자. 첫 번째 삼각형 ABP에 적용하면

$$\frac{\overline{BP}}{\overline{AB}} = \frac{a+b}{c} = \frac{\sin\left(A+\frac{C}{2}\right)}{\sin\frac{C}{2}} \qquad (1)$$

이고, 두 번째 삼각형 ABQ에 적용하면

$$\frac{\overline{AQ}}{\overline{AB}} = \frac{a+b}{c} = \frac{\sin\left(B+\frac{C}{2}\right)}{\sin\frac{C}{2}} \qquad (2)$$

이다. 그러므로

$$\frac{\sin\left(A+\frac{C}{2}\right)}{\sin\frac{C}{2}} = \frac{\sin\left(B+\frac{C}{2}\right)}{\sin\frac{C}{2}} \qquad (3)$$

$$\sin\left(A+\frac{C}{2}\right) = \sin\left(B+\frac{C}{2}\right) \qquad (4)$$

$$A+\frac{C}{2} = B+\frac{C}{2} \qquad (5)$$

$$A = B$$

이다. 두 밑 각이 같으므로 $a = b$이다. 이러한 삼각형은 정의에 의해서 이등변삼각형이다.

해설

식 (4)와 식 (5)에서

$$\sin\left(A+\frac{C}{2}\right) = \sin\left(B+\frac{C}{2}\right)$$

이기 때문에

$$A+\frac{C}{2} = B+\frac{C}{2}$$

이라고 결론을 내렸다. 이것은 필연적으로 항상 참은 아니다. 다시 말해서, $\sin x = \sin y$인 경우, x는 반드시 y와 같을 필요는 없고 y의 보각과 같을 수 있다. 즉 이것은

$$siny = sin(180° - y)$$

라는 것이다. 그러므로 식 (5)를 아래와 같이 바꾸어야 한다.

$$A + \frac{C}{2} = 180° - \left(B + \frac{C}{2}\right)$$

위 등식의 양 변에 $B + \frac{C}{2}$를 더하자.

$$A + B + C = 180°$$

이것이 올바른 결론이다.

패러독스 3. '1 = 2'를 증명하시오.

변수 x에 대하여 다음의 연속적인 식이 만족한다.

$$cos^2 x = 1 - sin^2 x \tag{1}$$

$$\left(cos^2 x\right)^{\frac{3}{2}} = \left(1 - sin^2 x\right)^{\frac{3}{2}} \tag{2}$$

$$cos^3 x = \left(1 - sin^2\right)^{\frac{3}{2}} \tag{3}$$

$$cos^3 x + 3 = \left(1 - sin^2 x\right)^{\frac{3}{2}} + 3 \tag{4}$$

$$\left(cos^3 + 3\right)^2 = \left[\left(1 - sin^2 x\right)^{\frac{3}{2}} + 3\right]^2 \tag{5}$$

식 (5)에 $x = \frac{\pi}{2}$를 대입하자. 그러면 $cos \frac{\pi}{2} = 0, sin \frac{\pi}{2} = 1$이므로 식 (5)를 정리하면

$$9 = 9$$

이다. 그러나 식 (5)에 $x = \pi$를 대입하자. 그러면 $cos\pi = -1, sin\pi = 0$이므로 식 (5)를 정리하면

$$2^2 = 4^2$$
$$2 = 4$$
$$1 = 2$$

이다.

해설

(2) 단계에서 제곱근을 구할 때 이중 부호를 검사하지 않았다. 식 (3)의 좌변은 $\pm cos^3 x$이어야 하며, 식 (5)를 올바르게 나타내면 아래와 같다.

$$\left(\pm cos^3 x + 3\right)^2 = \left[(1-sinx)^{\frac{3}{2}} + 3\right]^2 \quad (5')$$

x에 π를 대입하면 $\pm cos^3 x$는 음수 값을 갖는다. 따라서 식 (5')은 $4^2 = 4^2$으로 $16 = 16$으로 같게 된다.

패러독스 4. '모든 실수 x에 대하여 $sinx = 0$이다'를 증명하시오.

잘 알려진 바와 같이, $sinx$의 멱급수 표현은 x의 홀수 지수 만을 갖는 항을 가지고 있다. 다시 말해서 $sinx$는 아래와 같은 급수 표현으로 나타내어진다.

$$sinx = a_1 x + a_2 x^3 + a_3 x^5 + a_4 x^7 + \cdots. \quad (1)$$

계수 $a_1, a_2, a_3, a_4, \cdots$는 다음과 같은 방법으로 결정할 수 있다. 우리는 아래의 항등식을 알고 있다.

$$cos^2 x = 1 - sin^2 x$$
$$sinx = \left(1 - cos^2 x\right)^{\frac{1}{2}} \quad (2)$$

모든 실수 x에 대하여 $cos^2 x \leq 1$이므로, 식 (2)의 우변은 이항 정리의 이론에 의해서 전개를 하면 아래와 같다

$$sinx = 1 - \frac{1}{2}cos^2 x - \frac{1}{8}cos^4 x - \frac{1}{16}cos^6 x - \cdots. \quad (3)$$

이제 $cosx$의 멱급수 표현을 생각하여 보자. $cosx$는 x의 짝수 지수 만을 갖는 항을 가지고 있다. 따라서 식 (3)의 우변에는 x의 짝수 지수 만을 갖는 항을 가지고 있다. 즉 식 (3)의 홀수 차수의 계수는 모두 0이다. 따라서 식 (1)의 $a_1, a_2, a_3, a_4, \cdots$의 모든 계수는 모두 사라져야 한다. 즉, x의 모든 실수에 대해 $sinx = 0$이다.

해설

여기서 오류는 패러독스 3에서 언급한 것과 같다. 식 (2)와 식 (3)은 각각 다음과 같이 나타내야 한다.

$$sinx = \pm\left(1 - cos^2x\right)^{\frac{1}{2}}$$

$$sinx = \pm\left(1 - \frac{1}{2}cos^2x - \frac{1}{8}cos^4x - \frac{1}{16}cos^6x - \cdots\right)$$

이중 기호(±) 때문에 $sinx$는 더 이상 우 함수(even function)가 아니다.

패러독스 5. 입체 기하학에서, 아래 원기둥의 측정에 대한 전통적인 접근은 규칙적인 정규 각기둥을 이용하는 것이다. 예를 들어, 이러한 원기둥의 옆면은 정규 각기둥의 옆면 면의 수가 무한히 증가한 옆면의 극한으로 정의된다. 이제, 정규 각기둥 이외의 내접된 다면체는 물론, 면의 수가 무한히 증가하고 각 면의 넓이가 무한히 작게 된다면 동일한 목적으로 동일하게 사용될 수 있다고 가정될 수 있다. 다음과 같은 상황에서 이 가정이 참 인지를 보아라.

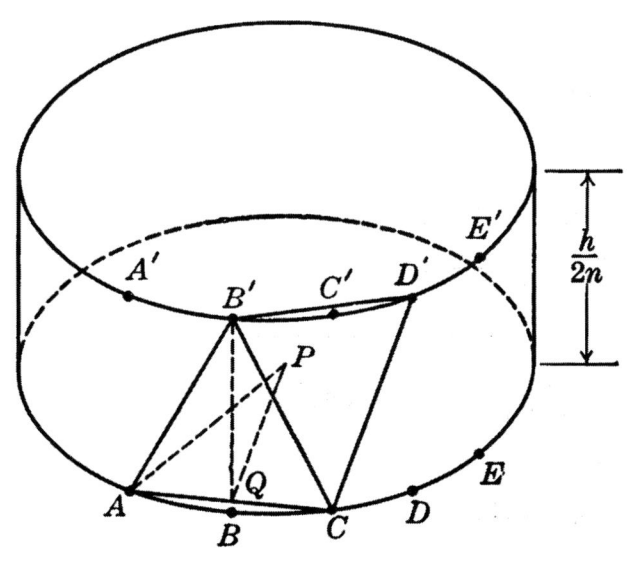

그림 10.4

반지름이 r이고 높이가 h인 아래와 같이 원기둥이 있다고 하자. 밑면에 평행한 평면을 사용하여 원기둥을 각각 높이가 $\frac{h}{2n}$인 $2n$개의 동일한 슬라이스로 자른다. 이 슬라이스 중 하나가

[그림 10.4]와 같다. 이 슬라이스의 밑면의 원 둘레를 점 $A, B, C, D, E, \cdots$로 $2m$ 개의 동일한 크기로 나누자. 윗 면의 원 둘레를 점 $A', B', C', D', E', \cdots$로 $2m$ 개의 동일한 크기로 나누는데, 다음 조건을 만족한다. A'은 A의 수직으로 놓인 점이고, B'은 B의 수직에 놓인 점이며, C'도 C의 수직에 놓인 점이다. 이후 $2m$ 개의 점이 모두 이러한 조건을 만족한다. 마지막으로, 면이 이등변삼각형 $AB'C, CB'D', D'CE, \cdots$인 다면체를 만든다. $2n$ 개 슬라이스 각각에 대해 동일한 작업을 수행한다.

이제 각 삼각면의 넓이를 s라고 하고 전체 다면체의 모든 삼각면의 넓이의 합을 S라고 하자. 각 슬라이스는 $2m$ 개의 삼각형이 있고 $2n$ 개의 슬라이스가 있으므로

$$S = 4mns \tag{1}$$

이다. S를 m, n, r, h로 나타내 보자. 점 P를 밑면의 중심이라고 하고 점 Q를 선분 PB와 선분 AC의 교점이라 하자. 그러면

$$s = \overline{AQ} \cdot \overline{B'Q} \tag{2}$$

이다.

$\angle APQ = \alpha$라고 하면,

$$\overline{AQ} = r\sin\alpha \tag{3}$$

이고,

$$\overline{B'Q} = \sqrt{\left(\overline{BB'}\right)^2 + \left(\overline{BQ}\right)^2}$$
$$= \sqrt{\left(\frac{h}{2n}\right)^2 + r^2(1-\cos^2\alpha)^2}$$
$$= \sqrt{\frac{h^2}{4n^2} + 4t^2\sin^4\frac{\alpha}{2}}. \tag{4}$$

이다. 식 (2), (3), (4)를 식 (1)에 대입하자.

$$S = 4mnr\sin\alpha \sqrt{\frac{h^2}{4n^2} + 4r^2\sin^4\frac{\alpha}{2}}$$

$$= 2mnr\sin\alpha \sqrt{h^2 + 16r^2n^2\sin^4\frac{\alpha}{2}} \quad (5)$$

마지막으로, $2m\alpha = 2\pi$ 라고 하면 $m = \frac{\pi}{\alpha}$이고, 이를 식 (5)에 대입하자.

$$S = 2\pi r \frac{\sin\alpha}{\alpha} \sqrt{h^2 + 16r^2n^2\sin^4\frac{\alpha}{2}} \quad (6)$$

이 시점에서 m과 n을 무한으로 증가함에 따라 S의 극한이 어떻게 되는지 구하여 보자.

(a) $n = km = \frac{k\pi}{\alpha}$라고 놓자. 단, k는 고정된 상수이다. 그러면 m과 n을 무한으로 증가함에 따라 α는 0으로 수렴하게 된다. 또한 식 (6)의 근호 안의 두 번째 식은 취급이 용이한 형태를 바꾸자. 다시 말해,

$$16r^2n^2\sin^4\frac{\alpha}{2} = r^2k^2\pi^2\alpha^2 \frac{\sin^4\frac{\alpha}{2}}{\left(\frac{\alpha}{2}\right)^4} \quad (7)$$

이다. 이제 x가 0으로 가까이 가면 $\frac{\sin x}{x}$는 1에 가까이 간다. 따라서 식 (7)의 우변은, α가 0으로 가까이 가고, 인수 α^2때문에 우변은 0으로 가까이 간다. 식 (7)을 식 (6)에 적용하면,

$$\lim_{\alpha \to 0} S = 2\pi r h$$

이다.

(b) $n = km^2 = k\frac{\pi^2}{\alpha^2}$이라고 가정하자. 그러면

$$16r^2n^2\sin^4\frac{\alpha}{2} = r^2k^2\pi^4 \frac{\sin^4\frac{\alpha}{2}}{\left(\frac{\alpha}{2}\right)^4} \quad (8)$$

이다. 식 (8)을 식 (6)에 적용하고 극한을 구하면,

$$\lim_{\alpha \to 0} S = 2\pi r \sqrt{h^2 + r^2k^2\pi^4}$$

이다.

(c) 마지막으로 $n = km^3 = k\frac{\pi^3}{\alpha^3}$이라고 가정하자. 그러면

$$16r^2n^2\sin^4\frac{\alpha}{2} = r^2k^2m^2\pi^4\frac{\sin^4\frac{\alpha}{2}}{\left(\frac{\alpha}{2}\right)^4} \tag{9}$$

이다. 식 (9)의 m^2때문에, α가 무한히 0에 가까워짐에 따라 무한으로 발산한다. 즉,

$$\lim_{\alpha \to 0} S = \infty$$

이다.

 (a), (b), (c) 경우에서 얻은 근본적으로 다른 결과는 놀랍다. 세 가지 경우 모두 m과 n이 함께 무한으로 발산하기 때문이다. (a)에서 n을 m의 배수로, (b)에서 m^2의 배수로, (c)에서 m^3의 배수로 놓았는데, 이러한 약간의 차이가 엄청난 결과의 차이가 생길 수 있다는 것은 믿을 수 없을 것이다. 물론 여기서 논리에 오류는 없다. 직관을 제외하고는 아무것도 수학적으로 위반을 하지 않았다. 그러나 이 예는 세부 사항에 주의를 기울이지 않고 곡면을 점점 더 많은 면을 가진 내접 다면체의 표면의 극한으로 정의할 수 없음을 보여준다.

해석 기하학

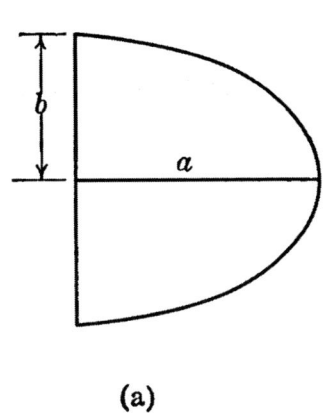 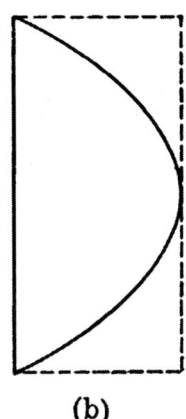

그림 10.5

패러독스 1. $\pi = \frac{8}{3}$임을 증명하시오.

다음은 잘 알려진 원뿔 곡선에 관련된 두 개의 정리이다.

I. [그림 10.5 (a)]에서 반 타원의 넓이는 $\frac{\pi ab}{2}$이며, 여기서 $2a$와 $2b$는 각각 타원의 장축과 단축이다.

II. [그림 10.5 (b)]에서 포물선 활꼴의 넓이-포물선의 축에 수직인 현으로 잘라낸 활꼴-는 외접사각형 넓이의 $\frac{2}{3}$이다.

이제 타원의 장축이 한없이 증가하면 타원은 포물선으로 퇴화되고 반 타원은 포물선 활꼴이 된다. 그러나 위의 정리 I과 II는 곡선의 크기에 관계없이 만족한다. 그러므로

$$\frac{\pi ab}{2} = \frac{2}{3}(a \cdot 2b)$$
$$= \frac{4ab}{3}$$

이다. 그러므로

$$\frac{\pi}{2} = \frac{4}{3}$$
$$\pi = \frac{8}{3}$$

이다.

해설

무한의 남용 사례이다. 타원의 장축을 제한 없이 증가하도록 허용될 경우, 구하고자 하는 넓이(반 타원 또는 포물선의 활선)는 무한이 되며,

$$\frac{\pi ab}{2} = \frac{2}{3}(a \cdot 2b)$$

의 식은 무의미하다.

패러독스 2. '원의 지름은 원의 단 한 점에서 절단을 한다.'를 증명하시오.

방정식

$$x = \frac{1-t^2}{1+t^2} \qquad (1)$$

$$y = \frac{2t}{1+t^2} \qquad (2)$$

은 중심이 원점이고 반지름이 1 인 단위 원의 매개방정식이다. 이 명제는 식 (1)과 (2)를 제곱하고 더하면 바로 식 $x^2 + y^2 = 1$을 바꿀 수 있어 쉽게 검증할 수 있다. x축과 원의 교점을 보자. 즉, 식 (2)에서 $y = 0$으로 놓자. 그런 다음 방정식 (2)는 $t = 0$이라고 할 수 있다. 이것을 식 (1)에 넣으면 $x = 1$이 된다. 따라서 x축은 점 $(1,0)$에서 만 원을 절단한다.

이제 반지름 길이와 축을 적절히 조절하여 선택하면 주어진 원을 단위 원으로 만들 수 있으며 주어진 원의 모든 지름을 x 축과 일치시킬 수 있다. 따라서 어떤 원의 지름은 원을 하나의 점에서만 자른다.

해설

$t = 0$일때 뿐만 아니라 t가 무한으로 한없이 발산할 때도 y의 값은 0이다. 보다 구체적으로 보면, 식 (1) 및 (2)는

$$\lim_{t \to \infty} x = -1, \; \lim_{t \to \infty} y = 0$$

이다.

이 값은 x축이 원과 두 번째 교점, 즉 점 $(-1,0)$을 말한다.

패러독스 3. 다음 문제를 보자. 3차원 유클리드 공간의 점 P는 주어진 두 개의 점 A와 B로 만든 직선 위에 있다. 점 P의 좌표에 몇 개의 대수 조건이 있어야 하는가?

(a) 임의의 두 점 Q, R은 A, B, Q, R이 한 평면 상에 있지 않은 조건을 만족한다. 그런 다음 '점 P가 두 점 A, B로 만든 한 직선에 위에 있다.'의 필요충분 조건은 '점 P가 세 점 A, B, Q으로 만든 한 평면 상에 있고 그리고 세 점 A, B, R으로 만든 한 평면 상에 있다.' 이다. 따라서 점 P의 좌표에 두 가지 조건이 있어야 한다.

(b) 3개의 거리 $\overline{AB}, \overline{BP}, \overline{AP}$에 대하여

'$\overline{BP} + \overline{AP} = \overline{AB}$ 또는 $\overline{AP} + \overline{AB} = \overline{BP}$ 또는 $\overline{AB} + \overline{BP} = \overline{AP}$'

의 필요충분조건은

'$(-\overline{AB} + \overline{BP} + \overline{AP})((\overline{AB} - \overline{BP} + \overline{AP})(\overline{AB} + \overline{BP} - \overline{AP}) = 0.$'   (1)

이다.

이 방정식의 좌변은 양 변에 영이 아닌 인자 $-(\overline{AB} + \overline{BP} + \overline{AP})$를 곱하여 전개를 할 수 있다. 좌변의 4개의 인자들을 곱하여 전개를 하자. 식 (1)에서

$$(\overline{AB})^4 + (\overline{BP})^4 + (\overline{AP})^4 \\ -2(\overline{BP})^2(\overline{AP})^2 - 2(\overline{AP})^2(\overline{AB})^2 - 2(\overline{AB})^2(\overline{BP})^2 = 0 \quad (2)$$

을 유도할 수 있다. 이 방정식의 좌변은 점 P의 좌표에서 유리식이 인수 분해가 불가능한 표현이다. 따라서 한 개의 조건 만 있으면 된다.

이 두 가지 해 중 올바른 것은 무엇인가?

해설

첫 번째 해는 참이다. 단일 방정식 (2)가 두 방정식으로 어떻게 유도되었는지 보려면 다음과 같이 진행해야 한다. 직교 좌표계에서 원점을 주어진 점 A라 하고, x축이 점 B를 통과하도록 하자. 그러면 세 점 A, B, P의 좌표를 $(0,0,0), (b,0,0), (x,y,z)$라고 할 수 있다. 식 (2)는

$$y^2 + z^2 = 0$$
$$y = 0 \text{ 또는 } z = 0$$

이다.

따라서 점 P의 좌표에 두 가지 조건이 있어야 한다.

미분법

패러독스 1. '임의의 두 수가 각각 같다.'를 증명하시오.

임의의 두 수 a, b에 대한 관계를 갖는 아래의 방정식부터 시작하자.

$$x = a - b \tag{1}$$

식 (1)의 양 변에 x를 곱하자.

$$x^2 = ax - bx \tag{2}$$

식 (1)의 양 변을 각각 제곱을 하자.

$$x^2 = a^2 - 2ab + b^2 \tag{3}$$

식 (2)와 식 (3)으로 부터

$$ax - bx = a^2 - 2ab + b^2$$

이다. 다시 말해,

$$ax - a^2 + ab = bx - ab + b^2$$
$$a(x - a + b) = b(x - a + b) \tag{4}$$

이다.

인자 $(x - a + b)$로 식 (4)의 양 변을 나누자. 그러면 $a = b$이다. 그러나 $x = a - b$이므로 양변을 0으로 나누기 때문에 이러한 주장은 명백히 잘못된 것이다. 그렇다면

$$a \cdot \frac{(x-a+b)}{(x-a+b)} = b \cdot \frac{(x-a+b)}{(x-a+b)} \qquad (5)$$

이라고 나타내자.

이제 $x = a - b$ 이라고 하면 식 (5)는 $a \cdot \frac{0}{0} = b \cdot \frac{0}{0}$ 이 유도된다. 불확정수 $\frac{0}{0}$ 의 값을 구하기 위해, 로피탈 정리를 자주 사용한다. 즉,

$$\lim_{x \to \alpha} \frac{f(x)}{g(x)} = \lim_{x \to \alpha} \frac{f'(x)}{g'(x)}$$

이라는 정리를 사용하자. 그러면 식 (5)에서 분수의 분자와 분모를 각각 미분하면

$$a \left(\frac{1}{1} \right) = b \left(\frac{1}{1} \right)$$
$$a = b$$

의 결론을 얻을 수 있다.

해설

아래와 같은 성질

$$\lim_{x \to \alpha} \frac{f(x)}{g(x)} = \lim_{x \to \alpha} \frac{f'(x)}{g'(x)}$$

을 적용하는 것은 이 문제에서는 타당하지 않다. x 값은 변수가 아니라 상수이다. 문제가 시작될 때 $x = a - b$ 라고 가정했다.

패러독스 2. '모든 진분수(proper fraction)는 같은 값이다.'를 증명하시오.

임의의 두 정수 m, n 은 $n < m$ 을 만족한다고 하자. 장제법(ordinary long divsion)에 의해서

$$\frac{1-x^n}{1-x^m} = 1 - x^n + x^m - x^{n+m} + x^{2m} - \cdots \qquad (1)$$

이다. 이제 $x = 1$ 이라고 하자. 식 (1)의 좌변은 불확정의 값의 형태인 $\frac{0}{0}$ 이다. 극한값을 구하기 전에 로피탈 정리를 사용하여 분자와 분모를 각각 미분을 하여 이 어려움을 극복할 수 있다. 좌변에 극한을 취하자.

$$\lim_{x \to 1} \frac{1-x^n}{1-x^m} = \lim_{x \to 1} \frac{-nx^{n-1}}{-mx^{m-1}} = \frac{n}{m}$$

그러나 x가 1로 무한히 가까이 가면 식 (1)의 우변은 $1 - 1 + 1 - 1 + 1 - 1 + \cdots$이다. 그러므로 독립인 정수 m, n에 대하여 좌변 $\frac{n}{m}$은 우변의 값으로 항상 같다.

해설

여기서 문제는 패러독스 1 에서 사용된 정리의 적용에 있는 것이 아니라, 식(1)의 우변은 $x = 1$을 대입하여서 $1 - 1 + 1 - 1 + 1 - 1 + \cdots$을 표현하였다. 이 급수는 항상 같은 값을 가지는데, 이는 아마도 급수의 합을 가리키는 '값'라는 단어라고 주장하였다. 그러나 이 급수는 진동하는 급수 이므로 확실한 합이 없다. (문제의 급수가 $\frac{1}{2} = \frac{1}{3} = \frac{1}{4} = \frac{1}{5} = \cdots$라는 것을 '증명' 하는데 사용한 127 페이지의 질문과 이 패러독스를 비교하라.)

패러독스 3. [그림 10.6]처럼 밑변인 선분 AB의 길이가 12 인치이고 높이인 선분 CD의 길이는 3 인치인 삼각형 ABC가 주어졌다. 3 개의 꼭짓점으로부터 점 P의 거리의 합이 최소가 되게 하는 선분 CD 위의 점 P의 위치를 찾으시오.

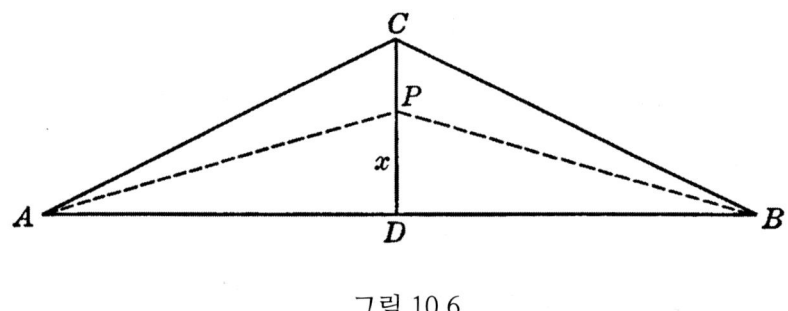

그림 10.6

세 꼭지점 A, B, C로부터 점 P의 거리의 합을 S라고 하고 $x = \overline{DP}$라고 하자. 그러면 문제는 S를 최소로 만드는 x의 값을 찾는 것이다. 그림

$$S = \overline{CP} + \overline{AP} + \overline{PB}$$

이다. 그런데 $\overline{CP} = 3 - x$, $\overline{AP} = \overline{PB} = \sqrt{x^2 + 36}$이다. 따라서

$$S = 3 - x + 2\sqrt{x^2 + 36}$$

$$\frac{dS}{dx} = -1 + \frac{2x}{\sqrt{x^2+36}}$$

이다.

$x = 2\sqrt{3} \approx 3.464$이면 $\frac{dS}{dx} = 0$이고, 이 x 값에 대하여 점 P는 삼각형 밖 선분 DC를 연장한 선 위에 있다. 그러므로 S가 최소인 선분 CD 위에는 점이 없다. 그러나 문제는 충분히 간단해 보인다. 무엇이 잘못되었는가?

해설

점 P가 선분 CD 위에 있으면 x는 0과 3사이의 값만 가질 수 있다고 가정하였다. 이 범위에서 x 값이 없으면 $\frac{dS}{dx} = 0$이 된다. 따라서 S가 최소인 x 값은 $\frac{dS}{dx} = 0$으로 가정하여 찾을 수 없다. 0과 3사이의 x 값에 대해 S는 $x = 3$일 때 최솟값이라 추정할 수 있다. 이 사실은 함수 S 자체 또는 $0 \leq x \leq 3$에서의 함수 S 그래프를 그려서 확인할 수 있다.

함수 S가 $x = 2\sqrt{3}$에서 최솟값인 것은 참이다. 그러나 이 경우 $3 - x$로 놓은 거리 CP는 음수이다.

패러독스 4. '모든 타원은 원이다.'를 증명하시오.

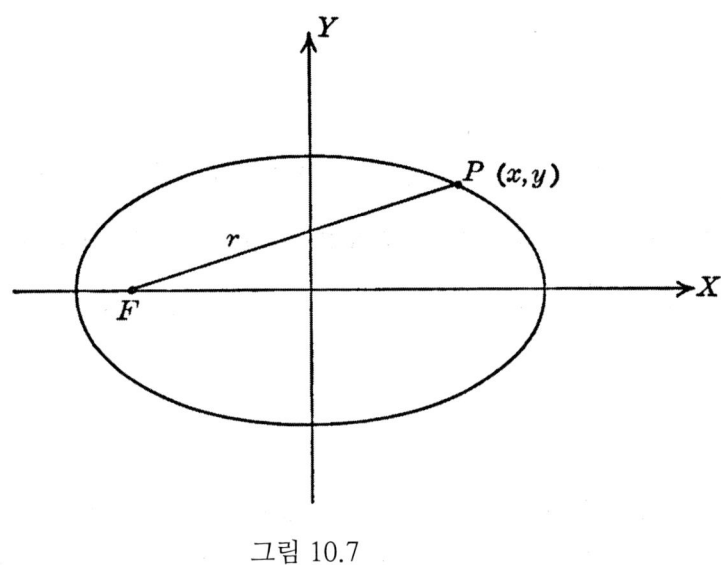

그림 10.7

[그림 10.7]와 같은 타원의 반-주축과 이심률을 각각 a와 e로 나타내자. 초점 F에서 타원의 임의의 점 P까지 그은 반지름 벡터의 길이가

$$r = a + ex$$

과 같이 표현할 수 있다는 것은 잘 알려져 있다.

그러면 $\frac{dr}{dx} = e$이고, $\frac{dr}{dx} = 0$인 x값은 없으므로 r은 최대값이나 최소값이 없다. 하지만 이 상황에서 동경 벡터가 최대값 또는 최소값을 가지지 않는 유일한 폐곡선은 원이다. 따라서 모든 타원은 원이다.

해설

패러독스 3 과 유사하다. r과 x의 관계는 선형(linear) 즉, 직선이므로, $\frac{dr}{dx} = 0$인 x 값은 분명히 없다. x에 허용되는 값 범위는 $-a \leq x \leq a$이다. 할 수 있습니다. r은 $x = +a$일 때 최대값을 갖고, $x = -a$일 때 최소값을 갖는다는 것을 검증을 통해서 쉽게 알 수 있다.

적분법

패러독스 1. '모든 실수 x에 대하여 $sinx = 0$이다.'를 증명하시오.

$sin0 = 0$인 것을 알고 있고 모든 정수 n에 대하여 $sin2n\pi = 0$인 것도 알고 있다. 그러므로 구간 $0 \leq x \leq 2n\pi$에서 $y = sinx$와 x축으로 둘러 쌓인 넓이는 구간 $0 \leq x \leq 2n\pi$에서 함수 $y = sinx$의 적분으로 구할 수 있다. 다시 말해

$$A = \int_0^{2n\pi} sinx dx = [-cosx]_0^{2n\pi} = -(cos2n\pi - cos0) = -1 + 1 = 0$$

이다. 이것은 $y = sinx$과 x축으로 둘러 쌓인 넓이가 없다는 것이고, 이러한 곡선이 그 곡선 자체가 x축 이어야 발생한다. 그래서 모든 실수 x에 대하여 $sinx = 0$이다.

해설

모든 정수 n에 대하여 $sin2n\pi = 0$이지만 $sinn\pi = 0$이기도 하다. $y = sinx$과 x축의 0부터 π 까지 둘러싸인 넓이와 $y = sinx$과 x축의 π부터 2π 까지 둘러싸인 넓이는 같다. 그러나 이 폐곡선을 각각의 구간에 대하여 적분을 하면 이 두 영역의 적분 값의 부호가 반대이다. 0에서 $2n\pi$까지의 적분에 의해 얻어진 넓이는 동일한 수의 양의 부분과 음의 부분으로 구성되며 이 부분의 대수적인 합은 0이라는 것을 쉽게 알 수 있다.

패러독스 2. '$-1 = 1$'임을 증명하시오.

아래의 식으로 부터 시작하자.

$$\int \frac{dx}{x} = \int \frac{-dx}{-x} \qquad (1)$$

식 (1)의 양 변을 올바르게 적분을 하자.

$$logx = log(-x) \qquad (2)$$

$$x = -x$$

$$1 = -1$$

해설

여기서 오류는 적분 상수가 간과되었다는 것에 있다. 두 함수가 같으면 적분이 같지 않을 수 있다. 즉 적분 상수에 따라 다를 수 있다. 식 (2)를 올바르게 고치면 아래와 같다.

$$logx = log(-x) + C$$

만약 $C = log(-1)$이라고 하면, 위의 식의 우변과 좌변이 같다. 다시 말해,

$$log(-x) + log(-1) = log(-x)(-1) = logx$$

이다.

패러독스 3. '모든 실수 x에 대하여 $tanx = \pm i$'임을 증명하시오.

아래의 적분으로부터 시작하자.

$$I = \int sinxcosxdx$$

그리고 $cosxdx = d(sinx)$이므로

$$I = \int sinxd(sinx) = \frac{1}{2}sin^2x \qquad (1)$$

이다. 이 번에는 $sinx = -d(cosx)$이므로

$$I = -\int cosxd(cosx) = -\frac{1}{2}cos^2x \qquad (2)$$

이다. 식 (1)과 식 (2)로 부터

$$sin^2x = -cos^2x \qquad (3)$$

을 얻는다. 식 (3)의 양 변을 cos^2x로 나누자.

$$tan^2x = -1$$
$$tanx = \pm\sqrt{-1} = \pm i$$

해설

패러독스 2와 비슷하다. $sin^2x = 1 - cos^2x$이므로 식 (1)에 이를 적용하면

$$I = \frac{1}{2}(1 - cos^2 x) = \frac{1}{2} - \frac{1}{2}cos^2 x$$

이다. 이 결과는 상수 $\frac{1}{2}$이 더 추가되었는데 식 (2)에서 주어진 I와 다르다.

패러독스 4. '무한의 넓이를 갖는 영역을 회전시킨 입체 도형의 부피가 유한이다.'를 증명하시오.

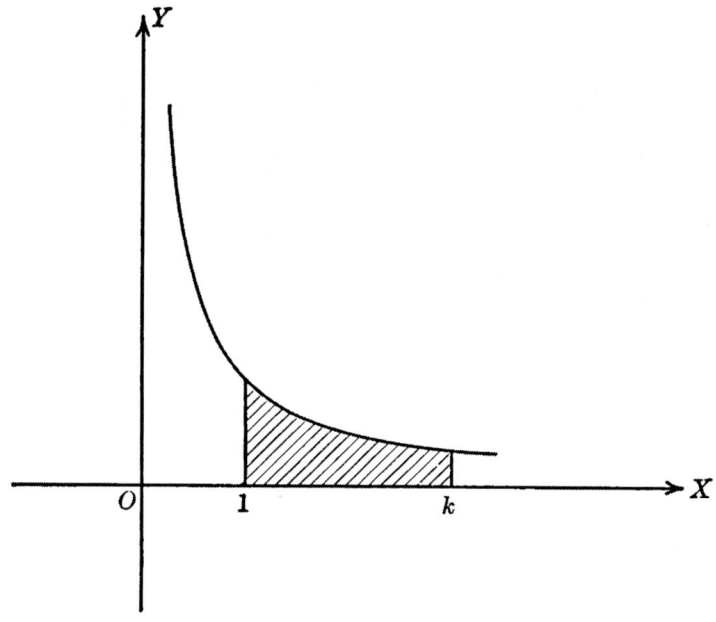

그림 10.8

[그림 10.8]의 빗금친 부분은 x 축과 $x = 1$, $x = k$, 곡선 $y = \frac{1}{x}$으로 둘러 쌓인 넓이이다. 이 넓이는 k로 나타내어지는 넓이로 아래와 같이 나타낼 수 있다.

$$A(k) = \int_1^k \frac{dx}{x} = [logx]_1^k = logk \text{ (단위 넓이)}$$

만약에 이 넓이를 x 축을 중심으로 회전을 시키면 입체 도형이 만들어지고 그 부피는 아래와 같다.

$$V(k) = \pi \int_1^k \frac{dx}{x^2} = \left[-\frac{\pi}{x}\right]_1^k = \pi\left(1 - \frac{1}{k}\right) \text{ (부피 단위)}$$

만약 k가 무한대로 한없이 커진다고 한다면,

$$\lim_{k \to \infty} A(k) = \lim_{k \to \infty} (\log k) = \infty$$

인 반면에

$$\lim_{k \to \infty} V(k) = \lim_{k \to \infty}\left[\pi\left(1 - \frac{1}{k}\right)\right] = \pi \text{ (부피 단위)}$$

이다.

해설

논리적 전개에는 오류가 없다. 곡선 아래의 영역은 $y = \frac{1}{x}$와 x 축과 $x = 1, x = k$으로 둘러쌓인 넓이다. x가 한없이 증가하면 $\frac{1}{x}$는 0으로 가까이 가지만 너무 느려서 전체 넓이가 무한이 된다. 반면, 부피는 $\frac{1}{x^2}$에 비례하는 입체의 단면에 의해 생성된다. x가 한없이 증가하면 $\frac{1}{x^2}$은 $\frac{1}{x}$보다 훨씬 더 빠르게 0으로 수렴한다. 사실 전체 부피를 유한하게 만들기에 충분할 정도로 빠르다. (두 무한급수를 비교하여 보아라.

무한 급수 $\frac{1}{2} + \frac{1}{3} + \frac{1}{4} + \frac{1}{5} + \frac{1}{6} + \frac{1}{7} + \cdots$은 무한으로 발산한다. 반면,

무한 급수 $\frac{1}{2^2} + \frac{1}{3^2} + \frac{1}{4^2} + \frac{1}{5^2} + \frac{1}{6^2} + \frac{1}{7^2} + \cdots$은 유한한 값으로 수렴한다.)

허수

패러독스 1. '$\pi = 0$'임을 증명하시오.

모든 실수 θ에 대하여

$$\cos\theta = \cos(2\pi + \theta), \sin\theta = \sin(2\pi + \theta)$$

이다. 그러면

$$\cos\theta + i\sin\theta = \cos(2\pi + \theta) + i\sin(2\pi + \theta)$$

이고,

$$(\cos\theta + i\sin\theta)^i = \left[\cos(2\pi + \theta) + i\sin(2\pi + \theta)\right]^i \tag{1}$$

이다. 아래의 공식은 드 므와브르(De Moivre) 정리라 한다.

$$(cosx + isinx)^n = cosnx + isinnx$$

이 공식을 이용하여서 식 (1)을 아래와 같이 나타낼 수 있다.

$$cosi\theta + isini\theta = cosi(2\pi + \theta) + isini(2\pi + \theta) \qquad (2)$$

식 (2)에 오일러(Euler) 공식 $cosx + isinx = e^{ix}$을 적용하자.

$$e^{-\theta} = e^{-2\pi-\theta}$$

위의 식의 양 변을 $e^{-2\pi-\theta}$로 나누자.

$$e^{2\pi} = 1$$

그러나 $x = 0$일 때 만 $e^x = 1$이다. 그러므로 $2\pi = 0$이고 $\pi = 0$이다.

해설

드 므와브르(De Moivre) 정리

$$(cosx + isinx)^n = cosnx + isinnx$$

는 n이 실수일 때만 성립한다. 이 패러독스에서 n이 허수 i를 가질 때, 이 정리가 적용될 수 있다고 잘못 가정했다. 또한, $x = 0$일 때만 '$e^x = 1$이라고 주장하는 것은 오류이다. x가 실수일 때는 충분히 참이지만 허수에서는 그렇지 않다. 이 명제를 검증하려면 오일러의 공식

$$cosx + isinx = e^{ix}$$

에서 $x = 2n\pi$를 대입하는 것이다. 모든 정수 n에 대하여 $e^{2n\pi} = 1$이라는 것을 쉽게 유도할 수 있다.

패러독스 2. '$-1 = +1$'을 증명하시오.

$e^x = -1$을 만족하는 x가 있다고 하자. 양 변을 제곱하자. 그러면 $e^{2x} = 1$이다. 바로 위에서 언급한 것처럼, $e^{2x} = 1$를 만족하는 것은 $2x = 0$일 때이다. 그러므로 $2x = 0$이며 $x = 0$이다. $x = 0$을 원래의 식에 대입하자. 그러면 $e^0 = -1$이고 0 을 지수로 갖는 수는 모두 $+1$이므로 $e^0 = +1$이다. 결론적으로 $-1 = +1$이다.

패러독스 3. '−1 = +1'을 증명하시오.

다음 식 부터 시작을 하자. $(-1)^2 = +1$이다. 옆의 식의 양 변에 로그를 취하자. $log(-1)^2 = log(1) = 0$이다. 그러나 $log(-1)^2 = 2log(-1)$이다. 그러므로 $2log(-1) = 0$이다. 따라서 $log(-1) = 0$이다. 결론적으로 $log(-1) = log(1)$ 이어서 $-1 = +1$이다.

해설(패러독스 2, 3)

패러독스 1 과 비슷하다. 패러독스 2 는 하나의 동일한 식에 대한 지수 형태이고 패러독스 3 은 로그 형태이다. 패러독스 2 는 오일러의 공식에 의해서, $x = 2n\pi$이면 $e^x = -1$ 그리고 $e^{2x} = 1$을 만족한다. 여기서 n은 임의의 정수이다. 방정식 $e^{2x} = 1$ 이라고 해서 반드시 $2x = 0$ 이어서 $x = 0$이라는 것을 의미하지 않는다.

패러독스 4. 아래에 두 개의 동차 선형 연립 복소 방정식이 있다.

$$\begin{cases} (a+bi)(p+qi) + (c+di)(r+si) = 0 \\ (a'+b'i)(p+qi) + (c'+d'i)(r+si) = 0 \end{cases} \quad (1)$$

방정식 (1)이 성립하려면 몇 개의 조건을 충족해야 하는가?

(a) 필요충분 조건은 계수의 행렬식이 0 인 것이다. 다시 말해서

$$\begin{vmatrix} (a+bi) & (c+di) \\ (a'+b'i) & (c'+d'i) \end{vmatrix} = 0$$

이다. 따라서 이 복소 함수는 아래의 두 실수 방정식과 동치이다.

$$\begin{cases} ac' - a'c = bd' - b'd \\ ad' + bc' = a'd + b'c \end{cases} \quad (2)$$

(b) 연립방정식 (1)은 아래 연립방정식과 동치이다.

$$\begin{cases} ap - bq + cr - ds = 0 \\ bp + aq + dr + cs = 0 \\ a'p - b'p + c'r - d's = 0 \\ b'p + a'q + d'r + c's = 0 \end{cases} \quad (3)$$

방정식 (3)과 양립하기 위한 것과 아래의 행렬식과 동치이다.

$$\begin{vmatrix} a & -b & c & -d \\ b & a & d & c \\ a' & -b' & c' & -d' \\ b' & a' & d' & c' \end{vmatrix} = 0 \qquad (4)$$

이 행렬식은 물론 단일 실수 방정식을 만든다.

이 두 개의 해 즉, 하나는 두 개의 방정식을 만드는 것과 다른 하나는 하나의 방정식을 만드는 것 중 어느 것이 참인가?

해설

두 번째 해에서 첫 번째 해로 유도될 수 있다는 것을 보이려면 식 (4)의 행렬식의 두 번째와 세 번째 행을 서로 바꾸어라. 그러면,

$$\begin{vmatrix} a & -b & c & -d \\ a' & -b' & c' & -d' \\ b & a & d & c \\ b' & a' & d' & c' \end{vmatrix} = 0.$$

이제 행렬식 전개에 라플라스의 정리를 적용하자. 아래 식을 얻을 수 있다.

$$(ac' - a'c)^2 + (bd' - b'd)^2 + (ad' - a'd)^2$$
$$+ (bc' - b'c)^2 - 2(a'b - ab')(c'd - cd') = 0$$

이 방정식은 아래와 같이 정리할 수 있다.

$$[(ac' - a'c) - (bd' - b'd)]^2 + [(ad' + bc') - (a'd + b'c)]^2 = 0$$

단, $a, b, c, d, a', b', c', d'$은 모두 실수이다. 위의 단일 방정식은 아래의 두 개의 연립방정식과 동치이다.

$$\begin{cases} ac' - a'c = bd' - b'd \\ ad' + bc' = a'd + b'c \end{cases}$$

물론 이 연립방정식은 첫 번째 해를 유도한 식 (2)와 같다.

참고 문헌

2장

1. Good source books for material of this sort are W. W. R. Ball, *Mathematical Recreations and Essays,* London (Macmillan), 1931 (10th ed.), and W. Lietzmann, *Lustiges und Merkwürdiges von Zahlen und Formen,* Breslau (Hirt), 1930 (4th ed.).

2. Lewis Carroll (C. L. Dodgson), *Further Nonsense,* New York (Appleton), 1926, pp. 91, 92.

3. Some of these examples are to be found in H. E. Dudeney, *Amusements in Mathematics,* London (Nelson), 1917, pp. 8, 9.

4. The author's attention has been called to the following actual instance of an even greater complication in the family of the second wife of

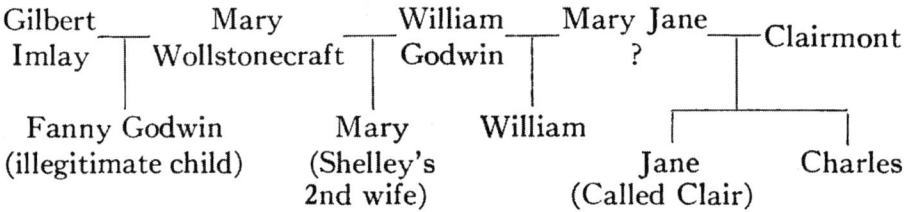

   Percy Bysshe Shelley, the famous English poet.

5. Deceased Wife's Sister Act of 1907, and Deceased Brother's Widow Act of 1921.

3장

1. W. W. R. Ball, *Mathematical Recreations and Essays,* London Macmillan), 1931 (10th ed.), p. 229. This is Ball's version of de Parville's account in *La Nature,* Paris, 1884, part I, pp. 285, 286.

2. The author is indebted to H. Steinhaus for this neat way of presenting the largest prime. See his *Mathematical Snapshots,* New York (Stechert), 1938, p. 12. In 1952 five still larger prime numbers of the form $2^n - 1$ were discovered by R. M. Robinson, using the SWAC (The National Bureau of Standard's Western Automatic Computer). They are $2^{521} - 1$, $2^{607} - 1$, $2^{1279} - 1$, $2^{2203} - 1$, and $2^{2281} - 1$. The

SWAC tested the last of these numbers in about an hour, roughly the equivalent of more than 60 years of work for a person using a desk calculator.

2a. In accordance with the footnote on page 28, five additional perfect numbers, corresponding to $n = 521, 607, 1279, 2203$, and 2281, are now known. The largest, $2^{2280}(2^{2281} - 1)$, is a number of 1372 digits.

3. Information on such topics as Fermat's numbers, perfect numbers, and the division of the circle can be found in almost any history of mathematics. See, for example, D. E. Smith, *A History of Mathematics,* New York (Ginn), 1925. A good discussion of the first two of these three topics is to be found also in Ball, *op. cit.,* pp.37-40.

4. F. Cajori, *A History of Elementary Mathematics,* New York (Macmillan), 1914, pp. 1-18.

5. For a complete discussion of the theory of this game-com- monly called nim-see C. L. Bouton, *Annals of Mathematics,* series 2, vol. 3 (1901-02), pp. 35-39.

6. See, for example, Ball, *op. cit.,* pp. 4-13; also W. Lietzmann, *Lustiges und Merkwurdiges '/Jon Zahlen und Formen,* Breslau (Hirt), 1930 (4th ed.), pp. 153-169. Perhaps the best popular collection of mind-reading tricks involving numbers is to be found in R. V. Heath, *Mathemagic,* New York (Simon & Schuster), 1923.

4 장

1. CompareW.W.R.Ball,*MathematicalRecreationsandEssays,* London (Macmillan), 1931 (10th ed.), pp. 52-54. According to Ball, earliest reference to this paradox is *Zeitschrift fur Mathematik und Physik,* vol. 13 (1868), p. 162. See also *American Mathematical Monthly,* R. C. Archibald, vol. 25 (1918), p. 236; and W. Weaver, vol. 45 (1938), p. 234.

2. See, for example, A. H. Church, On the Interpretation of Phenomena of Phyllotaxis, London (Oxford Press), 1920.

3. The equation in polar coordinates of the logarithmic spiral is $r = a^B$, or $(J = \log_a r$.

4. Jay Hambidge has written a number of books on dynamic symmetry. Perhaps the best general discussion of the relation of the Fibonacci series to nature and to art is to be found in his *Practical Applications of Dynamic Symmetry,* New Haven (Yale Press), 1932. This book contains numerous illustrations of plant growths, shell spirals, and the like.

5. For a complete discussion of curves of constant breadth, see H. Rademacher and O. Toeplitz, *Von Zahlen und Figuren,* Berlin (Springer), 1930, pp. 128-141.

6. Galileo Galilei, *Dialogues Concerning Two New Sciences,* New York (Macmillan), 1914, pp. 20-26. This book is an English translation of the original Italian text, published in Leyden in 1638.

7. See, for example, W. W. R. Ball, *op. cit.,* pp. 170-181, for this problem and some of its generalizations.

8. This surface is discussed at length in D. Hilbert and S. Cohn-Vossen, *Anschauliche Geometrie,* Berlin (Springer), 1932, pp. 271-276.

9. Good photographs of the Mobius strip and other strips dis- cussed here are to be found in H. Steinhaus, *Mathematical Snap- shots,* New York (Stechert), 1938, pp. 112-116.

10. W. W. R. Ball, *op. cit.,* pp. 321-336. See also, by the same author, *String Figures,* Cambridge (Heffer), 1921 (2nd ed.).

11. Figure is from H. Steinhaus, *op. cit.,* p. 118.

5장

1. W. F. White, *A Scrap-Book of Elementary Mathematics,* Chicago (Open Court), 1910 (2nd ed.), p. 88.

2. J. R. D'Alembert, *Opuscules Mathematiques,* Paris, 1761, vol. 1, p. 201.

3. W. Lietzmann, *Trugschlilsse,* Leipzig (Teubner), 1923 (3rd ed.), p. 8.

4. W. Lietzmann, *op. cit.,* p. 40.

5. W. F. White, *op. cit.,* p. 78.

6. W. Lietzmann, *op. cit.,* p. 14.

7. E. Gelin, *Mathesis,* vol. 13 (1893), p. 224.

8. S. W. Lietzmann, *op. cit.,* pp. 14, 15.

9. W. F. White, *op. cit.,* p. 84.

10. W. Lietzmann, *op. cit.,* pp. 9, 10.

11. The three following examples are from W. Lietzmann, *op. cit.,* pp. 12, 13.

12. See, for example, B. Russell, *Introduction to Mathematical Philosophy,* London (Allen & Unwin), 1919, pp. 1-19.

13. W. F. White, *op. cit.,* p. 85.

14. W. W. R. Ball, *Mathematical Recreations and Essays,* London (Macmillan), 1931 (10th ed.), p. 30. Attributed to G. T. Walker.

6 장

1. See, for example, T. L. Heath, *The Thirteen Books of the Elements of Euclid,* Cambridge (Univ. Press), 1926 (2nd ed.), vol. 1, p.7.

2. W. W. R. Ball, *Mathematical Recreations and Essays,* London Macmillan), 1931 (10th ed.), p. 48. Ball's discussion is by no means as detailed as the one given here.

3. See, for example, Hawkes, Luby, and Touton, *New Plane Geometry,* New York (Ginn), 1917, p. 405.

4. W. W. R. Ball, *op. cit.,* p. 45.

5. W. W. R. Ball, *op. cit.,* p. 49.

6. M. Laisant, *Mathesis,* vol. 13 (1893), p. 224.

7. P. Stackel, *Archiv der Mathematik und Physik,* series 3, vol. 12 (1907), p. 370.

8. Preussische Lehrerzeitung, about 1913.

9. M. Coccoz, L'Illustration, Paris, Jan. 12, 1895.

10. W. Lietzmann, *Trugschlüsse,* Leipzig (Teubner), 1923 (3rd ed.), pp. 32, 33.

11. W. Lietzmann, *op. cit.,* pp. 31, 32.

12. W. Lietzmann, *op. cit.,* pp. 35, 36.

13. G. Gille, *Mathesis,* vol. 29 (1909), p. 97.

7 장

1. An exhaustive bibliography of researches concerning Zeno's paradoxes is to be found in an article by F. Cajori in *American Mathematical Monthly*, vol. 22 (1915), pp. 1-6, 292-297.

2. For a technical discussion of the convergence and divergence of infinite series, refer to any good text on the subject-for example, T. J. Bromwich, *An Introduction to the Theory of Infinite Series*, London (Macmillan), 1908.

3. The number e, an irrational number, is as important to calculus as the number 7r is to geometry. Its value to five decimal places is 2.71828. "$log_e 2$" signifies the logarithm of 2 to the base *e*-the power to which e must be raised if the resulting number is to be equal to 2. The proof of the convergence of the series in question is given in T. J. Bromwich, op. *cit.*, p. 51.

4. Bernard Bolzano, *Die Paradoxien des Unendlichen*, published posthumously, edited by Fr. Pfihonsky, Leipzig (Reclam), 1851. Reprinted Leipzig (Meiner), 1920.

5. *Annales de Mathematique*, vol. 20 (1830), p. 364. Article signed "M.R.S."

6. We shall see presently that the same series can be summed in other ways. W. W. R. Ball believes that this particular form of the paradox first appeared in his *Algebra*, Cambridge, 1890, p. 430.

7. For the proof of this theorem see, for example, T. J. Brom- wich, *op. cit.*, pp. 68-70. Although Riemann proved the theorem in 1854, it was not published until 1867.

8. This form of the paradox is attributed to Dirichlet.

9. G. Chrystal, *Algebra*, Edinburgh, 1889, vol. 2, p. 159.

10. W. Lietzmann, *Trugschlüsse*, Leipzig (Teubner), 1923 (3rd ed.), p. 43.

11. Galileo Galilei, *Dialogues Concerning Two New Sciences*, New York (Macmillan), 1914, pp. 27-29. This book is a translation of the original Italian text, published in Leyden in 1638.

12. *Journal für Mathematik*, vol. 11 (1834), p. 198.

13. The first two of the pathological curves discussed here were originally constructed as examples of nondifferentiable functions

continuous functions whose graphs have no tangent at any point. The snowflake curve was designed by E. Kasner in 1901, and appears in his *Mathematics and the Imagination*, New York (Simon and Schuster), 1940. An exhaustive historical development and bibliography of such functions is to be found in A. N. Singh, *The Theory and Construction of Non-Differentiable* Functions, Lucknow (Kishore), 1935.

14. W. Sierpinski, Bulletin de l'Academie des Sciences de Cracovie, A (1912), pp. 463-478.

15. W. Sierpiński, *Comptes Rendus de l'Academie des Sciences a Paris*, vol. 160 (1915), p. 302.

16. L. E. J. Brouwer, *Mathematische Annalen*, vol. 68 (1909), p. 427. Our construction is an adaptation, due to H. Hahn, of Brouwer's original construction.

17. GaIileo GaIilei, op. cit., pp. 31-33.

18. Proof of the fact that the number of rational numbers is AI, while the number of real numbers is greater than A_1 is included in Cantor's first contribution to the theory of aggregates. See *JoÜrnal fur Mathematik*, vol. 77 (1874), pp. 258-262.

19. It should be pointed out that the proof concerning the unit square and the unit line presents certain difficulties which were omitted for the sake of brevity. For example, our conclusion that "there are no more points in the unit square than in the unit line" is true, but we did not show that the number of points in the square is equal to the number of points in the line. In other words, we merely showed that to every point P of the square there corre- sponds a unique point Q of the line. Certain modifications must be made in the representation of z if the converse is to be established. These difficulties are discussed in, for example, F. Klein, *Elementary athematics from an Advanced Standpoint*, New York (Macmillan), 1932, pp. 257-259. This book is a translation of the third German edition.

20. Proof of these results was first given by Cantor in *JoÜrnal fur Mathematik*, vol. 84 (1878), pp. 242-258.

21. That the number of transfinite numbers is infinite was first established by Cantor in *Mathematische Annalen*, vol. 21 (1883). Later he gave simpler proofs of this result and of some other previous

results in *Jahresberichte der Deutschen Mathematiker-Vereini-* gung, vol. 1 (1890-91), pp. 75-78.

8 장

1. It is unfortunate that the first letter from Pascal to Fermat has been lost. A number of the later letters which passed between these two men can be found, translated into English, in D. E. Smith, *A Source Book in Mathematics,* New York (McGraw-Hill), 1929, pp. 546-565.

2. I. Todhunter gives an account of this in his *History of the Theory of Probability,* London (Macmillan), 1865, pp. 258, 259.

3. F. Galton, *Nature,* vol. 49 (1894), pp. 365, 366.

4. J. Bertrand, *Calcul des Probabilites,* Paris (Gauthier Villars), 1889, pp. 3, 4.

5. J. Bertrand, *op. cit.,* pp. 2, 3.

6. The problem can be solved by the use of Bayes' theorem. See, for example, T. C. Fry, *Probability and Its Engineering Uses,* New York (Van Nostrand), 1928, pp. 121, 122.

7. Both examples are from W. Lietzmann, *Trugschlusse,* Leipzig (Teubner), 1923 (3rd ed.), p. 16.

8. J. Bertrand, *op. cit.,* p. 4.

9. Paradox 1 is from J. von Kries, *Die Principien der Wahrschein-lichkeitsrechnung,* Freiburg, 1886. Paradoxes 2, 3, and 4 are from Bertrand, *op. cit.,* pp. 4-7. For further discussion of problems of this sort, see E. Czuber, *Wahrscheinlichkeitsrechnung,* Leipzig (Teubner), 1938 (5th ed.), pp. 80-118.

10. This conclusion can be deduced from the following three theorems of plane geometry. (1) In any triangle the center of the circumscribed circle is the point of intersection of the perpendicular bisectors of the sides. (2) In an equilateral triangle the perpendicular bisector of any side coincides with the median to that side. (3) In any triangle the medians intersect in a point which is two thirds the distance from any vertex to the mid-point of the opposite side.

11. The principle of insufficient reason is discussed at length in J. M. Keynes, *A Treatise on Probability,* London (Macmillan), 1921, pp. 41-64.

12. J. Bertrand, *op. cit.,* pp. 31, 32.

13. See, for example, the discussion by R. E. Moritz, *American Mathematical Monthly,* vol. 30 (1923), pp. 14-18, 58-65.

14. This is the St. Petersburg paradox in disguise.

15. Lewis Carroll (c. L. Dodgson), *Pillow Problems,* London (Macmillan), 1894, p. 18.

9장

1. B. Russell, *Introduction to Mathematical Philosophy,* New York (Macmillan), 1920 (2nd ed.), p. 194.

2. B. Russell, *Revue de M etaphysique et de Morale,* vol. 14 (1906), pp. 627-650. See also, by the same author, *American Journal oj Mathematics,* vol. 30 (1908), pp. 222-262.

3. More detailed discussions of the logical paradoxes can be found in a number of places. See, for example, B. Russell and A. N. Whitehead, *Principia Mathematica,* Cambridge (Univ. Press), 1935 (2nd ed.), vol. I, p. 60 ff.; C. I. Lewis and C. H. Langford, *Symbolic Logic,* New York (Century), 1932, pp. 438-485; and so on.

4. C. Burali-Forti, *Rendiconti del circolo matematico di Palermo,* vol. 11 (1897), pp. 154-164.

5. J. Richard, *Revue generale des Sciences,* vol. 16 (1905), p. 541. A less technical discussion of this paradox can be found in an article by A. Church, *American Mathematical Monthly,* vol. 41 (1934), pp. 356-361.

6. An excellent discussion of trends in mathematics from the very beginning of the subject is to be found in E. T. Bell, *The Development oj Mathematics,* New Y ork (McGraw-Hill), 1940. The first part (pp. 511-536) of the last chapter of this book is devoted to the most recent investigations into the foundations of mathe- matics. See also T. Dantzig, *Number, the Language oj Science,* New York (Macmillan), 1930, pp. 224-248.